金榜時代
GLISTIME 明德·弘毅·惟精

金榜时代考研数学系列 | V研客及全国各大考研培训学校指定用书

数学强化通关330题·习题册

（数学三）

编著◎李永乐 王式安 刘喜波 武忠祥 宋浩 姜晓千 铁军 李正元 蔡燧林 胡金德 陈默 申亚男

中国农业出版社
CHINA AGRICULTURE PRESS
·北京·

图书在版编目(CIP)数据

数学强化通关330题. 数学三 / 李永乐等编著. —
北京:中国农业出版社,2021.3(2023.5重印)
(金榜时代考研数学系列)
ISBN 978-7-109-27950-6

Ⅰ.①数… Ⅱ.①李… Ⅲ.①高等数学－研究生－入
学考试－习题集 Ⅳ.①O13-44

中国版本图书馆CIP数据核字(2021)第025913号

中国农业出版社出版
地址:北京市朝阳区麦子店街18号楼
邮编:100125
责任编辑:吕 睿
责任校对:吴丽婷
印刷:河北正德印务有限公司
版次:2021年3月第1版
印次:2023年5月河北第3次印刷
发行:新华书店北京发行所
开本:787mm×1092mm 1/16
总印张:18.5
总字数:280千字
总定价:69.80元(全2册)

金榜時代考研数学系列图书

GLISTIME 明德·弘毅·隹精

内容简介及使用说明

考研数学满分150分，数学在考研成绩中所占的比重很大；同时又因数学学科本身的特点，考生的考研数学成绩历年来千差万别，数学成绩好在考研中很占优势，因此有“得数学者考研成”之说。既然数学成绩的高低对考研成功与否如此重要，那么就有必要探讨一下影响数学成绩的主要因素。

本系列图书作者根据多年的命题经验和阅卷经验，发现考研数学命题的灵活性非常大，不仅表现在一个知识点与多个知识点的考查难度不同，更表现在对多个知识点的综合考查上，这些题目在表达上多一个字或多一句话，难度都会变得截然不同。正是这些综合型题目拉开了考试成绩的差距，而构成这些难点的主要因素，实际上是最基础的基本概念、定理和公式的综合。同时，从阅卷反映的情况来看，考生答错题目的主要原因也是对基本概念、定理和公式记忆和掌握得不够熟练。总结为一句话，那就是：要想数学拿高分，就必须熟练掌握、灵活运用基本概念、定理和公式。

基于此，李永乐考研数学辅导团队结合多年来考研辅导和研究的经验，精心编写了本系列图书，目的在于帮助考生有计划、有步骤地完成数学复习，从基本概念、定理和公式的记忆，到对其的熟练运用，循序渐进。以下介绍本系列图书的主要特点和使用说明，供考生复习时参考。

书名	本书特点	本书使用说明
《考研数学复习全书·基础篇》	**内容基础·提炼精准·易学易懂**（推荐使用时间：2022年7月—2022年12月）	
	本书根据大纲的考试范围将考研所需复习内容提炼出来，形成考研数学的基础内容和复习逻辑，实现大学数学同考研数学之间的顺利过渡，开启考研复习第一篇章。	考生复习过本校大学数学教材后，即可使用本书。如果大学没学过数学或者本校课本是自编教材，与考研大纲差别较大，也可使用本书替代大学数学教材。
《数学基础过关660题》	**题目经典·体系完备·逻辑清晰**（推荐使用时间：2022年7月—2023年4月）	
	本书是主编团队出版20多年的经典之作，一直被模仿，从未被超越。年销量达百万余册，是当之无愧的考研数学头号畅销书，拥有许多甘当“自来水”的粉丝读者，口碑爆棚，考研数学不可不入！“660”也早已成为考研数学的年度关键词。 本书重基础，重概念，重理论，一旦你拥有了《考研数学复习全书·基础篇》《数学基础过关660题》教你的思维方式、知识逻辑、做题方法，你就能基础稳固、思维灵活，对知识、定理、公式的理解提升到新的高度，避免陷入复习中后期“基础不牢，地动山摇”的窘境。	与《考研数学复习全书·基础篇》搭配使用，在完成对基础知识的学习后，有针对性地做一些练习。帮助考生熟练掌握定理、公式和解题技巧，加强知识点的前后联系，将之体系化、系统化，分清重难点，让复习周期尽量缩短。 虽说书中都是选择题和填空题，同学们不要轻视，也不要一开始就盲目做题。看到一道题，要能分辨出是考哪个知识点，考什么，然后在做题过程中看看自己是否掌握了这个知识点，应用的定理、公式的条件是否熟悉，这样才算真正做好了一道题。
《数学历年真题全精解析·基础篇》	**分类详解·注重基础·突出重点**（推荐使用时间：2022年7月—2022年12月）	
	本书精选精析1987—2008年考研数学真题，帮助考生提前了解大学水平考试与考研选拔考试的差别，不会盲目自信，也不会妄自菲薄，真正跨入考研的门槛。	与《考研数学复习全书·基础篇》《数学基础过关660题》搭配使用，复习完一章，即可做相应的章节真题。不会做的题目做好笔记，第二轮复习时继续练习。

<table>
<tr><th>书名</th><th>本书特点</th><th>本书使用说明</th></tr>
<tr><td rowspan="2">《数学复习全书·提高篇》</td><td colspan="2">**系统全面·深入细致·结构科学**(推荐使用时间:2023 年 2 月—2023 年 7 月)</td></tr>
<tr><td>本书为作者团队扛鼎之作,常年稳居各大平台考研图书畅销榜前列,主编之一的李永乐老师更是入选 2019 年"当当 20 周年白金作家",考研界仅两位作者获此称号。
本书从基本理论、基础知识、基本方法出发,全面、深入、细致地讲解考研数学大纲要求的所有考点,不提供花拳绣腿的不实用技巧,也不提倡误人子弟的费时背书法,而是扎扎实实地带同学们深入每一个考点背后,找到它们之间的关联、逻辑,让同学们从知识点零碎、概念不清楚、期末考试过后即忘的"低级"水平,提升到考研必需的高度。</td><td>利用《考研数学复习全书·基础篇》把基本知识"捡"起来之后,再使用本书。本书有知识点的详细讲解和相应的练习题,有利于同学们建立考研知识体系和框架,打好基础。
在《数学基础过关 660 题》中若遇到不会做的题,可以放到这里来做。以章或节为单位,学习新内容前要复习前面的内容,按照一定的规律来复习。基础薄弱或中等偏下的考生,务必要利用考研当年上半年的时间,整体吃透书中的理论知识,摸清例题设置的原理和必要性,特别是对大纲中要求的基本概念、理论、方法要系统理解和掌握。</td></tr>
<tr><td rowspan="2">《数学历年真题全精解析·提高篇》</td><td colspan="2">**真题真练·总结规律·提升技巧**(推荐使用时间:2023 年 7 月—2023 年 11 月)</td></tr>
<tr><td>本书完整收录 2009—2023 年考研数学的全部试题,将真题按考点分类,还精选了其他卷的试题作为练习题。力争做到考点全覆盖,题型多样,重点突出,不简单重复。书中的每道题给出的参考答案有常用、典型的解法,也有技巧性强的特殊解法。分析过程逻辑严谨、思路清晰,具有很强的可操作性,通过学习,考生可以独立完成对同类题的解答。</td><td>边做题、边总结,遇到"卡壳"的知识点、题目,回到《数学复习全书·提高篇》和之前听过的基础课、强化课中去补,争取把每个真题知识点吃透、搞懂,不留死角。
通过做真题,进一步提高解题能力和技巧,满足实际考试的要求。第一阶段,浏览每年真题,熟悉题型和常考点。第二阶段,进行专项复习。</td></tr>
<tr><td rowspan="2">《高等数学辅导讲义》
《线性代数辅导讲义》
《概率论与数理统计辅导讲义》</td><td colspan="2">**经典讲义·专项突破·强化提高**(推荐使用时间:2023 年 7 月—2023 年 10 月)</td></tr>
<tr><td>三本讲义分别由作者的教学讲稿改编而成,系统阐述了考研数学的基础知识。书中例题都经过严格筛选、归纳,是多年经验的总结,对同学们的重点、难点的把握准确,有针对性。适合认真研读,做到举一反三。</td><td>哪科较薄弱,精研哪本。搭配《数学强化通关 330 题》一起使用,先复习讲义上的知识点,做章节例题、练习,再去听相关章节的强化课,做《数学强化通关 330 题》的相关习题,更有利于知识的巩固和提高。</td></tr>
<tr><td rowspan="2">《数学强化通关 330 题》</td><td colspan="2">**综合训练·突破重点·强化提高**(推荐使用时间:2023 年 5 月—2023 年 10 月)</td></tr>
<tr><td>强化阶段的练习题,综合训练必备。具有典型性、针对性、技巧性、综合性等特点,可以帮助同学们突破重点、难点,熟悉解题思路和方法,增强应试能力。</td><td>与《数学基础过关 660 题》互为补充,包含选择题、填空题和解答题。搭配《高等数学辅导讲义》《线性代数辅导讲义》《概率论与数理统计辅导讲义》使用,效果更佳。</td></tr>
<tr><td rowspan="2">《数学临阵磨枪》</td><td colspan="2">**查漏补缺·问题清零·从容应战**(推荐使用时间:2023 年 10 月—2023 年 12 月)</td></tr>
<tr><td>本书是常用定理公式、基础知识的清单。最后阶段,大部分考生缺乏信心,感觉没复习完,本来会做的题目,因为紧张、压力,也容易出错。本书能帮助考生在考前查漏补缺,确保基础知识不丢分。</td><td>搭配《数学决胜冲刺 6 套卷》使用。上考场前,可以再次回忆、翻看本书。</td></tr>
<tr><td rowspan="2">《数学决胜冲刺 6 套卷》
《考研数学最后 3 套卷》</td><td colspan="2">**冲刺模拟·有的放矢·高效提分**(推荐使用时间:2023 年 11 月—2023 年 12 月)</td></tr>
<tr><td>通过整套题的训练,对所学知识进行系统总结和梳理。不同于对重点题型的练习,需要全面的知识,要综合应用。必要时应复习基本概念、公式、定理,准确记忆。</td><td>在精研真题之后,用模拟卷练习,找漏洞,保持手感。不要掐时间、估分,遇到不会的题目,回归基础,翻看以前的学习笔记,把每道题吃透。</td></tr>
</table>

前言

PREFACE

为了更好地帮助考生准确理解和熟练运用考试大纲知识点的内容，使考生在完成基础阶段的复习后能进一步提高自身的解题能力和应试水平，编写团队依据多年的命题与阅卷经验，汇集20多年的考研经典题目，精心编写了本书，以期使之成为考生冲刺考研数学高分的必备题集。

对于数学这门特殊的科目，一定量的习题练习是很有必要的，特别是对于历年考试所重点考查的内容和知识点，在复习中必须要重点关注、重点练习。我们特别根据历年来重点考查的知识点题型编写了本书，希望考生能在复习后期，通过对这些重点、难点题型的练习，能有新的突破。

本书内容包括考纲所要求的全部知识点，题型设计为选择题、填空题和解答题。在题目的设置上，我们考虑将其作为《数学基础过关660题》的补充，旨在帮助考生在基本熟悉大纲知识点，有一定解题能力后，通过对一些经典题目的深入练习与理解，进一步提高考生的解题能力和应试水平。

从历年的考试结果所反映出的问题来看，部分考生对于数学的基本解题思想和方法并没有掌握，只熟悉了一些题型和解题的套路。只要是常规题型，大部分考生都能解答，而对于一些创新的、不常规的题型，很多考生就无从下手。因此，建议考生在使用本书时不仅仅要关注题目本身，更要多思考、多归纳总结，关注数学本质，把握题目背后的基础知识和基本原理，学会灵活变通地解决问题。通过本书给出的详细的解答过程，考生应归纳总结解题思路，学会举一反三。

另外，为了更好地帮助同学们进行复习，“李永乐考研数学辅导团队”特在新浪微博上开设了答疑专区，同学们在考研数学复习中，如若遇到任何问题，都可在线留言，团队老师将尽心为你解答。请访问 weibo.com@**清华李永乐考研数学**。

希望本书能对同学们的复习备考提供有意义的帮助。对书中不足和疏漏之处，恳请读者批评指正。

祝同学们复习顺利、心想事成、考研成功！

编　者

2023 年 5 月

图书中有疏漏之处即时更新
微信扫码查看

目录

CONTENTS

微积分

线性代数

概率论与数理统计

微积分

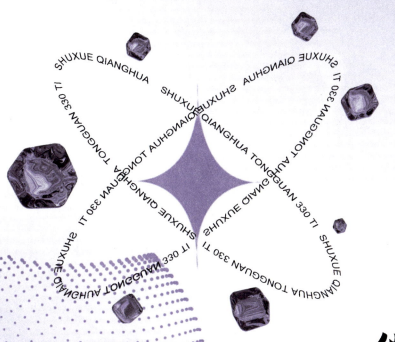

填　空　题

1 $\lim\limits_{x\to 0}\dfrac{\ln(1+x)\ln(1-x)-\ln(1-x^2)}{x^4}=$ ________.

建议答题时间 ≤5 min　评估 熟练 还可以 有点难 不会

答题区域

纠错笔记

2 $\lim\limits_{x\to+\infty}x^{\frac{3}{2}}(\sqrt{x+1}+\sqrt{x-1}-2\sqrt{x})=$ ________.

建议答题时间 ≤5 min　评估 熟练 还可以 有点难 不会

答题区域

纠错笔记

3 极限 $\lim\limits_{x\to+\infty}\left(\dfrac{\pi}{2}-\arctan x\right)^{\frac{1}{\ln x}}=$ ________.

建议答题时间	$\leqslant$ 4 min	评估	熟练	还可以	有点难	不会

答题区域

纠错笔记

4 $\lim\limits_{x\to0}\dfrac{\ln(1+x+x^2)+\ln(1-x+x^2)}{\sec x-\cos x}=$ ________.

建议答题时间	$\leqslant$ 5 min	评估	熟练	还可以	有点难	不会

答题区域

纠错笔记

5 $\lim\limits_{x\to\infty}\left(x^3\ln\dfrac{x+1}{x-1}-2x^2\right)=$ ________.

建议答题时间	≤ 5 min	评估	熟练	还可以	有点难	不会

答题区域

纠错笔记

6 $\lim\limits_{x\to 0}\left(\dfrac{1+\sin x\cos\alpha x}{1+\sin x\cos\beta x}\right)^{\cot^3 x}=$ ________.

建议答题时间	≤ 4 min	评估	熟练	还可以	有点难	不会

答题区域

纠错笔记

7 设 $f(x)$ 非负连续，且 $f(0)=0, f'(0)=\frac{1}{2}$，则 $\lim\limits_{x\to 0^+}\dfrac{\int_0^{\ln(1+x)} tf(t)\,\mathrm{d}t}{\left[\int_0^x \sqrt{f(t)}\,\mathrm{d}t\right]^2}=$ ________.

建议答题时间	$\leqslant$ 5 min	评估	熟练	还可以	有点难	不会

答题区域

纠错笔记

8 当 $x\to\infty$ 时，$\left[\dfrac{\mathrm{e}}{\left(1+\frac{1}{x}\right)^x}\right]^x-\sqrt{\mathrm{e}}$ 与 x^k 是同阶无穷小量，则 $k=$ ________.

建议答题时间	$\leqslant$ 5 min	评估	熟练	还可以	有点难	不会

答题区域

纠错笔记

9 $\lim\limits_{n\to\infty}\dfrac{\sqrt{1}+\sqrt{2}+\cdots+\sqrt{n}}{\sqrt{n^3+n}}=$ ________.

建议答题时间	≤ 5 min	评估	熟练	还可以	有点难	不会

答题区域

纠错笔记

10 设函数 $f(x)$ 具有连续的二阶导数，点 $(x_0, f(x_0))$ 是曲线 $y=f(x)$ 的拐点，则 $\lim\limits_{\Delta x\to 0}\dfrac{f(x_0+\Delta x)-2f(x_0)+f(x_0-\Delta x)}{(\Delta x)^2}=$ ________.

建议答题时间	≤ 5 min	评估	熟练	还可以	有点难	不会

答题区域

纠错笔记

11 设函数 $f(x)=(x-1)(x+2)(x-3)(x+4)\cdots(x+100)$，则 $f'(1)=$ ________.

建议答题时间 ≤ 2 min　评估 熟练 还可以 有点难 不会

答题区域

纠错笔记

12 设 $f(x)=\begin{cases}x^3+1, & x\leqslant 0,\\ e^{-\frac{1}{x}}+1, & x>0,\end{cases}$ $y=f[f(x)]$，则 $\left.\dfrac{dy}{dx}\right|_{x=-1}=$ ________.

建议答题时间 ≤ 5 min　评估 熟练 还可以 有点难 不会

答题区域

纠错笔记

13 设 $f(x)=x^2\cos 2x$，则 $f^{(10)}(0)=$ ________.

建议答题时间 $\leqslant 4$ min 评估 熟练 还可以 有点难 不会

答题区域

纠错笔记

14 设函数 $f(x)=\begin{cases}\arctan\dfrac{x+1}{x-1}+a, & x>1,\\ c, & x=1,\\ \arctan\dfrac{x+1}{x-1}+b, & x<1\end{cases}$ 可导，则 $f'(1)=$ ________.

建议答题时间 $\leqslant 5$ min 评估 熟练 还可以 有点难 不会

答题区域

纠错笔记

15 函数 $f(x)=\sin x-x\cos x$ 在 $(-2\pi,2\pi)$ 中共有________个零点.

建议答题时间 $\leqslant 5$ min　　评估　熟练　还可以　有点难　不会

答题区域

纠错笔记

16 曲线 $x^3+y^3=y^2$ 的斜渐近线方程为________.

建议答题时间 $\leqslant 5$ min　　评估　熟练　还可以　有点难　不会

答题区域

纠错笔记

17 已知曲线 $y=f(x)$ 在点(0,1)处的切线与曲线 $y=\ln x$ 相切，则 $\lim\limits_{x\to 0}\dfrac{f(\sin x)-1}{x+\sin x}=$ ________.

建议答题时间	$\leqslant 5$ min	评估	熟练	还可以	有点难	不会

答题区域

纠错笔记

18 数列 $\left\{\dfrac{(1+n)^3}{(1-n)^2}\right\}$ 的最小项的项数 $n=$ ________，且该项的数值为________.

建议答题时间	$\leqslant 3$ min	评估	熟练	还可以	有点难	不会

答题区域

纠错笔记

19 假设某产品的成本函数为 $C(x)=400+3x+\frac{1}{2}x^2$，而需求函数为 $P=\frac{100}{\sqrt{x}}$，其中 x 为产量（假定等于需求量），P 为价格，则其边际利润为________.

建议答题时间	≤4 min	评估	熟练	还可以	有点难	不会

答题区域

纠错笔记

20 设某商品的需求函数为 $Q=1-P-P^2\left(0<P<\frac{\sqrt{5}-1}{2}\right)$，其中 Q,P 分别表示需求量和价格，则当收益最大时，需求弹性 $\varepsilon(\varepsilon>0)$ 为________.

建议答题时间	≤5 min	评估	熟练	还可以	有点难	不会

答题区域

纠错笔记

21 设 $f(x+1)=\ln\frac{x-1}{x+1}$，且 $f[\varphi(x)]=\ln x$，则 $\int\varphi(x)\mathrm{d}x=$ ________.

建议答题时间 $\leqslant 5$ min　评估　熟练　还可以　有点难　不会

答题区域

纠错笔记

22 $\int\frac{1}{\cos^2 x\sin^4 x}\mathrm{d}x=$ ________.

建议答题时间 $\leqslant 4$ min　评估　熟练　还可以　有点难　不会

答题区域

纠错笔记

23 $\int \frac{\ln(1-x^2)}{2x^2\sqrt{1-x^2}}dx=$ ________.

建议答题时间 ≤5 min　　评估　熟练　还可以　有点难　不会

答题区域

纠错笔记

24 $\lim\limits_{n\to\infty}\int_0^1 \arctan n\sqrt{x}\,dx=$ ________.

建议答题时间 ≤5 min　　评估　熟练　还可以　有点难　不会

答题区域

纠错笔记

25 已知 $y'(x)=\cos(1-x)^2$，且 $y(0)=0$，则 $\int_0^1 y(x)\mathrm{d}x=$ ________.

建议答题时间 ≤5 min　　评估　熟练　还可以　有点难　不会

答题区域

纠错笔记

26 设函数 $f(x)$ 在 $(0,+\infty)$ 上可导，$f(1)=0$，且满足

$$x(x+1)f'(x)-(x+1)f(x)+\int_1^x f(t)\mathrm{d}t=x-1.$$

则 $\int_1^2 f(x)\mathrm{d}x-3f(2)+\lim\limits_{x\to 1}\dfrac{\int_1^x \dfrac{\sin(t-1)^2}{t-1}\mathrm{d}t}{f(x)}=$ ________.

建议答题时间 ≤5 min　　评估　熟练　还可以　有点难　不会

答题区域

纠错笔记

27 设 $f(x)$ 满足 $\int_0^x f(t-x)\mathrm{d}t=-\frac{x^2}{2}+\mathrm{e}^{-x}-1$，则曲线 $y=f(x)$ 的斜渐近线方程为______.

建议答题时间 ≤5 min　　评估　熟练　还可以　有点难　不会

答题区域

纠错笔记

28 已知 $f'(x)\cdot\int_0^2 f(x)\mathrm{d}x=8$，且 $f(0)=0$，$f(x)\geqslant 0$，则 $f(x)=$______.

建议答题时间 ≤5 min　　评估　熟练　还可以　有点难　不会

答题区域

纠错笔记

29　设 $y=f(x)$ 是定义在 $[0,+\infty)$ 上的正值函数，且对于任意的 $a>0$，$x=0$，$x=a$，$y=f(x)$ 与 x 轴所围成的图形绕 x 轴旋转一周与绕 y 轴旋转一周所形成的旋转体体积相同，则 $y=f(x)$ 与 $y=x^3$ 所围成的图形面积为________.

建议答题时间	$\leqslant 5$ min	评估	熟练	还可以	有点难	不会

答题区域

纠错笔记

30　已知曲线 $y=xe^x$，直线 $x=a(a>0)$ 与 x 轴所围平面图形的面积为 1，则由上述平面图形绕 x 轴旋转一周所成旋转体的体积为________.

建议答题时间	$\leqslant 5$ min	评估	熟练	还可以	有点难	不会

答题区域

纠错笔记

31 设 $z=(x^2\sin y^5+x^3)(2x^3+\tan y^4)^{\frac{y^3}{x^2}+e^{x^5y^6}}$，则 $\left.\dfrac{\partial z}{\partial x}\right|_{(1,0)}=$ ________.

建议答题时间 ≤3 min　　评估　熟练　还可以　有点难　不会

答题区域

纠错笔记

32 二元函数 $f(x,y)=\begin{cases}(x^2+y^2)\sin\dfrac{1}{\sqrt{x^4+y^2}}, & x^2+y^2\neq 0,\\ 0, & x^2+y^2=0\end{cases}$ 在点 $(0,0)$ 处 $\mathrm{d}f(0,0)=$ ________.

建议答题时间 ≤5 min　　评估　熟练　还可以　有点难　不会

答题区域

纠错笔记

33 已知函数 $z=f(x,y)$ 连续且满足 $\lim\limits_{\substack{x\to 1\\ y\to 0}}\dfrac{f(x,y)-x+2y+2}{\sqrt{(x-1)^2+y^2}}=0$，则 $\lim\limits_{t\to 0}\dfrac{f(1+t,0)-f(1,2t)}{t}=$ ________.

建议答题时间　≤ 4 min　　评估　熟练　还可以　有点难　不会

答题区域

纠错笔记

34 设 $f(x+y,x-y)=2(x^2+y^2)e^{x^2-y^2}$，则 $f'_x(x,y)-f'_y(x,y)=$ ________.

建议答题时间　≤ 4 min　　评估　熟练　还可以　有点难　不会

答题区域

纠错笔记

35 设 $z=f(x,y)$ 满足 $\frac{\partial^2 z}{\partial x\partial y}=x+y$，且 $f(x,0)=x, f(0,y)=y^2$，则 $f(x,y)=$ ________.

建议答题时间 ≤ 3 min　　评估　熟练　还可以　有点难　不会

答题区域

纠错笔记

36 设 $f(x,y)$ 满足 $f(x,x^2)=1$，且 $f'_y(x,y)=x^2+2y$，则 $f(x,y)=$ ________.

建议答题时间 ≤ 3 min　　评估　熟练　还可以　有点难　不会

答题区域

纠错笔记

37　函数 $f(x,y)$ 满足 $f(1,1)=0$，且 $f'_x(x,y)=2x-2xy^2$，$f'_y(x,y)=4y-2x^2y$，则函数 $f(x,y)$ 的极小值为________.

建议答题时间	≤ 5 min	评估	熟练	还可以	有点难	不会

答题区域

纠错笔记

38　函数 $z=x^2+y^2-xy$ 在区域 $|x|+|y|\leqslant 1$ 上的最大值为________.

建议答题时间	≤ 3 min	评估	熟练	还可以	有点难	不会

答题区域

纠错笔记

39 设 $z=f(x,y)$ 在点 (x_0,y_0) 的某邻域内有定义，且

$$\Delta z=f(x,y)-f(x_0,y_0)=a(x-x_0)+b(y-y_0)+o(\rho),$$

其中 $\rho=\sqrt{(x-x_0)^2+(y-x_0)^2}$，则极限 $\lim\limits_{x\to 0}\dfrac{f(x_0+x,y_0)-f(x_0-x,y_0)}{x}=$ ________.

建议答题时间	≤ 4 min	评估	熟练	还可以	有点难	不会

答题区域

纠错笔记

40 D 是由直线 $y=x,y=\pi,x=0$ 所围成的平面区域，则二重积分 $\iint\limits_D \dfrac{\sin x}{\pi-x}\mathrm{d}x\mathrm{d}y=$ ________.

建议答题时间	≤ 3 min	评估	熟练	还可以	有点难	不会

答题区域

纠错笔记

41 D 是由曲线 $y=-a+\sqrt{a^2-x^2}(a>0)$ 和直线 $y=-x$ 所围成的平面区域，则二重积分 $\iint\limits_D \dfrac{\sqrt{x^2+y^2}}{\sqrt{4a^2-x^2-y^2}}\mathrm{d}x\mathrm{d}y=$ ________.

建议答题时间	$\leqslant$ 5 min	评估	熟练	还可以	有点难	不会

答题区域

纠错笔记

42 $\iint\limits_{x^2+y^2\leqslant 1}[(x+1)^2+2y^2]\mathrm{d}\sigma=$ ________.

建议答题时间	$\leqslant$ 3 min	评估	熟练	还可以	有点难	不会

答题区域

纠错笔记

43 设 $a>0$，$f(x)=g(x)=\begin{cases}a, & 0\leqslant x\leqslant 1,\\ 0, & \text{其他}.\end{cases}$ D 表示全平面，则 $\iint\limits_D f(x)g(y-x)\mathrm{d}x\mathrm{d}y=$ ________.

建议答题时间	$\leqslant 3$ min	评估	熟练	还可以	有点难	不会

答题区域

纠错笔记

44 D 为 $x^2+y^2=1$ 的上半圆与 $x^2+y^2=2y$ 的下半圆所围成的区域，则二重积分 $I=\iint\limits_D\sqrt{4-x^2-y^2}\,\mathrm{d}\sigma=$ ________.

建议答题时间	$\leqslant 5$ min	评估	熟练	还可以	有点难	不会

答题区域

纠错笔记

45 区域 D 为 $y=x^5, y=1, x=-1$ 所围成的平面区域，f 连续．则积分 $I=\iint\limits_D x[1+\sin y^3 f(x^4+y^4)]\mathrm{d}x\mathrm{d}y=$ ________．

建议答题时间 ≤ 5 min　　评估　熟练　还可以　有点难　不会

答题区域

纠错笔记

46 函数项级数 $\sum\limits_{n=1}^{\infty}\dfrac{(-1)^n}{n(x^2-3)^n}$ 的收敛域为________．

建议答题时间 ≤ 5 min　　评估　熟练　还可以　有点难　不会

答题区域

纠错笔记

47 设 $a_n > 0(n=0,1,2,\cdots)$，且 $\lim\limits_{n\to\infty} na_n = 1$，$\sum\limits_{n=0}^{\infty}(-1)^n a_n$ 收敛，则幂级数 $\sum\limits_{n=0}^{\infty} na_n(x+1)^n$ 的收敛区间为________.

建议答题时间	$\leqslant 3$ min	评估	熟练	还可以	有点难	不会

答题区域

纠错笔记

48 幂级数 $\sum\limits_{n=1}^{\infty} \dfrac{2^n-(-1)^n}{n} x^n$ 的收敛域为________.

建议答题时间	$\leqslant 3$ min	评估	熟练	还可以	有点难	不会

答题区域

纠错笔记

49 若 $\sum_{n=1}^{\infty} a_n$ 收敛，但 $\sum_{n=1}^{\infty}(-1)^n a_n$ 发散，则级数 $\sum_{n=1}^{\infty}\frac{a_n}{n}(x+1)^n$ 的收敛区间为________.

建议答题时间 ≤5 min 评估 熟练 还可以 有点难 不会

答题区域

纠错笔记

50 若幂级数 $\sum_{n=1}^{\infty} a^{n^2} x^n (a>0)$ 的收敛域为 $(-\infty,+\infty)$，则 a 应满足________.

建议答题时间 ≤2 min 评估 熟练 还可以 有点难 不会

答题区域

纠错笔记

51 已知级数 $\sum_{n=2}^{\infty}\ln\left[1+\frac{(-1)^n}{n^p}\right](p>0)$ 条件收敛，则 p 的取值范围为________.

建议答题时间 ≤3 min 评估 熟练 还可以 有点难 不会

答题区域

纠错笔记

52 级数 $\sum_{n=1}^{\infty}(-1)^n\frac{n-(2n)!}{n(2n)!}$ 的和为________.

建议答题时间 $\leqslant 4$ min　　评估　熟练　还可以　有点难　不会

答题区域　　纠错笔记

53 差分方程 $2y_{t+1}-6y_t=5\cdot 3^t$ 的通解为________.

建议答题时间 $\leqslant 4$ min　　评估　熟练　还可以　有点难　不会

答题区域　　纠错笔记

54 已知 $f(x)$ 是微分方程 $xf'(x)-f(x)=\sqrt{2x-x^2}$ 满足初始条件 $f(1)=0$ 的特解，则积分 $\int_0^1 f(x)\mathrm{d}x=$ ________.

建议答题时间 $\leqslant 3$ min　　评估　熟练　还可以　有点难　不会

答题区域　　纠错笔记

55　$xy' = y(\ln y - \ln x)$ 的通解为________.

建议答题时间　≤3 min　　评估　熟练　还可以　有点难　不会

答题区域

纠错笔记

56　$\dfrac{\mathrm{d}y}{\mathrm{d}x} = \dfrac{y}{x + y^2}$ 的通解为________.

建议答题时间　≤3 min　　评估　熟练　还可以　有点难　不会

答题区域

纠错笔记

57　微分方程 $y'' + y = 2e^x + 4\sin x$ 满足 $\lim\limits_{x \to 0} \dfrac{y(x)}{\ln(x + \sqrt{1 + x^2})} = 0$ 的特解为________.

建议答题时间　≤5 min　　评估　熟练　还可以　有点难　不会

答题区域

纠错笔记

58 已知 $f(x)$ 满足 $f'(x)=f\left(\frac{\pi}{2}-x\right)$，且 $f(0)=f'(0)=1$，则 $f(x)=$________.

建议答题时间 $\leqslant 2$ min　　评估　熟练　还可以　有点难　不会

答题区域

纠错笔记

59 设 $y=(C_1+x)e^x+C_2e^{-x}$ 是 $y''+ay'+by=ge^{cx}$ 的通解，则常数 a,b,c,g 分别是________，________，________，________.

建议答题时间 $\leqslant 3$ min　　评估　熟练　还可以　有点难　不会

答题区域

纠错笔记

60 3 阶常系数齐次线性微分方程 $y'''-y''-y'+y=0$ 的通解是________.

建议答题时间 $\leqslant 3$ min　　评估　熟练　还可以　有点难　不会

答题区域

纠错笔记

选 择 题

61 设定义在$(-\infty,+\infty)$上的连续函数$f(x)$的图形关于$x=0$与$x=1$均对称，则下列命题中，正确命题为

① 若$\int_0^1 f(x)\mathrm{d}x=0$，则$\int_0^x f(t)\mathrm{d}t$为周期函数.

② 若$\int_0^2 f(x)\mathrm{d}x=0$，则$\int_0^x f(t)\mathrm{d}t$为周期函数.

③$\int_0^x f(t)\mathrm{d}t-x\int_0^2 f(t)\mathrm{d}t$为周期函数.

④$\int_0^x f(t)\mathrm{d}t-\frac{x}{2}\int_0^2 f(t)\mathrm{d}t$为周期函数.

(A)②③.　　(B)②④.　　(C)①②③.　　(D)①②④.

建议答题时间 ≤5 min　　评估 熟练 还可以 有点难 不会

答题区域

纠错笔记

62 若$\lim\limits_{n\to\infty}\frac{n^a}{(n+1)^b-n^b}=2023$，则

(A)$a=-\frac{2022}{2023},b=\frac{1}{2023}$.　　(B)$a=\frac{2022}{2023},b=-\frac{1}{2023}$.

(C)$a=\frac{2022}{2023},b=\frac{1}{2023}$.　　(D)$a=-\frac{2022}{2023},b=-\frac{1}{2023}$.

建议答题时间 ≤3 min　　评估 熟练 还可以 有点难 不会

答题区域

纠错笔记

63 设函数 $\varphi(x)=\begin{cases}x^2\left(2+\sin\dfrac{1}{x}\right), & x\neq 0,\\ 0, & x=0,\end{cases}$ 且函数 $f(x)$ 在 $x=0$ 处可导，则函数 $f[\varphi(x)]$ 在 $x=0$ 处

(A) 不连续.　　(B) 连续但不可导.

(C) 可导且导数为 0.　　(D) 可导且导数不为 0.

建议答题时间	$\leqslant 5$ min	评估	熟练	还可以	有点难	不会

答题区域

纠错笔记

64 设 $\alpha_1=\sqrt{1+\tan x}-\sqrt{1+\sin x}$，$\alpha_2=\int_0^{x^4}\dfrac{1}{\sqrt{1-t^2}}\mathrm{d}t$，$\alpha_3=\int_0^{x}\mathrm{d}u\int_0^{u^2}\arctan t\mathrm{d}t$. 当 $x\to 0$ 时，以上 3 个无穷小量按照从低阶到高阶的顺序是

(A) $\alpha_1,\alpha_2,\alpha_3$.　　(B) $\alpha_1,\alpha_3,\alpha_2$.　　(C) $\alpha_2,\alpha_1,\alpha_3$.　　(D) $\alpha_3,\alpha_1,\alpha_2$.

建议答题时间	$\leqslant 5$ min	评估	熟练	还可以	有点难	不会

答题区域

纠错笔记

65 已知 $x=0$ 是函数 $f(x)=\dfrac{ax-\ln(1+x)}{x+b\sin x}$ 的可去间断点，则常数 a,b 的取值范围是

(A) $a=1$，b 为任意实数.　　(B) $a\neq 1$，b 为任意实数.

(C) $b=-1$，a 为任意实数.　　(D) $b\neq -1$，a 为任意实数.

建议答题时间 ≤ 5 min　　评估　熟练　还可以　有点难　不会

答题区域

纠错笔记

66 在下列函数中，导数 $f'(x)$ 在点 $x=0$ 处不连续的是

(A) $f(x)=\begin{cases} x^{\frac{4}{3}}\sin\dfrac{1}{x}, & x\neq 0, \\ 0, & x=0. \end{cases}$　　(B) $f(x)=\begin{cases} \dfrac{\sin x}{x}, & x\neq 0, \\ 1, & x=0. \end{cases}$

(C) $f(x)=\begin{cases} \dfrac{e^x-1}{x}, & x\neq 0, \\ 1, & x=0. \end{cases}$　　(D) $f(x)=\begin{cases} \dfrac{\ln(1+x)}{x}, & x\neq 0, \\ 1, & x=0. \end{cases}$

建议答题时间 ≤ 5 min　　评估　熟练　还可以　有点难　不会

答题区域

纠错笔记

67 设 $f(x)$ 连续，且 $f(1)=1$，则 $\lim\limits_{x\to 1}\dfrac{\int_1^{\frac{1}{x}} f(tx)\,\mathrm{d}t}{x^2-1}=$

(A) 1.　　(B) -1.　　(C) $\dfrac{1}{2}$.　　(D) $-\dfrac{1}{2}$.

建议答题时间 $\leqslant 5$ min　评估　熟练　还可以　有点难　不会

答题区域

纠错笔记

68 设函数 $f(x)$ 可导，则 $\lim\limits_{r\to 0}\dfrac{1}{r}\left[f\left(x+\dfrac{r}{a}\right)-f\left(x-\dfrac{r}{a}\right)\right]$ 为

(A) $2f'(x)$.　　(B) $\dfrac{1}{a}f'(x)$.　　(C) $\dfrac{2}{a}f'(x)$.　　(D) 以上都不对.

建议答题时间 $\leqslant 5$ min　评估　熟练　还可以　有点难　不会

答题区域

纠错笔记

69 设 $f(x)$ 有连续导数，$f(0)=0$，当 $x\to 0$ 时，$\int_0^{f(x)} f(t)\mathrm{d}t$ 与 x^2 是等价无穷小，则 $f'(0)$ 等于

(A) 0.　　(B) 2.　　(C) $\sqrt{2}$.　　(D) $\sqrt[3]{2}$.

建议答题时间 $\leqslant$ 5 min　　评估　熟练　还可以　有点难　不会

答题区域

纠错笔记

70 设有命题

① 若 $f(x)$ 在 x_0 处可导，则 $|f(x)|$ 在 x_0 处可导.

② 若 $|f(x)|$ 在 x_0 处可导，则 $f(x)$ 在 x_0 处可导.

③ 若 $f(x)$ 在 x_0 处可导，且 $f(x_0)=0$，$f'(x_0)\neq 0$，则 $|f(x)|$ 在 x_0 处不可导.

④ 若 $f(x)$ 在 x_0 处连续，且 $|f(x)|$ 在 x_0 处可导，则 $f(x)$ 在 x_0 处可导.

则上述命题中正确的个数为

(A) 0.　　(B) 1.　　(C) 2.　　(D) 3.

建议答题时间 $\leqslant$ 4 min　　评估　熟练　还可以　有点难　不会

答题区域

纠错笔记

71 设 $f(x)$ 是以 4 为周期的连续函数，且 $f'(1)=-1, F(x)=\int_0^x f(t)\mathrm{d}t$，则 $\lim\limits_{x\to 0}\dfrac{F'(5-x)-F'(5)}{x}=$

(A) $\frac{1}{2}$. (B)0. (C) -1. (D)1.

建议答题时间 $\leqslant 5$ min 评估 熟练 还可以 有点难 不会

答题区域

纠错笔记

72 设函数 $f(x)$ 处处可导，且有 $f'(0)=1$，对任何实数 x 和 h 恒有 $f(x+h)=f(x)+f(h)+2hx$，则 $f'(x)$ 等于

(A) $2x+1$. (B) $x+1$. (C) x. (D) e^x.

建议答题时间 $\leqslant 5$ min 评估 熟练 还可以 有点难 不会

答题区域

纠错笔记

73 设 $f(x)=\begin{cases}\dfrac{1}{x}g(x), & x\neq 0,\\ 0, & x=0,\end{cases}$ 其中 $g(x)$ 在 $x=0$ 的一个邻域内二阶导数存在，且 $g(0)=0, g'(0)=0$，则

(A) $f(x)$ 在 $x=0$ 处不连续.

(B) $f(x)$ 在 $x=0$ 处连续但不可导.

(C) $f(x)$ 在 $x=0$ 处可导，但其导函数不连续.

(D) $f(x)$ 在 $x=0$ 处导函数连续.

建议答题时间 $\leqslant 5$ min　评估　熟练　还可以　有点难　不会

答题区域

纠错笔记

74 设 $x=\int_0^y \dfrac{\mathrm{d}t}{\sqrt{1+4t^2}}$，则 $\dfrac{\mathrm{d}^3y}{\mathrm{d}x^3}-4\dfrac{\mathrm{d}y}{\mathrm{d}x}$ 等于

(A) 0.　　(B) 1.

(C) $\dfrac{4}{1+4y^2}-4\sqrt{1+4y^2}$.　　(D) -1.

建议答题时间 $\leqslant 5$ min　评估　熟练　还可以　有点难　不会

答题区域

纠错笔记

75 已知函数 $y=y(x)$ 在任意点 x 处的增量 $\Delta y=\dfrac{y+x\ln x}{x}\Delta x+\alpha$，且当 $\Delta x\to 0$ 时，α 是 Δx 的高阶无穷小，$y(1)=0$，则 $y(\mathrm{e})$ 等于

(A) e.　　(B) $\dfrac{\mathrm{e}}{2}$.　　(C) $\dfrac{\mathrm{e}^2}{2}$.　　(D) $\dfrac{\mathrm{e}^3}{2}$.

建议答题时间	≤5 min	评估	熟练	还可以	有点难	不会

答题区域

纠错笔记

76 设奇函数 $f(x)$ 在 $x=0$ 的某个邻域内连续，且 $\lim\limits_{x\to 0}\dfrac{f(x)}{x}=0$，则

(A) $x=0$ 是 $f(x)$ 的极小值点.

(B) $x=0$ 是 $f(x)$ 的极大值点.

(C) $y=f(x)$ 在 $x=0$ 处的切线平行于 x 轴.

(D) $y=f(x)$ 在 $x=0$ 处的切线不平行于 x 轴.

建议答题时间	≤5 min	评估	熟练	还可以	有点难	不会

答题区域

纠错笔记

77 设 $y(x)$ 是方程 $y''+a_1y'+a_2y=\mathrm{e}^x$ 满足初始条件 $y(0)=1, y'(0)=0$ 的特解(a_1, a_2 均为常数),则

(A) 当 $a_2<1$ 时, $x=0$ 是 $y(x)$ 的极大值点.

(B) 当 $a_2<1$ 时, $x=0$ 是 $y(x)$ 的极小值点.

(C) 当 $a_2>1$ 时, $x=0$ 不是 $y(x)$ 的极大值点.

(D) 当 $a_2>1$ 时, $x=0$ 是 $y(x)$ 的极小值点.

建议答题时间	$\leqslant 5$ min	评估	熟练	还可以	有点难	不会

答题区域

纠错笔记

78 奇函数 $f(x)$ 在闭区间 $[-1,1]$ 上可导,且 $|f'(x)|\leqslant M$(M 为正常数),则必有

(A) $|f(x)|\geqslant M$.

(B) $|f(x)|>M$.

(C) $|f(x)|\leqslant M$.

(D) $|f(x)|<M$.

建议答题时间	$\leqslant 4$ min	评估	熟练	还可以	有点难	不会

答题区域

纠错笔记

79 设函数 $f(x)$ 在 $x=2$ 处连续，且 $\lim\limits_{x\to 0}\dfrac{\ln[f(x+2)+e^{x^2}]}{1-\cos x}=4$，则 $x=2$ 是 $f(x)$ 的

(A) 不可导点.　　(B) 驻点且是极大值点.

(C) 驻点且是极小值点.　　(D) 可导的点但不是驻点.

建议答题时间 ≤ 5 min　　评估　熟练　还可以　有点难　不会

答题区域

纠错笔记

80 设函数 $f(x)=|2x^3-9x^2+12x-3|$ 的驻点个数为 m，极值点的个数为 n，则

(A) $m=1,n=1$.　　(B) $m=2,n=2$.

(C) $m=2,n=3$.　　(D) $m=3,n=2$.

建议答题时间 ≤ 5 min　　评估　熟练　还可以　有点难　不会

答题区域

纠错笔记

81 下述论断正确的是

(A) 设 $f(x)$ 在 $(-\infty,+\infty)$ 上有定义，除 $x=0$ 外均可导，且 $f'(x)>0$，则 $f(x)$ 在 $(-\infty,+\infty)$ 上是严格单调增加的.

(B) 设 $f(x)$ 为偶函数且 $x=0$ 是 $f(x)$ 的极值点，则 $f'(0)=0$.

(C) 设 $f(x)$ 在 $x=x_0$ 处二阶导数存在，且 $f''(x_0)>0$，则 $x=x_0$ 是 $f(x)$ 的极小值点.

(D) 设 $f(x)$ 在 $x=x_0$ 处三阶导数存在，且 $f'(x_0)=0$，$f''(x_0)=0$，$f'''(x_0)\neq 0$，则 $x=x_0$ 一定不是 $f(x)$ 的极值点.

建议答题时间 $\leqslant 5$ min　　评估　熟练　还可以　有点难　不会

答题区域　　纠错笔记

82 设函数 $f(x)$ 在 $[1,2]$ 上有二阶导数，$f(1)=f(2)=0$，$F(x)=(x-1)^2f(x)$，则 $F''(x)$ 在 $(1,2)$ 内

(A) 没有零点.　　(B) 至少有一个零点.

(C) 有两个零点.　　(D) 有且仅有一个零点.

建议答题时间 $\leqslant 5$ min　　评估　熟练　还可以　有点难　不会

答题区域　　纠错笔记

83 函数 $f(x)=\dfrac{x^2+2x-3}{(x^3-x)(x^2+1)}$ 的铅直渐近线个数为

(A)0.　　(B)1.　　(C)2.　　(D)3.

建议答题时间 $\leqslant 5$ min　评估　熟练　还可以　有点难　不会

答题区域

纠错笔记

84 $f(x)$ 在 $[a,b]$ 上连续且 $\int_a^b f(x)\mathrm{d}x=0$，则

(A) $\int_a^b [f(x)]^2\mathrm{d}x=0$ 一定成立.

(B) $\int_a^b [f(x)]^2\mathrm{d}x=0$ 不可能成立.

(C) $\int_a^b [f(x)]^2\mathrm{d}x=0$ 仅当 $f(x)$ 是单调函数时成立.

(D) $\int_a^b [f(x)]^2\mathrm{d}x=0$ 仅当 $f(x)=0$ 时成立.

建议答题时间 $\leqslant 5$ min　评估　熟练　还可以　有点难　不会

答题区域

纠错笔记

85 设函数 $f(x)=\int_0^x (t^2-4t+3)e^{t^2}\,dt, x\in[0,3]$，则下列命题中，正确的是

(A) $f(x)$ 为单调函数.　　(B) $4e-9$ 为 $f(x)$ 的一个上界.

(C) $f(x)$ 的最小值为 0.　　(D) $f(x)$ 不存在最大值.

建议答题时间 $\leqslant$ 5 min　　评估　熟练　还可以　有点难　不会

答题区域

纠错笔记

86 设 $I_1=\int_0^a x^3 f(x^2)\,dx, I_2=\int_0^{a^2} xf(x)\,dx, a>0$，则

(A) $2I_1=I_2$.　　(B) $I_1<I_2$.　　(C) $I_1>I_2$.　　(D) $I_1=I_2$.

建议答题时间 $\leqslant$ 3 min　　评估　熟练　还可以　有点难　不会

答题区域

纠错笔记

87 设$\frac{\sin x}{x}$为$f(x)$的一个原函数，且$a\neq 0$，则$\int \frac{f(ax)}{a}\mathrm{d}x=$

(A) $\frac{\sin ax}{a^3x}+C$.　(B) $\frac{\sin ax}{a^2x}+C$.　(C) $\frac{\sin ax}{ax}+C$.　(D) $\frac{\sin ax}{x}+C$.

建议答题时间	$\leqslant$ 5 min	评估	熟练	还可以	有点难	不会

答题区域

纠错笔记

88 设$f(x)=\begin{cases} x, & x<0, \\ \mathrm{e}^x, & x\geqslant 0, \end{cases}$ $g(x)=\begin{cases} x\sin\frac{1}{x}, & x\neq 0, \\ 0, & x=0, \end{cases}$ 则

(A) $f(x)$在$[-1,1]$上有原函数.　(B) $f(x)$在$[-1,1]$上不可积.

(C) $g(x)$在$[-1,1]$上没有原函数.　(D) $g(x)$在$[-1,1]$上可积.

建议答题时间	$\leqslant$ 3 min	评估	熟练	还可以	有点难	不会

答题区域

纠错笔记

89 若$\frac{e^{\xi^2}-1}{\xi}$，$\frac{e^{\eta^2}-1}{\eta}$分别为$\frac{e^{x^2}-1}{x}$在$(0,1)$和$(0,a)(0<a<1)$上的平均值，其中$\xi\in(0,1)$，$\eta\in(0,a)$，则$\xi$与$\eta$的大小关系为

(A)$\xi<\eta$.　(B)$\xi=\eta$.　(C)$\xi>\eta$.　(D)从已知条件无法确定.

建议答题时间 $\leqslant$ 4 min　评估　熟练　还可以　有点难　不会

答题区域

纠错笔记

90 设$(-\infty,+\infty)$上的非负连续函数$f(x)$满足$f(x)f(1-x)=1$，则$\int_0^1\frac{\left|x-\frac{1}{2}\right|}{1+f(x)}dx=$

(A) $\frac{1}{16}$.　(B) $\frac{1}{8}$.　(C) $\frac{1}{4}$.　(D) $\frac{1}{2}$.

建议答题时间 $\leqslant$ 5 min　评估　熟练　还可以　有点难　不会

答题区域

纠错笔记

91 设 $f(x)=\int_{-1}^{x} t\cos t\mathrm{d}t, x\in\left(-\frac{\pi}{2},\frac{\pi}{2}\right)$，则曲线 $y=f(x)$ 与 x 轴所围图形的面积为

(A) $2\int_{0}^{1} x\sin x\mathrm{d}x$.　　(B) $2\int_{0}^{1} x^{2}\sin x\mathrm{d}x$.

(C) $2\int_{0}^{1} x\cos x\mathrm{d}x$.　　(D) $2\int_{0}^{1} x^{2}\cos x\mathrm{d}x$.

建议答题时间 ≤ 4 min　评估 熟练 | 还可以 | 有点难 | 不会

答题区域　纠错笔记

92 设 $f(x)$ 在 $[1,+\infty)$ 上连续可导，且广义积分 $\int_{1}^{+\infty} f(x)\mathrm{d}x$，$\int_{1}^{+\infty} f'(x)\mathrm{d}x$ 均收敛，则 $\lim\limits_{x\to+\infty} f(x)=$

(A) 1.　　(B) 0.　　(C) $+\infty$.　　(D) -1.

建议答题时间 ≤ 5 min　评估 熟练 | 还可以 | 有点难 | 不会

答题区域　纠错笔记

93 设函数 $f(x)$ 连续且以 T 为周期，则下列函数中以 T 为周期的为

(A) $\int_0^x f(t)\mathrm{d}t$.　　(B) $\int_{-x}^0 f(t)\mathrm{d}t$.

(C) $\int_0^x f(t)\mathrm{d}t - \int_{-x}^0 f(t)\mathrm{d}t$.　　(D) $\int_0^x f(t)\mathrm{d}t + \int_{-x}^0 f(t)\mathrm{d}t$.

建议答题时间 ≤5 min　评估　熟练　还可以　有点难　不会

答题区域

纠错笔记

94 设 $f(x)$ 在 $x=0$ 的某个邻域内有定义，且 $f(0)=0$，若 $\lim\limits_{x\to 0}\dfrac{1-\cos x^2}{f(x)\int_0^x \ln(1+t^2)\mathrm{d}t}=3$，则 $f(x)$ 在 $x=0$ 处

(A) 不连续.　　(B) 连续但不可导.

(C) 可导且 $f'(0)=2$.　　(D) 可导且 $f'(0)=\dfrac{1}{2}$.

建议答题时间 ≤5 min　评估　熟练　还可以　有点难　不会

答题区域

纠错笔记

95 设 $f(x)=\int_0^{\sin x}(e^{t^2}-1)dt$，$g(x)=\int_0^x(t^2-a^2)h(t)dt$，其中 $a\neq 0$ 为常数，$h(x)$ 为连续函数且 $h(0)\neq 0$，当 $x\to 0$ 时，则

(A) $f(x)$ 与 $g(x)$ 是同阶无穷小，但不是等价无穷小.

(B) $f(x)$ 与 $g(x)$ 是等价无穷小.

(C) $f(x)$ 是 $g(x)$ 的高阶无穷小.

(D) $g(x)$ 是 $f(x)$ 的高阶无穷小.

建议答题时间	$\leqslant$ 5 min	评估	熟练	还可以	有点难	不会

答题区域

纠错笔记

96 设 $f(x)$ 有连续导数，$f(0)=0$，$f'(0)\neq 0$. $F(x)=\int_0^x(x^2-t^2)f(t)dt$，且当 $x\to 0$ 时，$F'(x)$ 与 x^k 为同阶无穷小，则 k 等于

(A)1. (B)2. (C)3. (D)4.

建议答题时间	$\leqslant$ 3 min	评估	熟练	还可以	有点难	不会

答题区域

纠错笔记

97 设在区间$[-1,1]$上，$|f(x)| \leqslant x^2$，$f''(x) > 0$，记$I = \int_{-1}^{1} f(x)\mathrm{d}x$，则

(A) $I = 0$.

(B) $I > 0$.

(C) $I < 0$.

(D) I 的正负不确定.

建议答题时间 $\leqslant 5$ min | 评估 熟练 还可以 有点难 不会

答题区域

纠错笔记

98 下列结论正确的是

(A) $\int_{-\infty}^{+\infty} \frac{x}{1+x^2}\mathrm{d}x = 0$.

(B) $\int_{-\infty}^{+\infty} \frac{x}{(1+x^2)^2}\mathrm{d}x = 0$.

(C) $\int_{-1}^{1} \frac{1}{\sin x}\mathrm{d}x = 0$.

(D) $\int_{-\infty}^{+\infty} \mathrm{e}^{-|x|}\mathrm{d}x = 1$.

建议答题时间 $\leqslant 3$ min | 评估 熟练 还可以 有点难 不会

答题区域

纠错笔记

99 关于$\int_{-\infty}^{+\infty} e^{|x|}\sin 2x\mathrm{d}x$，下列结论正确的是

(A) 取值为零.　　(B) 取正值.　　(C) 发散.　　(D) 取负值.

建议答题时间 ≤ 5 min　　评估　熟练　还可以　有点难　不会

答题区域

纠错笔记

100 考虑积分$\int_{0}^{+\infty}\frac{x^{p-1}}{\ln(1+x)}\mathrm{d}x$，则该积分

(A) 当 $p>1$ 时收敛.　　(B) 当 $p<0$ 时收敛.

(C) 不论 p 为何值均收敛.　　(D) 不论 p 为何值均发散.

建议答题时间 ≤ 5 min　　评估　熟练　还可以　有点难　不会

答题区域

纠错笔记

101　设 $f'_x(x_0,y_0)$，$f'_y(x_0,y_0)$ 都存在，则

(A) $f(x,y)$ 在点 (x_0,y_0) 处连续.　　(B) $f(x,y)$ 在点 (x_0,y_0) 处可微.

(C) $\lim\limits_{x\to x_0} f(x,y_0)$ 存在.　　(D) $\lim\limits_{\substack{x\to x_0\\ y\to y_0}} f(x,y)$ 存在.

建议答题时间　≤ 3 min　　评估　熟练　还可以　有点难　不会

答题区域

纠错笔记

102　设有三元方程 $xy - z\ln y + e^{xz} = 1$，根据隐函数存在定理，存在点 $(0,1,1)$ 的一个邻域，在此邻域内该方程

(A) 只能确定一个具有连续偏导数的隐函数 $z = z(x,y)$.

(B) 可确定两个具有连续偏导数的隐函数 $x = x(y,z)$ 和 $z = z(x,y)$.

(C) 可确定两个具有连续偏导数的隐函数 $y = y(x,z)$ 和 $z = z(x,y)$.

(D) 可确定两个具有连续偏导数的隐函数 $x = x(y,z)$ 和 $y = y(x,z)$.

建议答题时间　≤ 4 min　　评估　熟练　还可以　有点难　不会

答题区域

纠错笔记

103 设函数 $f(x,y)$ 在 $M_0(x_0,y_0)$ 处取极大值，且 $\left.\dfrac{\partial^2 f}{\partial x^2}\right|_{M_0}$ 与 $\left.\dfrac{\partial^2 f}{\partial y^2}\right|_{M_0}$ 存在，则

(A) $\left.\dfrac{\partial^2 f}{\partial x^2}\right|_{M_0} \geqslant 0, \left.\dfrac{\partial^2 f}{\partial y^2}\right|_{M_0} \geqslant 0$.

(B) $\left.\dfrac{\partial^2 f}{\partial x^2}\right|_{M_0} \leqslant 0, \left.\dfrac{\partial^2 f}{\partial y^2}\right|_{M_0} \leqslant 0$.

(C) $\left.\dfrac{\partial^2 f}{\partial x^2}\right|_{M_0} \geqslant 0, \left.\dfrac{\partial^2 f}{\partial y^2}\right|_{M_0} \leqslant 0$.

(D) $\left.\dfrac{\partial^2 f}{\partial x^2}\right|_{M_0} \leqslant 0, \left.\dfrac{\partial^2 f}{\partial y^2}\right|_{M_0} \geqslant 0$.

建议答题时间 $\leqslant 5$ min　　评估　熟练　还可以　有点难　不会

答题区域

纠错笔记

104 已知 $f\left(\dfrac{1}{y},\dfrac{1}{x}\right)=\dfrac{xy-x^2}{x-2y}$，则 $f(x,y)=$

(A) $\dfrac{x-y}{xy-2x^2}$.　(B) $\dfrac{x-y}{xy-2y^2}$.　(C) $\dfrac{y-x}{xy-2x^2}$.　(D) $\dfrac{y-x}{xy-2y^2}$.

建议答题时间 $\leqslant 4$ min　　评估　熟练　还可以　有点难　不会

答题区域

纠错笔记

105 设 $z=f(x,y)$ 在点 $(0,0)$ 处连续，且 $\lim\limits_{(x,y)\to(0,0)}\dfrac{f(x,y)}{|x|+|y|}=-1$，则下列结论不正确的是

(A) $f'_x(0,0)$ 不存在.　　(B) $f'_y(0,0)$ 不存在.

(C) $f(x,y)$ 在 $(0,0)$ 处取极小值.　　(D) $f(x,y)$ 在 $(0,0)$ 点处不可微.

建议答题时间 $\leqslant 3$ min　　评估　熟练　还可以　有点难　不会

答题区域

纠错笔记

106 若函数 $z=f(x,y)$ 满足 $\dfrac{\partial^2 z}{\partial y^2}=2$，且 $f(x,1)=x+2$，又 $f'_y(x,1)=x+1$，则 $f(x,y)=$

(A) $y^2+(x-1)y-2$.　　(B) $y^2+(x+1)y+2$.

(C) $y^2+(x-1)y+2$.　　(D) $y^2+(x+1)y-2$.

建议答题时间 $\leqslant 3$ min　　评估　熟练　还可以　有点难　不会

答题区域

纠错笔记

107 设函数 $f(x,y)$ 可微，且 $f(0,0)=0, f(2,1)>3, f'_y(x,y)<0$，则至少存在一点 (x_0,y_0)，使

(A) $f'_x(x_0,y_0)<1$.

(B) $f'_x(x_0,y_0)<-3$.

(C) $f'_x(x_0,y_0)=\dfrac{3}{2}$.

(D) $f'_x(x_0,y_0)>\dfrac{3}{2}$.

建议答题时间 ≤ 3 min　　评估　熟练　还可以　有点难　不会

答题区域

纠错笔记

108 设 $z=f(x,y)=\begin{cases}\dfrac{xy^2}{x^2+y^2}, & x^2+y^2\neq 0,\\ 0, & x^2+y^2=0,\end{cases}$ 则在点 $(0,0)$ 处函数 $z=f(x,y)$

(A) 不连续.

(B) 连续但偏导数 $\dfrac{\partial z}{\partial x}$ 和 $\dfrac{\partial z}{\partial y}$ 不存在.

(C) 连续，且 $\dfrac{\partial z}{\partial x}, \dfrac{\partial z}{\partial y}$ 都存在，但不可微.

(D) 可微.

建议答题时间 ≤ 4 min　　评估　熟练　还可以　有点难　不会

答题区域

纠错笔记

109 已知函数 $f(x,y)$ 在点 $(0,0)$ 的某邻域内连续，且 $\lim\limits_{\substack{x\to 0\\ y\to 0}}\dfrac{f(x,y)}{e^{(x+y)^2}-1}=3$，则

(A) 点 $(0,0)$ 不是 $f(x,y)$ 的驻点.

(B) 点 $(0,0)$ 是 $f(x,y)$ 的驻点，但不是极值点.

(C) 点 $(0,0)$ 是 $f(x,y)$ 的驻点，且是极小值点.

(D) 点 $(0,0)$ 是 $f(x,y)$ 的驻点，且是极大值点.

建议答题时间 $\leqslant 5$ min　　评估　熟练　还可以　有点难　不会

答题区域　　纠错笔记

110 设 D 由直线 $x=0, y=0, x+y=\frac{1}{2}$ 和 $x+y=1$ 所围成，记 $I_1=\iint\limits_D \ln(x+y)\mathrm{d}\sigma$，$I_2=\iint\limits_D (x+y)^2\mathrm{d}\sigma$，$I_3=\iint\limits_D (x+y)\mathrm{d}\sigma$，则 I_1, I_2, I_3 的大小关系为

(A) $I_1<I_2<I_3$.　(B) $I_2<I_1<I_3$.　(C) $I_2<I_3<I_1$.　(D) $I_3<I_2<I_1$.

建议答题时间 $\leqslant 3$ min　　评估　熟练　还可以　有点难　不会

答题区域　　纠错笔记

111 D是由$y=\ln x, y=0, x=2$所围成的区域，则二重积分$I=\iint\limits_D \frac{e^{xy}}{x^x-1}dxdy=$

(A) $-\ln 2$.　　(B) $\frac{1}{\ln 2}$.　　(C) $\ln 2$.　　(D) 无法计算.

建议答题时间	≤ 3 min	评估	熟练	还可以	有点难	不会

答题区域

纠错笔记

112 $D: x^2+y^2\leqslant 2x$，则二重积分$I=\iint\limits_D (xy^2+5e^x\sin^3 y)dxdy=$

(A) $\frac{\pi}{2}$.　　(B) $\frac{\pi}{3}$.　　(C) $\frac{\pi}{4}$.　　(D) $\frac{\pi}{5}$.

建议答题时间	≤ 4 min	评估	熟练	还可以	有点难	不会

答题区域

纠错笔记

113 累次积分 $\int_{\frac{\pi}{4}}^{\frac{\pi}{2}} d\theta \int_{0}^{2\sin\theta} f(r\cos\theta, r\sin\theta) r dr$ 等于

(A) $\int_{0}^{2} dy \int_{0}^{\sqrt{2y-y^2}} f(x,y) dx$.　　(B) $\int_{0}^{1} dy \int_{y}^{\sqrt{2y-y^2}} f(x,y) dx$.

(C) $\int_{0}^{1} dx \int_{x}^{2} f(x,y) dy$.　　(D) $\int_{0}^{1} dx \int_{x}^{1+\sqrt{1-x^2}} f(x,y) dy$.

建议答题时间 $\leqslant 2$ min　　评估　熟练　还可以　有点难　不会

答题区域

纠错笔记

114 设 $f(x,y)$ 连续，且 $f(x,y) = xy + \iint\limits_{D} f(u,v) du dv$，其中 D 是由 $y=0, y=x^2, x=1$ 所围成的区域，则 $f(x,y)$ 等于

(A) xy.　　(B) $2xy$.　　(C) $xy+\frac{1}{8}$.　　(D) $xy+1$.

建议答题时间 $\leqslant 3$ min　　评估　熟练　还可以　有点难　不会

答题区域

纠错笔记

115 若已知$\int_0^{\frac{2}{\pi}}\mathrm{d}x\int_0^{\pi}xf(\sin y)\mathrm{d}y=1$，则$\int_0^{\frac{\pi}{2}}f(\cos x)\mathrm{d}x=$

(A) $\frac{\pi}{2}$.　　(B) $\frac{2}{\pi}$.　　(C) $\frac{4}{\pi^2}$.　　(D) $\frac{\pi^2}{4}$.

建议答题时间 $\leqslant 3$ min　　评估　熟练　还可以　有点难　不会

答题区域

纠错笔记

116 设$f(x,y)$连续，则$\int_0^2\mathrm{d}x\int_{-\sqrt{4-x^2}}^{\sqrt{4-x^2}}f(x,y)\mathrm{d}y=$

(A) $\int_0^2\mathrm{d}x\int_{-2}^2 f(x,y)\mathrm{d}y$.

(B) $\int_{-2}^2\mathrm{d}y\int_0^{\sqrt{4-y^2}}f(x,y)\mathrm{d}x$.

(C) $2\int_0^2\mathrm{d}x\int_0^{\sqrt{4-x^2}}f(x,y)\mathrm{d}y$.

(D) $\int_{-\frac{\pi}{2}}^{\frac{\pi}{2}}\mathrm{d}\theta\int_0^2 f(r,\theta)\mathrm{d}r$.

建议答题时间 $\leqslant 3$ min　　评估　熟练　还可以　有点难　不会

答题区域

纠错笔记

117 $\int_0^2 dy\int_{\frac{y}{2}}^{\sqrt{y}} f(x,y)dx + \int_2^{2\sqrt{2}} dy\int_{\frac{y}{2}}^{\sqrt{2}} f(x,y)dx =$

(A) $\int_0^1 dx\int_{x^2}^{2x} f(x,y)dy$.　　(B) $\int_0^{\sqrt{2}} dx\int_{x^2}^{2} f(x,y)dy$.

(C) $\int_0^{\sqrt{2}} dx\int_{x^2}^{2x} f(x,y)dy$.　　(D) $\int_0^{\sqrt{2}} dx\int_0^{2\sqrt{2}} f(x,y)dy$.

建议答题时间 $\leqslant$ 5 min　　评估　熟练　还可以　有点难　不会

答题区域

纠错笔记

118 下列命题正确的是

(A) 若 $\sum_{n=1}^{\infty} u_n$ 收敛，则 $\sum_{n=1}^{\infty} (-1)^{n-1} u_n$ 条件收敛.

(B) 若 $\lim_{n\to\infty} \frac{u_{n+1}}{u_n} < 1$，则 $\sum_{n=1}^{\infty} u_n$ 收敛.

(C) 若 $\sum_{n=1}^{\infty} u_n$ 收敛，则 $\sum_{n=1}^{\infty} u_n^2$ 收敛.

(D) 若 $\sum_{n=1}^{\infty} u_n$ 绝对收敛，则 $\sum_{n=1}^{\infty} u_n^2$ 收敛.

建议答题时间 $\leqslant$ 4 min　　评估　熟练　还可以　有点难　不会

答题区域

纠错笔记

119 下列级数中发散的是

(A) $\sum\limits_{n=1}^{\infty} \dfrac{\sqrt{n}}{\int_0^n \sqrt[4]{1+x^4}\,\mathrm{d}x}$.

(B) $\sum\limits_{n=1}^{\infty} \dfrac{n^3\left[\sqrt{2}+(-1)^n\right]^n}{3^n}$.

(C) $\sum\limits_{n=1}^{\infty} (-1)^n \dfrac{n-1}{n+1} \cdot \dfrac{1}{\sqrt{n}}$.

(D) $\sum\limits_{n=1}^{\infty} \dfrac{\sin n^3 + n\ln n}{n^2+1}$.

建议答题时间 ≤5 min　　评估 熟练 | 还可以 | 有点难 | 不会

答题区域

纠错笔记

120 设 $u_n = (-1)^n\left[\dfrac{1}{\sqrt[3]{n}} - \ln\left(1+\dfrac{1}{\sqrt{n}}\right)\right]$，则

(A) $\sum\limits_{n=1}^{\infty} u_n$ 绝对收敛.

(B) $\sum\limits_{n=1}^{\infty} u_n$ 条件收敛.

(C) $\sum\limits_{n=1}^{\infty} u_n$ 发散.

(D) $\lim\limits_{n\to\infty} u_n \neq 0$.

建议答题时间 ≤5 min　　评估 熟练 | 还可以 | 有点难 | 不会

答题区域

纠错笔记

121 若级数$\sum_{n=1}^{\infty}\frac{a_{n+1}+a_n}{2}$收敛，$\sum_{n=1}^{\infty}(a_{n-1}+a_{n+1})$发散，则级数

(A) $\sum_{n=1}^{\infty}a_n$绝对收敛.

(B) $\sum_{n=1}^{\infty}(-1)^n a_n$收敛.

(C) $\sum_{n=1}^{\infty}a_n$发散.

(D) $\sum_{n=1}^{\infty}a_n$收敛.

建议答题时间	$\leqslant 3$ min	评估	熟练	还可以	有点难	不会

答题区域

纠错笔记

122 设$a\neq 0$，则$\sum_{n=1}^{\infty}\sin(\pi\sqrt{n^2+a^2})$

(A) 绝对收敛.

(B) 条件收敛.

(C) 发散.

(D) 收敛性与a的取值相关.

建议答题时间	$\leqslant 4$ min	评估	熟练	还可以	有点难	不会

答题区域

纠错笔记

123 设 $p>0$ 为常数，正项级数 $\sum\limits_{n=1}^{\infty}a_n$ 收敛，则级数 $\sum\limits_{n=1}^{\infty}(-1)^n a_{2n+1}\sin\frac{1}{n^p}$

(A) 绝对收敛.　　(B) 条件收敛.

(C) 发散.　　(D) 收敛性与 p 的取值相关.

建议答题时间 $\leqslant$ 3 min　　评估　熟练　还可以　有点难　不会

答题区域

纠错笔记

124 设级数 $\sum\limits_{n=1}^{\infty}a_n$ 条件收敛，则 $\lim\limits_{n\to\infty}\frac{\sum\limits_{k=1}^{n}(a_k-|a_k|)}{\sum\limits_{k=1}^{n}(a_k+|a_k|)}$

(A) 不存在.　　(B) 等于 -1.　　(C) 等于 1.　　(D) 等于 0.

建议答题时间 $\leqslant$ 4 min　　评估　熟练　还可以　有点难　不会

答题区域

纠错笔记

125 设$\sum_{n=1}^{\infty}a_nx^n$在$x=2$处条件收敛,则$\sum_{n=1}^{\infty}\frac{a_n}{n+1}(x-1)^n$在$x=\frac{5}{2}$处

(A) 绝对收敛.　　(B) 条件收敛.

(C) 必发散.　　(D) 敛散性由$\{a_n\}$确定.

建议答题时间 $\leqslant 3$ min　评估 熟练 还可以 有点难 不会

答题区域

纠错笔记

126 若$\sum_{n=1}^{\infty}a_nx^n$的收敛半径为1,记$\sum_{n=1}^{\infty}(a_n+1)x^n$的收敛半径为$r$,则必有

(A)$r=1$.　　(B)$r\leqslant 1$.　　(C)$r\geqslant 1$.　　(D)$r=2$.

建议答题时间 $\leqslant 2$ min　评估 熟练 还可以 有点难 不会

答题区域

纠错笔记

127 微分方程 $y''+4y=\cos^2 x$ 的特解形式为(其中 a,b,c 为任意常数)

(A) $a\cos^2 x$.　　(B) $a\sin^2 x$.

(C) $x(a+b\cos 2x+c\sin 2x)$.　　(D) $a+x(b\cos 2x+c\sin 2x)$.

建议答题时间 $\leqslant 3$ min　　评估　熟练　还可以　有点难　不会

答题区域

纠错笔记

128 设 $p(x),q(x),f(x)$ 均是已知的连续函数，$y_1(x),y_2(x),y_3(x)$ 是 $y''+p(x)y'+q(x)y=f(x)$ 的 3 个线性无关的解，C_1 与 C_2 为任意常数，则方程的通解为

(A) $(C_1-C_2)y_1+(C_2+C_1)y_2+(1-C_2)y_3$.

(B) $(C_1-C_2)y_1+(C_2-C_1)y_2+(C_1+C_2)y_3$.

(C) $2C_1y_1+(C_2-C_1)y_2+(1-C_1-C_2)y_3$.

(D) $C_1y_1+(C_2-C_1)y_2+(1+C_1-C_2)y_3$.

建议答题时间 $\leqslant 3$ min　　评估　熟练　还可以　有点难　不会

答题区域

纠错笔记

129　已知 $y_1 = x^2 e^x, y_2 = e^{2x}(3\cos 3x - 2\sin 3x)$ 是某 n 阶常系数齐次线性微分方程的两个特解，则最小的 n 为

(A)3.　　(B)4.　　(C)5.　　(D)6.

建议答题时间 $\leqslant 3$ min　评估　熟练　还可以　有点难　不会

答题区域

纠错笔记

130　设二阶常系数齐次线性微分方程 $y'' + by' + y = 0$ 的每一个解 $y(x)$ 都在区间 $(0, +\infty)$ 上有界，则实数 b 的取值范围是

(A)$[0, +\infty)$.　　(B)$(-\infty, 0)$.　　(C)$(-\infty, 2)$.　　(D)$(-\infty, +\infty)$.

建议答题时间 $\leqslant 5$ min　评估　熟练　还可以　有点难　不会

答题区域

纠错笔记

131　方程 $(x+y)dy - ydx = 0$ 的通解是

(A)$y = Ce^{\frac{x}{y}}$.　　(B)$y = Ce^{\frac{y}{x}}$.　　(C)$ye^{\frac{y}{x}} = Cx^2$.　　(D)$ye^{-\frac{y}{x}} = Cx^2$.

建议答题时间 $\leqslant 3$ min　评估　熟练　还可以　有点难　不会

答题区域

纠错笔记

132 如果二阶常系数非齐次线性微分方程 $y''+ay'+by=e^{-x}\cos x$ 有一个特解 $y^{*}=e^{-x}(x\cos x+x\sin x)$，则

(A) $a=-1,b=1$.　　(B) $a=1,b=-1$.

(C) $a=2,b=1$.　　(D) $a=2,b=2$.

建议答题时间 $\leqslant 3$ min　评估　熟练　还可以　有点难　不会

答题区域

纠错笔记

133 已知曲线 $y=y(x)$ 经过原点，且在原点的切线平行于直线 $2x-y-5=0$，而 $y(x)$ 满足 $y''-6y'+9y=e^{3x}$，则 $y(x)$ 等于

(A) $\sin 2x$.　　(B) $\frac{1}{2}x^2e^{2x}+\sin 2x$.

(C) $\frac{x}{2}(x+4)e^{3x}$.　　(D) $(x^2\cos x+\sin 2x)e^{3x}$.

建议答题时间 $\leqslant 4$ min　评估　熟练　还可以　有点难　不会

答题区域

纠错笔记

134 具有特解 $y_1=e^x, y_2=e^{-x}, y_3=5\cos x$ 的4阶常系数齐次线性微分方程是

(A) $y^{(4)}+y'''-y''-y'+y=0$.

(B) $y^{(4)}+y'''+y''-y'+y=0$.

(C) $y^{(4)}+y=0$.

(D) $y^{(4)}-y=0$.

建议答题时间	$\leqslant 3$ min	评估	熟练	还可以	有点难	不会

答题区域

纠错笔记

135 微分方程 $\frac{d^4x}{dt^4}-x=0$ 的通解为

(A) $x=C_1e^t+C_2e^{-t}+C_3\cos t+C_4\sin t$.

(B) $x=(C_1+C_2t)e^t+C_3\cos t+C_4\sin t$.

(C) $x=(C_1+C_2t)e^{-t}+C_3\cos t+C_4\sin t$.

(D) $x=C_1e^t+C_2e^{-t}+C_3t\cos t+C_4\sin t$.

建议答题时间	$\leqslant 3$ min	评估	熟练	还可以	有点难	不会

答题区域

纠错笔记

解　答　题

136 (1) 证明：当 $x>0$ 时，$\frac{x}{1+x}<\ln(1+x)<x$.

(2) 设 $x_n=\left(1+\frac{n^2-n+1}{n^3}\right)\left(1+\frac{n^2-n+3}{n^3}\right)\cdots\left(1+\frac{n^2+n-1}{n^3}\right)$，求 $\lim\limits_{n\to\infty}x_n$.

建议答题时间 ≤ 12 min　评估　熟练　还可以　有点难　不会

答题区域

纠错笔记

137 设数列 $\{x_n\}$ 满足 $x_{n+1}=\sqrt{\frac{\pi}{2}x_n\sin x_n}$，且 $0<x_1<\frac{\pi}{2}$. 求 $\lim\limits_{n\to\infty}\frac{\sec x_n-\tan x_n}{\frac{\pi}{2}-x_n}$.

建议答题时间 ≤ 8 min　评估　熟练　还可以　有点难　不会

答题区域

纠错笔记

138 (1) 求 $\lim\limits_{x\to+\infty}\dfrac{\arctan 2x-\arctan x}{\dfrac{\pi}{2}-\arctan x}$;

(2) 若 $\lim\limits_{x\to+\infty}x[1-f(x)]$不存在,而 $I=\lim\limits_{x\to+\infty}\dfrac{\arctan 2x+[b-1-bf(x)]\arctan x}{\dfrac{\pi}{2}-\arctan x}$ 存在,试确定 b 的值,并求 I.

建议答题时间 ≤ 12 min 评估 熟练 还可以 有点难 不会

答题区域

纠错笔记

139 设 $f(x)$ 在 $x=0$ 的某邻域内二阶可导,且 $f''(0)\neq 0$,$\lim\limits_{x\to 0}\dfrac{f(x)}{x}=0$,$\lim\limits_{x\to 0^+}\dfrac{\int_0^x f(t)\mathrm{d}t}{x^{\alpha}-\sin x}=\beta\neq 0$,求 α 与 β.

建议答题时间 ≤ 7 min 评估 熟练 还可以 有点难 不会

答题区域

纠错笔记

140 设 $f(x)=\int_1^x \frac{1}{2\sqrt{t}-1}\mathrm{d}t(x\geqslant 1)$. 求证：对任意的 $c>0$，方程 $f(x)=c$ 在 $[1,+\infty)$ 上有唯一解.

建议答题时间 $\leqslant$ 10 min　评估 熟练 还可以 有点难 不会

答题区域　纠错笔记

141 设 $f(x)$ 具有一阶连续导数，且 $f(0)=1, f(1)=a$.

(1) 求使得 $1+\frac{a}{\sqrt{2}}-\int_0^1\sqrt{1+[f'(x)]^2}\mathrm{d}x$ 取得最大值的 $f(x)$ 的表达式.

(2) 将 $1+\frac{a}{\sqrt{2}}-\int_0^1\sqrt{1+[f'(x)]^2}\mathrm{d}x$ 取得的最大值记为 $g(a)$，当 a 为何值时，$g(a)$ 取得最大值？并求出该最大值.

建议答题时间 $\leqslant$ 10 min　评估 熟练 还可以 有点难 不会

答题区域　纠错笔记

142 设 $f(x)$ 在 $[a,b]$ 上连续，在 (a,b) 内可导，$f(a)=f(b)=0$. 试证存在 $\xi\in(a,b)$ 使 $f'(\xi)+f^2(\xi)=0$.

建议答题时间 ≤ 10 min　评估 熟练 还可以 有点难 不会

答题区域　纠错笔记

143 设函数 $y=f(x)$ 二阶可导，且 $f''(x)>0$，$f(0)=0$，$f'(0)=0$，求 $\lim\limits_{x\to 0}\dfrac{x^3 f(u)}{f(x)\sin^3 u}$，其中 u 是曲线 $y=f(x)$ 上点 $P(x,f(x))$ 处的切线在 x 轴上的截距.

建议答题时间 ≤ 10 min　评估 熟练 还可以 有点难 不会

答题区域　纠错笔记

144 对一切实数 t，$f(t)$ 连续，且 $f(t)>0$，$f(-t)=f(t)$，对于函数

$$F(x)=\int_{-a}^{a}|x-t|f(t)\mathrm{d}t\quad(-a\leqslant x\leqslant a).$$

（1）证明 $F'(x)$ 单调增加；

（2）当 x 为何值时，$F(x)$ 取得最小值；

（3）若 $F(x)$ 的最小值可表示为 $f(a)-a^2-1$，求 $f(t)$.

建议答题时间	$\leqslant$ 15 min	评估	熟练	还可以	有点难	不会

答题区域

纠错笔记

145 （1）证明：对 $x>0$，$x-\frac{1}{3}x^3<\arctan x<x$.

（2）求 $\lim\limits_{n\to\infty}\sum\limits_{k=1}^{n}\arctan\frac{n}{n^2+k^2}$.

建议答题时间	$\leqslant$ 12 min	评估	熟练	还可以	有点难	不会

答题区域

纠错笔记

146 证明：当 $x>0$ 时，$(x^2-1)\ln x \geqslant (x-1)^2$，当且仅当 $x=1$ 时等号成立.

建议答题时间 $\leqslant$ 12 min　评估　熟练　还可以　有点难　不会

答题区域

纠错笔记

147 设 $f(x)=\int_0^x (t-2t^3)e^{-t^2}\,dt$，试确定方程 $f(x)=0$ 的实根个数.

建议答题时间 $\leqslant$ 10 min　评估　熟练　还可以　有点难　不会

答题区域

纠错笔记

148 设 $f(x)$ 在区间 $(-\infty,+\infty)$ 上存在二阶导数，$f(0)<0$，$f''(x)>0$. 试证明：

(1) 在 $(-\infty,+\infty)$ 上 $f(x)$ 至多有两个零点，至少有一个零点.

(2) 若有两个零点 x_1 与 x_2，则 $x_1x_2<0$.

建议答题时间	$\leqslant$ 10 min	评估	熟练	还可以	有点难	不会

答题区域

纠错笔记

149 曲线 $y=k(x^2-3)^2$ 在拐点处的法线通过原点，求 k 的值.

建议答题时间	$\leqslant$ 7 min	评估	熟练	还可以	有点难	不会

答题区域

纠错笔记

150 设 $f(x)$ 在 $[0,1]$ 上存在二阶导数，且 $f(0)=f(1)=0$. 试证明至少存在一点 $\xi\in(0,1)$，使

$$|f''(\xi)|\geqslant 8\max_{0\leqslant x\leqslant 1}|f(x)|.$$

建议答题时间 ≤10 min　　评估　熟练　还可以　有点难　不会

答题区域

纠错笔记

151 计算定积分 $I=\int_{-\pi}^{\pi}\frac{x\sin x\cdot\arctan e^{x}}{1+\cos^{2}x}dx$.

建议答题时间 ≤8 min　　评估　熟练　还可以　有点难　不会

答题区域

纠错笔记

152 设 $f(x)$ 在 $[-1,1]$ 上连续且 $f(x)>0$，证明：曲线 $y=\int_{-1}^{1}|x-t|f(t)\mathrm{d}t$ 在 $-1\leqslant x\leqslant 1$ 上是凹的.

建议答题时间	$\leqslant$ 10 min	评估	熟练	还可以	有点难	不会

答题区域

纠错笔记

153 设有抛物线 $y=x^2-(\alpha+\beta)x+\alpha\beta(\alpha<\beta)$. 已知该抛物线与 y 轴的正半轴及 x 轴所围图形的面积 S_1 等于这条抛物线与 x 轴所围图形的面积 S_2，求实数 α,β 间的关系.

建议答题时间	$\leqslant$ 8 min	评估	熟练	还可以	有点难	不会

答题区域

纠错笔记

154 设函数 $f(x)$ 在 $[a,b]$ 上连续，$f'(x)$ 在 $[a,b]$ 上存在且可积，$f(a)=f(b)=0$，试证：$|f(x)| \leqslant \frac{1}{2}\int_a^b |f'(x)|\,\mathrm{d}x\ (a<x<b)$.

建议答题时间	$\leqslant$ 10 min	评估	熟练	还可以	有点难	不会

答题区域

纠错笔记

155 设 $z=f(x,y)$ 有连续偏导数，证明：存在可微函数 $g(u)$，使得 $f(x,y)=g(ax+by)(ab\neq 0)$ 的充要条件是 $z=f(x,y)$ 满足 $b\frac{\partial z}{\partial x}=a\frac{\partial z}{\partial y}$.

建议答题时间	$\leqslant$ 10 min	评估	熟练	还可以	有点难	不会

答题区域

纠错笔记

156 设 $f(x,y)$ 在 $(0,0)$ 点的某邻域有定义，极限 $\lim\limits_{\substack{x\to 0\\ y\to 0}} f(x,y)$ 存在，$g(x,y)$ 在点 $(0,0)$ 处可微，且 $g(0,0)=0$.

证明：$z=f(x,y)g(x,y)$ 在 $(0,0)$ 处可微.

建议答题时间	⩽ 12 min	评估	熟练	还可以	有点难	不会

答题区域

纠错笔记

157 设 $f(x,y)=\begin{cases} g(x,y)\sin\dfrac{1}{\sqrt{x^2+y^2}}, & x^2+y^2\neq 0,\\ 0, & x^2+y^2=0.\end{cases}$

证明：若 $g(0,0)=0$，$g(x,y)$ 在点 $(0,0)$ 处可微，且 $\mathrm{d}g(0,0)=0$，则 $f(x,y)$ 在点 $(0,0)$ 处可微，且 $\mathrm{d}f(0,0)=0$.

建议答题时间	⩽ 10 min	评估	熟练	还可以	有点难	不会

答题区域

纠错笔记

158 设 $u=f(x,y,z)$，其中 $z=\int_0^{xy}e^{t^2}dt$，求 $\frac{\partial u}{\partial x},\frac{\partial^2 u}{\partial x\partial y}$，其中 f 有二阶连续偏导数.

建议答题时间 $\leqslant$ 10 min　评估　熟练　还可以　有点难　不会

答题区域

纠错笔记

159 设 $u=\frac{x+y}{2},v=\frac{x-y}{2},w=ze^y$，取 u,v 为新自变量，$w=w(u,v)$ 为新函数，变换方程 $\frac{\partial^2 z}{\partial x^2}+\frac{\partial^2 z}{\partial x\partial y}+\frac{\partial z}{\partial x}=z$，其中 $z=z(x,y)$ 二阶偏导连续.

建议答题时间 $\leqslant$ 12 min　评估　熟练　还可以　有点难　不会

答题区域

纠错笔记

160 设 $f(x,y)$ 有二阶连续偏导数，$g(x,y)=f(e^{xy},x^2+y^2)$，且 $f(x,y)=1-x-y+o(\sqrt{(x-1)^2+y^2})$，证明 $g(x,y)$ 在点 $(0,0)$ 处取得极值，判断此极值是极大值还是极小值，并求出此极值.

建议答题时间 $\leqslant 10$ min　　评估　熟练　还可以　有点难　不会

答题区域

纠错笔记

161 求二元函数 $z=f(x,y)=x^2-y^2-4x+6$ 在区域 $D=\{(x,y)\mid x^2+y^2\leqslant 9\}$ 上的最大值和最小值.

建议答题时间 $\leqslant 10$ min　　评估　熟练　还可以　有点难　不会

答题区域

纠错笔记

162 设 $x,y,z\geqslant 0, x+y+z=\pi$,求函数 $f(x,y,z)=2\cos x+3\cos y+4\cos z$ 的最大值和最小值.

建议答题时间 ≤12 min　评估　熟练　还可以　有点难　不会

答题区域

纠错笔记

163 求二重积分 $I=\iint\limits_{D}\left(\sqrt{4-x^{2}-y^{2}}+x^{5}\sin^{2}y\right)\mathrm{d}\sigma$,其中 D 为 $x^{2}+y^{2}=1$ 的上半圆与 $x^{2}+y^{2}=2y$ 的下半圆所围成的区域.

建议答题时间 ≤12 min　评估　熟练　还可以　有点难　不会

答题区域

纠错笔记

164 $\iint\limits_D \sqrt{x^2+y^2}\,\mathrm{d}x\mathrm{d}y$，其中 $D=\{(x,y) \mid 0 \leqslant y \leqslant x, x^2+y^2 \leqslant 2x\}$.

建议答题时间 ≤ 8 min　评估 熟练 还可以 有点难 不会

答题区域

纠错笔记

165 求积分 $I=\int_0^1 \mathrm{d}y \int_1^y (\mathrm{e}^{-x^2}+\mathrm{e}^x \sin x)\mathrm{d}x$.

建议答题时间 ≤ 12 min　评估 熟练 还可以 有点难 不会

答题区域

纠错笔记

166 $\iint\limits_{D} \dfrac{\sqrt{x^2+y^2}}{\sqrt{4a^2-x^2-y^2}}\mathrm{d}x\mathrm{d}y$,其中 D 是 $y=-a+\sqrt{a^2-x^2}\,(a>0)$ 与 $y=-x$ 围成的 y 轴右侧区域.

建议答题时间	≤8 min	评估	熟练	还可以	有点难	不会

答题区域

纠错笔记

167 $\iint\limits_{D} f(x,y)\mathrm{d}x\mathrm{d}y$,其中 $f(x,y)=\begin{cases} x^2y, & 1\leqslant x\leqslant 2, 0\leqslant y\leqslant x, \\ 0, & \text{其他}, \end{cases}$ $D=\{(x,y)\mid x^2+y^2\geqslant 2x\}$.

建议答题时间	≤8 min	评估	熟练	还可以	有点难	不会

答题区域

纠错笔记

168 设 $\sum_{n=1}^{\infty} a_n$ 为正项级数，满足

(1) 数列 $\sum_{k=1}^{n}(a_k - a_n)$ 有界；(2) $\{a_n\}$ 单调递减，且 $\lim\limits_{n\to\infty} a_n = 0$.

试证明 $\sum_{n=1}^{\infty} a_n$ 收敛.

建议答题时间 ≤10 min　评估　熟练　还可以　有点难　不会

答题区域

纠错笔记

169 将下列函数在指定点展开为幂级数：

(1) $f(x) = \dfrac{1}{x^2}$，在 $x = 1$ 处；　(2) $f(x) = 2^x$，在 $x = 1$ 处；

(3) $f(x) = \ln \dfrac{1}{2 + 2x + x^2}$，在 $x = -1$ 处.

建议答题时间 ≤12 min　评估　熟练　还可以　有点难　不会

答题区域

纠错笔记

170　求下列幂级数的和函数：

(1) $\sum_{n=0}^{\infty}(2n+1)x^n$；　　(2) $\sum_{n=1}^{\infty}\frac{1}{n2^{n-1}}x^{n-1}$；

(3) $\sum_{n=1}^{\infty}(-1)^{n-1}\left[1+\frac{1}{n(2n-1)}\right]x^{2n}$；　　(4) $\sum_{n=2}^{\infty}\frac{n}{n^2-1}x^n$.

建议答题时间 ≤ 30 min　评估　熟练　还可以　有点难　不会

答题区域

纠错笔记

171　设正项数列$\{a_n\}$单调递减，且$\sum_{n=1}^{\infty}(-1)^n a_n$发散，证明级数$\sum_{n=1}^{\infty}\left(1-\frac{a_{n+1}}{a_n}\right)$收敛.

建议答题时间 ≤ 10 min　评估　熟练　还可以　有点难　不会

答题区域

纠错笔记

172 设$\lim\limits_{n\to\infty}\dfrac{\ln\dfrac{1}{a_n}}{\ln n}=q(a_n>0)$，试证明级数$\sum\limits_{n=1}^{\infty}a_n$在$q>1$时收敛，在$q<1$时发散.

建议答题时间 $\leqslant$ 10 min　　评估　熟练　还可以　有点难　不会

答题区域

纠错笔记

173 设偶函数$f(x)$在$x=0$某邻域内有二阶连续导数，$f(0)=1$，$f''(0)=2$，试证级数$\sum\limits_{n=1}^{\infty}\left[f\left(\dfrac{1}{n}\right)-1\right]$绝对收敛.

建议答题时间 $\leqslant$ 10 min　　评估　熟练　还可以　有点难　不会

答题区域

纠错笔记

174 设 $f(x)=\dfrac{1}{1+2x-2x^2}$，试证级数 $\sum\limits_{n=0}^{\infty}\dfrac{n!}{f^{(n)}(0)}$ 绝对收敛.

建议答题时间 ≤ 12 min　评估 熟练 还可以 有点难 不会

答题区域

纠错笔记

175 求 $y''+a^2y=\sin x$ 的通解，其中常数 $a>0$.

建议答题时间 ≤ 12 min　评估 熟练 还可以 有点难 不会

答题区域

纠错笔记

176 设 $f(x)$ 在 $[0,+\infty)$ 上可导，且 $f'(x)\neq 0$，其反函数为 $g(x)$，并设

$$\int_0^{f(x)} g(t)\mathrm{d}t+\int_0^{x} f(t)\mathrm{d}t=x^2\mathrm{e}^x,$$

求 $f(x)$.

建议答题时间 $\leqslant$ 10 min　评估　熟练　还可以　有点难　不会

答题区域

纠错笔记

177 设当 $x\geqslant 0$ 时 $f(x)$ 有一阶连续导数，并且满足

$$f(x)=-1+x+2\int_0^{x}(x-t)f(t)f'(t)\mathrm{d}t,$$

求当 $x\geqslant 0$ 时的 $f(x)$.

建议答题时间 $\leqslant$ 10 min　评估　熟练　还可以　有点难　不会

答题区域

纠错笔记

178 设 $f(x)$，$g(x)$ 满足 $f'(x)=g(x)$，$g'(x)=4e^x-f(x)$，且 $f(0)=g(0)=0$，求定积分 $I=\int_0^{\frac{\pi}{2}}\left[\frac{g(x)}{1+x}-\frac{f(x)}{(1+x)^2}\right]dx$.

建议答题时间	≤ 12 min	评估	熟练	还可以	有点难	不会

答题区域

纠错笔记

179 函数 $y=y(x)$ 在 $(-\infty,+\infty)$ 内具有二阶导数，且 $y'\neq 0$，$x=x(y)$ 是 $y=y(x)$ 的反函数.

(1) 试将 $x=x(y)$ 所满足的微分方程 $\frac{d^2x}{dy^2}+(y+\sin x)\left(\frac{dx}{dy}\right)^3=0$ 变换为 $y=y(x)$ 所满足的微分方程.

(2) 求变换后的微分方程满足初始条件 $y(0)=0$，$y'(0)=\frac{1}{2}$ 的解.

建议答题时间	≤ 12 min	评估	熟练	还可以	有点难	不会

答题区域

纠错笔记

180 设 $f(x)$ 在 $(-\infty,+\infty)$ 内有定义，$f(x)\neq 0$，且对 $(-\infty,+\infty)$ 内的任意 x 与 y，恒有 $f(x+y)=f(x)f(y)$. 又设 $f'(0)$ 存在，$f'(0)=a\neq 0$.

试证明对一切 $x\in(-\infty,+\infty)$，$f'(x)$ 存在，并求 $f(x)$.

建议答题时间	$\leqslant$ 12 min	评估	熟练	还可以	有点难	不会

答题区域

纠错笔记

线性代数

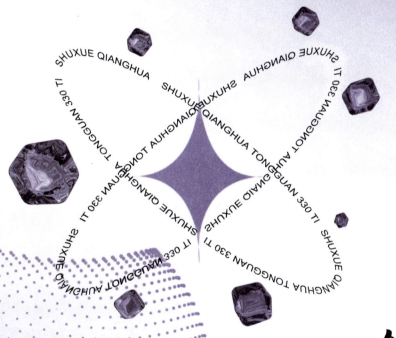

填空题

181 $f(x)=\begin{vmatrix} 1 & 1 & x & x \\ 1 & 1 & x & 1 \\ 1 & x & 1 & 1 \\ x-2 & 1 & 1 & 1 \end{vmatrix}$中 x^3 的系数为________.

建议答题时间	$\leqslant 3$ min	评估	熟练	还可以	有点难	不会

答题区域

纠错笔记

182 设 $\boldsymbol{A}=[\boldsymbol{\alpha}_1,\boldsymbol{\alpha}_2,\boldsymbol{\alpha}_3]$是三阶矩阵，且 $|\boldsymbol{A}|=4$. 若 $\boldsymbol{B}=[\boldsymbol{\alpha}_1-3\boldsymbol{\alpha}_2+2\boldsymbol{\alpha}_3,\boldsymbol{\alpha}_2-2\boldsymbol{\alpha}_3,2\boldsymbol{\alpha}_2+\boldsymbol{\alpha}_3]$，则 $|\boldsymbol{B}|=$ ________.

建议答题时间	$\leqslant 3$ min	评估	熟练	还可以	有点难	不会

答题区域

纠错笔记

183 已知$\boldsymbol{A}=\begin{bmatrix}1&-2&0\\2&1&3\\0&1&2\end{bmatrix}$，矩阵$\boldsymbol{B}$满足$\boldsymbol{BA}=\boldsymbol{B}+2\boldsymbol{E}$，则$\left|\left(\frac{1}{3}\boldsymbol{B}\right)^{-1}-2\boldsymbol{B}^{*}\right|=$________.

建议答题时间	≤ 3 min	评估	熟练	还可以	有点难	不会

答题区域

纠错笔记

184 已知$\boldsymbol{A}$是三阶矩阵，特征值是1，2，−1，矩阵$\boldsymbol{B}=\boldsymbol{A}^3+2\boldsymbol{A}^2$，则$|\boldsymbol{A}^{*}\boldsymbol{B}^{\mathrm{T}}|=$________.

建议答题时间	≤ 3 min	评估	熟练	还可以	有点难	不会

答题区域

纠错笔记

185 计算$\boldsymbol{A}=\begin{bmatrix}1&0&0\\0&0&1\\0&1&0\end{bmatrix}^{9}\begin{bmatrix}1&2&3\\4&5&6\\7&8&9\end{bmatrix}\begin{bmatrix}1&0&0\\0&2&0\\0&0&1\end{bmatrix}^{10}=$________.

建议答题时间	≤ 4 min	评估	熟练	还可以	有点难	不会

答题区域

纠错笔记

186 已知矩阵 $\boldsymbol{A}=\begin{bmatrix}1 & -2 & -2\\ 1 & a & a\\ a & 4 & a\end{bmatrix}$ 和 $\boldsymbol{B}=\begin{bmatrix}1 & 2 & 8\\ 2 & 3 & a\\ 1 & 2 & 2a\end{bmatrix}$ 等价，则 a ________.

建议答题时间	≤ 2 min	评估	熟练	还可以	有点难	不会

答题区域

纠错笔记

187 已知 $\boldsymbol{A}=\begin{bmatrix}3 & 2 & 3\\ 0 & 1 & 2\\ 0 & 0 & 3\end{bmatrix}$，$\boldsymbol{B}=\begin{bmatrix}1 & 0 & 0\\ 0 & -1 & 0\\ 0 & 0 & -2\end{bmatrix}$，若矩阵 $\boldsymbol{X}$ 满足 $\boldsymbol{XA}+2\boldsymbol{B}=\boldsymbol{AB}+2\boldsymbol{X}$，则 $\boldsymbol{X}^4=$ ________.

建议答题时间	≤ 4 min	评估	熟练	还可以	有点难	不会

答题区域

纠错笔记

188 已知 $\boldsymbol{A}=\begin{bmatrix}1&2&1\\0&2&a\\2&a&0\end{bmatrix}$，$\boldsymbol{B}$ 是三阶非零矩阵，且 $\boldsymbol{BA}=\boldsymbol{O}$，则 $\boldsymbol{B}=$ ________.

建议答题时间 $\leqslant 3$ min 评估 熟练 还可以 有点难 不会

答题区域

纠错笔记

189 （2002，4）已知向量组 $\boldsymbol{\alpha}_1=(a,0,b)^{\mathrm{T}}$，$\boldsymbol{\alpha}_2=(0,a,c)^{\mathrm{T}}$，$\boldsymbol{\alpha}_3=(c,b,0)^{\mathrm{T}}$ 线性相关，则 a，b，c 必满足________.

建议答题时间 $\leqslant 3$ min 评估 熟练 还可以 有点难 不会

答题区域

纠错笔记

190 设 $n(n>2)$ 维向量 $\boldsymbol{\alpha}_1,\boldsymbol{\alpha}_2,\boldsymbol{\alpha}_3$ 满足 $2\boldsymbol{\alpha}_1-\boldsymbol{\alpha}_2+3\boldsymbol{\alpha}_3=\boldsymbol{0}$，$\boldsymbol{\beta}$ 是任意 n 维向量，若 $\boldsymbol{\beta}+\boldsymbol{\alpha}_1$，$\boldsymbol{\beta}+\boldsymbol{\alpha}_2$，$a\boldsymbol{\beta}+\boldsymbol{\alpha}_3$ 线性相关，则 $a=$ ________.

建议答题时间 $\leqslant 4$ min 评估 熟练 还可以 有点难 不会

答题区域

纠错笔记

191 已知 $\boldsymbol{\alpha}_1,\boldsymbol{\alpha}_2$ 是向量组 $\boldsymbol{\alpha}_1=(1,1,-1)^{\mathrm{T}},\boldsymbol{\alpha}_2=(2,4,t-6)^{\mathrm{T}},\boldsymbol{\alpha}_3=(2,6,6)^{\mathrm{T}},\boldsymbol{\alpha}_4=(t,14,t-4)^{\mathrm{T}}$ 的极大线性无关组,则 $t=$ ________.

建议答题时间 ≤ 3 min | 评估 熟练 | 还可以 | 有点难 | 不会

答题区域

纠错笔记

192 设 $\boldsymbol{A}=\begin{bmatrix}1&0&0&1\\0&1&1&0\\0&1&1&0\\1&0&0&1\end{bmatrix}$,则 $\boldsymbol{A}^n\boldsymbol{x}=\boldsymbol{0}$ 的通解是________.

建议答题时间 ≤ 4 min | 评估 熟练 | 还可以 | 有点难 | 不会

答题区域

纠错笔记

193 设 $\boldsymbol{A}=\begin{bmatrix} a & 1 & 1 & 1 \\ 1 & a & 1 & 1 \\ 1 & 1 & a & 1 \\ 1 & 1 & 1 & a \end{bmatrix}$，$\boldsymbol{\alpha}$ 是 $\boldsymbol{Ax}=\boldsymbol{0}$ 的基础解系，则 $\boldsymbol{A}^*\boldsymbol{x}=\boldsymbol{0}$ 的通解是________.

建议答题时间 ≤ 5 min　　评估　熟练　还可以　有点难　不会

答题区域

纠错笔记

194 已知 $\boldsymbol{A}$ 是三阶实对称矩阵，$\lambda_1=1$ 和 $\lambda_2=2$ 是 $\boldsymbol{A}$ 的 2 个特征值，对应的特征向量分别是 $\boldsymbol{\alpha}_1=(1,a,-1)^{\mathrm{T}}$ 和 $\boldsymbol{\alpha}_2=(1,4,5)^{\mathrm{T}}$. 若矩阵 $\boldsymbol{A}$ 不可逆，则 $\boldsymbol{Ax}=\boldsymbol{0}$ 的通解是________.

建议答题时间 ≤ 3 min　　评估　熟练　还可以　有点难　不会

答题区域

纠错笔记

195 已知非齐次线性方程组(Ⅰ)与(Ⅱ)同解,其中

$$(\text{Ⅰ})\begin{cases} x_1+x_2-2x_3=5, \\ x_2+x_3=2. \end{cases} \qquad (\text{Ⅱ})\begin{cases} ax_1+4x_2+x_3=11, \\ 2x_1+5x_2-ax_3=16. \end{cases}$$

则 $a=$ ________.

建议答题时间 ≤5 min | 评估 熟练 | 还可以 | 有点难 | 不会

答题区域

纠错笔记

196 已知 $\boldsymbol{A}=\begin{bmatrix} a & 0 & -1 \\ 0 & a & 1 \\ -1 & 1 & a+1 \end{bmatrix}$,则 $\boldsymbol{A}$ 的特征值为________.

建议答题时间 ≤5 min | 评估 熟练 | 还可以 | 有点难 | 不会

答题区域

纠错笔记

197 已知三阶矩阵$\boldsymbol{A}$的特征值是$\frac{1}{2},\frac{1}{3},\frac{1}{4}$，又三阶矩阵$\boldsymbol{B}$满足关系式$\boldsymbol{A}^{-1}\boldsymbol{B}\boldsymbol{A}=6\boldsymbol{A}+\boldsymbol{B}\boldsymbol{A}$，则矩阵$\boldsymbol{B}$的特征值是________.

建议答题时间	$\leqslant 3$ min	评估	熟练	还可以	有点难	不会

答题区域

纠错笔记

198 (1999,4) 已知$\boldsymbol{A}=\begin{bmatrix}3&2&-2\\-k&-1&k\\4&2&-3\end{bmatrix}$和对角矩阵相似，则$k=$________.

建议答题时间	$\leqslant 3$ min	评估	熟练	还可以	有点难	不会

答题区域

纠错笔记

199 $\boldsymbol{A}$ 是三阶矩阵，$\boldsymbol{\xi},\boldsymbol{\alpha},\boldsymbol{\beta}$ 是三个线性无关的三维列向量，其中 $\boldsymbol{Ax}=\boldsymbol{0}$ 有解 $\boldsymbol{\xi}$，$\boldsymbol{Ax}=\boldsymbol{\beta}$ 有解 $\boldsymbol{\alpha}$，$\boldsymbol{Ax}=\boldsymbol{\alpha}$ 有解 $\boldsymbol{\beta}$，则 $\boldsymbol{A}\sim$ ________.

建议答题时间	$\leqslant 3$ min	评估	熟练	还可以	有点难	不会

答题区域

纠错笔记

200 已知 $\boldsymbol{A}$ 是三阶实对称矩阵，满足 $\boldsymbol{A}^2-2\boldsymbol{A}=3\boldsymbol{E}$，若秩 $r(\boldsymbol{A}+\boldsymbol{E})=2$，则和 $\boldsymbol{A}$ 相似的对角矩阵是________.

建议答题时间	$\leqslant 2$ min	评估	熟练	还可以	有点难	不会

答题区域

纠错笔记

201 已知三元二次型 $\boldsymbol{x}^{\mathrm{T}}\boldsymbol{A}\boldsymbol{x}=x_1^2-5x_2^2+x_3^2+2ax_1x_2+2x_1x_3+2bx_2x_3$，若 $\boldsymbol{\alpha}=(2,1,2)^{\mathrm{T}}$ 是矩阵 $\boldsymbol{A}$ 的特征向量，则二次型 $\boldsymbol{x}^{\mathrm{T}}\boldsymbol{A}\boldsymbol{x}$ 的正惯性指数 $p=$ ________.

建议答题时间	$\leqslant 4$ min	评估	熟练	还可以	有点难	不会

答题区域

纠错笔记

202 已知二次型 $\boldsymbol{x}^{\mathrm{T}}\boldsymbol{A}\boldsymbol{x}=ax_1^2+ax_2^2+ax_3^2+2x_1x_2+2x_1x_3-2x_2x_3$ 的规范形是 $y_1^2+y_2^2-y_3^2$，则 a 的取值范围是________.

建议答题时间	$\leqslant 4$ min	评估	熟练	还可以	有点难	不会

答题区域

纠错笔记

203 已知矩阵 $\boldsymbol{A}=\begin{bmatrix}1 & 1 & -2\\ 1 & -2 & 1\\ -2 & 1 & 1\end{bmatrix}$ 与二次型 $\boldsymbol{x}^{\mathrm{T}}\boldsymbol{B}\boldsymbol{x}=3x_1^2+ax_2^2$ 的矩阵 $\boldsymbol{B}$ 合同，则 a 的取值范围为________.

建议答题时间 $\leqslant$ 3 min　评估　熟练　还可以　有点难　不会

答题区域

纠错笔记

204 二次型 $f(x_1,x_2,x_3)=2x_1x_2+4x_1x_3$ 在正交变换下的标准形是________.

建议答题时间 $\leqslant$ 3 min　评估　熟练　还可以　有点难　不会

答题区域

纠错笔记

205 若二次型 $f(x_1,x_2,x_3)=\boldsymbol{x}^{\mathrm{T}}(\boldsymbol{A}^{\mathrm{T}}\boldsymbol{A})\boldsymbol{x}$ 为正定的，其中 $\boldsymbol{A}=\begin{bmatrix}1 & 1 & 2\\ 1 & 0 & 1\\ 0 & 1 & t\end{bmatrix}$，则 t 满足的条件为________.

建议答题时间 $\leqslant$ 3 min　评估　熟练　还可以　有点难　不会

答题区域

纠错笔记

选 择 题

206 $D=\begin{vmatrix} a^2 & (a+1)^2 & (a+2)^2 & (a+3)^2 \\ b^2 & (b+1)^2 & (b+2)^2 & (b+3)^2 \\ c^2 & (c+1)^2 & (c+2)^2 & (c+3)^2 \\ d^2 & (d+1)^2 & (d+2)^2 & (d+3)^2 \end{vmatrix}=$

(A)0.　　(B)1.　　(C)$abcd$.　　(D)$a^2b^2c^2d^2$.

建议答题时间	≤ 3 min	评估	熟练	还可以	有点难	不会

答题区域

纠错笔记

207 设 $\boldsymbol{A},\boldsymbol{B}$ 是三阶方阵，且 $|\boldsymbol{A}|=1$，$|\boldsymbol{B}|=-2$，则 $\begin{vmatrix} \boldsymbol{A} & -2\boldsymbol{A} \\ \boldsymbol{B} & \boldsymbol{O} \end{vmatrix}=$

(A)4.　　(B)-4.　　(C)16.　　(D)-16.

建议答题时间	≤ 2 min	评估	熟练	还可以	有点难	不会

答题区域

纠错笔记

208 已知 $\boldsymbol{A}$ 是三阶矩阵，满足 $\boldsymbol{A}^2+2\boldsymbol{A}=\boldsymbol{O}$，若 $|\boldsymbol{A}+3\boldsymbol{E}|=3$，则 $|2\boldsymbol{A}+\boldsymbol{E}|=$

(A) -4. (B) 9. (C) 16. (D) -9.

建议答题时间 $\leqslant 3$ min 评估 熟练 还可以 有点难 不会

答题区域

纠错笔记

209 下列命题中，不正确的是

(A) 若 $\boldsymbol{A}$ 是 n 阶矩阵，则 $(\boldsymbol{A}+\boldsymbol{E})(\boldsymbol{A}-\boldsymbol{E})=(\boldsymbol{A}-\boldsymbol{E})(\boldsymbol{A}+\boldsymbol{E})$.

(B) 若 $\boldsymbol{A}$ 是 n 阶矩阵，且 $\boldsymbol{A}^2=\boldsymbol{A}$，则 $\boldsymbol{A}+\boldsymbol{E}$ 必可逆.

(C) 若 $\boldsymbol{A},\boldsymbol{B}$ 均为 $n\times 1$ 矩阵，则 $\boldsymbol{A}^{\mathrm{T}}\boldsymbol{B}=\boldsymbol{B}^{\mathrm{T}}\boldsymbol{A}$.

(D) 若 $\boldsymbol{A},\boldsymbol{B}$ 均为 n 阶矩阵，且 $\boldsymbol{AB}=\boldsymbol{O}$，则 $(\boldsymbol{A}+\boldsymbol{B})^2=\boldsymbol{A}^2+\boldsymbol{B}^2$.

建议答题时间 $\leqslant 3$ min 评估 熟练 还可以 有点难 不会

答题区域

纠错笔记

210 设 A,B 均为 n 阶可逆矩阵，且 $(A+B)^2=E$，则 $(E+BA^{-1})^{-1}=$

(A) $(A+B)B$.　　(B) $E+AB^{-1}$.

(C) $A(A+B)$.　　(D) $(A+B)A$.

建议答题时间 ≤ 4 min　　评估　熟练　还可以　有点难　不会

答题区域

纠错笔记

211 三阶矩阵 A 可逆，把矩阵 A 的第 2 行与第 3 行互换得到矩阵 B，把矩阵 B 的第 1 列的 -3 倍加到第 2 列得到单位矩阵 E，则 $A^*=$

(A) $\begin{bmatrix}-1 & 3 & 0\\ 0 & 0 & -1\\ 0 & -1 & 0\end{bmatrix}$.　　(B) $\begin{bmatrix}-1 & 0 & 3\\ 0 & 0 & -1\\ 0 & -1 & 0\end{bmatrix}$.

(C) $\begin{bmatrix}1 & -3 & 0\\ 0 & 0 & 1\\ 0 & 1 & 0\end{bmatrix}$.　　(D) $\begin{bmatrix}1 & 0 & -3\\ 0 & 0 & 1\\ 0 & 1 & 0\end{bmatrix}$.

建议答题时间 ≤ 5 min　　评估　熟练　还可以　有点难　不会

答题区域

纠错笔记

212 设$\boldsymbol{A}$为三阶矩阵且$\boldsymbol{P}^{\mathrm{T}}\boldsymbol{A}\boldsymbol{P}=\begin{bmatrix}1&&\\&2&\\&&3\end{bmatrix}$，其中$\boldsymbol{P}=[\boldsymbol{\alpha}_1,\boldsymbol{\alpha}_2,\boldsymbol{\alpha}_3]$，若$\boldsymbol{Q}=[\boldsymbol{\alpha}_1+\boldsymbol{\alpha}_2,-\boldsymbol{\alpha}_2,2\boldsymbol{\alpha}_3]$，则$\boldsymbol{Q}^{\mathrm{T}}\boldsymbol{A}\boldsymbol{Q}=$

(A) $\begin{bmatrix}-3&2&0\\2&-2&0\\0&0&-6\end{bmatrix}$.　　(B) $\begin{bmatrix}-3&-2&0\\-2&-2&0\\0&0&6\end{bmatrix}$.

(C) $\begin{bmatrix}3&2&0\\2&2&0\\0&0&12\end{bmatrix}$.　　(D) $\begin{bmatrix}3&-2&0\\-2&2&0\\0&0&12\end{bmatrix}$.

建议答题时间 $\leqslant 4$ min　评估　熟练　还可以　有点难　不会

答题区域

纠错笔记

213 (2016,数农) 设$\boldsymbol{A}$为4×5矩阵，若$\boldsymbol{\alpha}_1,\boldsymbol{\alpha}_2,\boldsymbol{\alpha}_3$是方程组$\boldsymbol{A}^{\mathrm{T}}\boldsymbol{x}=\boldsymbol{0}$的基础解系，则$r(\boldsymbol{A})=$

(A)4.　　(B)3.　　(C)2.　　(D)1.

建议答题时间 $\leqslant 3$ min　评估　熟练　还可以　有点难　不会

答题区域

纠错笔记

214 已知 $\boldsymbol{A}=\begin{bmatrix}2&4&2\\1&a&-2\\2&3&a+2\end{bmatrix}$，$\boldsymbol{B}$ 是三阶非零矩阵且 $\boldsymbol{AB}=\boldsymbol{O}$，则

(A) $a=1$ 是 $r(\boldsymbol{B})=1$ 的必要条件.

(B) $a=1$ 是 $r(\boldsymbol{B})=1$ 的充分必要条件.

(C) $a=3$ 是 $r(\boldsymbol{B})=1$ 的充分条件.

(D) $a=3$ 是 $r(\boldsymbol{B})=1$ 的充分必要条件.

建议答题时间	$\leqslant 3$ min	评估	熟练	还可以	有点难	不会

答题区域

纠错笔记

215 (2003,3) 设 $\boldsymbol{A}=\begin{bmatrix}a&b&b\\b&a&b\\b&b&a\end{bmatrix}$，若 $r(\boldsymbol{A}^*)=1$，则必有

(A) $a=b$ 或 $a+2b=0$.

(B) $a=b$ 或 $a+2b\neq 0$.

(C) $a\neq b$ 且 $a+2b=0$.

(D) $a\neq b$ 且 $a+2b\neq 0$.

建议答题时间	$\leqslant 3$ min	评估	熟练	还可以	有点难	不会

答题区域

纠错笔记

216 设矩阵 $\boldsymbol{A}=\begin{bmatrix}1-a & a & 0 & -a\\ -3 & 6 & 3 & -3\\ 2-a & a-2 & -1 & 1-a\end{bmatrix}$,其中 a 为任意常数,则

(A)$r(\boldsymbol{A})=1$.　(B)$r(\boldsymbol{A})=2$.　(C)$r(\boldsymbol{A})=3$.　(D)$r(\boldsymbol{A})$ 与 a 有关.

建议答题时间	$\leqslant$ 3 min	评估	熟练	还可以	有点难	不会

答题区域

纠错笔记

217 设 $\boldsymbol{A}$ 是 $m\times n$ 矩阵,$\boldsymbol{B}$ 是 $n\times m$ 矩阵,且满足 $\boldsymbol{AB}=\boldsymbol{E}$,则

(A)$\boldsymbol{A}$ 的列向量组线性无关,$\boldsymbol{B}$ 的行向量组线性无关.

(B)$\boldsymbol{A}$ 的列向量组线性无关,$\boldsymbol{B}$ 的列向量组线性无关.

(C)$\boldsymbol{A}$ 的行向量组线性无关,$\boldsymbol{B}$ 的列向量组线性无关.

(D)$\boldsymbol{A}$ 的行向量组线性无关,$\boldsymbol{B}$ 的行向量组线性无关.

建议答题时间	$\leqslant$ 3 min	评估	熟练	还可以	有点难	不会

答题区域

纠错笔记

218 （2010，数农）设向量组 Ⅰ：$\boldsymbol{\alpha}_1,\boldsymbol{\alpha}_2,\cdots,\boldsymbol{\alpha}_r$ 可由向量组 Ⅱ：$\boldsymbol{\beta}_1,\boldsymbol{\beta}_2,\cdots,\boldsymbol{\beta}_s$ 线性表示，下列命题中正确的是

(A) 若向量组 Ⅰ 线性无关，则 $r\leqslant s$.　　(B) 若向量组 Ⅰ 线性相关，则 $r>s$.

(C) 若向量组 Ⅱ 线性无关，则 $r\leqslant s$.　　(D) 若向量组 Ⅱ 线性相关，则 $r>s$.

建议答题时间	$\leqslant$ 3 min	评估	熟练	还可以	有点难	不会

答题区域

纠错笔记

219 设 $\boldsymbol{\alpha}_1,\boldsymbol{\alpha}_2,\boldsymbol{\alpha}_3,\boldsymbol{\alpha}_4$ 是三维非零向量，则下列命题中正确的是

(A) 若 $\boldsymbol{\alpha}_1,\boldsymbol{\alpha}_2$ 线性相关，$\boldsymbol{\alpha}_3,\boldsymbol{\alpha}_4$ 线性相关，则 $\boldsymbol{\alpha}_1+\boldsymbol{\alpha}_3,\boldsymbol{\alpha}_2+\boldsymbol{\alpha}_4$ 必线性相关.

(B) 若 $\boldsymbol{\alpha}_1,\boldsymbol{\alpha}_2,\boldsymbol{\alpha}_3$ 线性无关，则 $\boldsymbol{\alpha}_1+\boldsymbol{\alpha}_4,\boldsymbol{\alpha}_2+\boldsymbol{\alpha}_4,\boldsymbol{\alpha}_3+\boldsymbol{\alpha}_4$ 必线性无关.

(C) 若 $\boldsymbol{\alpha}_4$ 不能由 $\boldsymbol{\alpha}_1,\boldsymbol{\alpha}_2,\boldsymbol{\alpha}_3$ 线性表示，则 $\boldsymbol{\alpha}_1,\boldsymbol{\alpha}_2,\boldsymbol{\alpha}_3$ 必线性相关.

(D) 若 $\boldsymbol{\alpha}_4$ 能由 $\boldsymbol{\alpha}_1,\boldsymbol{\alpha}_2,\boldsymbol{\alpha}_3$ 线性表示，则 $\boldsymbol{\alpha}_1,\boldsymbol{\alpha}_2,\boldsymbol{\alpha}_3$ 必线性无关.

建议答题时间	$\leqslant$ 3 min	评估	熟练	还可以	有点难	不会

答题区域

纠错笔记

220 已知向量组$\boldsymbol{\alpha}_1=(1,0,0,4)^T,\boldsymbol{\alpha}_2=(1,2,0,0)^T,\boldsymbol{\alpha}_3=(0,2,3,0)^T,\boldsymbol{\alpha}_4=(0,0,3,a)^T$的秩等于3,则$a=$

(A)1. (B)2. (C)3. (D)4.

建议答题时间	≤ 3 min	评估	熟练	还可以	有点难	不会

答题区域

纠错笔记

221 已知四维向量组$\boldsymbol{\alpha}_1,\boldsymbol{\alpha}_2,\boldsymbol{\alpha}_3,\boldsymbol{\alpha}_4$线性无关,且向量$\boldsymbol{\beta}_1=\boldsymbol{\alpha}_1+\boldsymbol{\alpha}_3+\boldsymbol{\alpha}_4,\boldsymbol{\beta}_2=\boldsymbol{\alpha}_2-\boldsymbol{\alpha}_4,\boldsymbol{\beta}_3=\boldsymbol{\alpha}_3+\boldsymbol{\alpha}_4,\boldsymbol{\beta}_4=\boldsymbol{\alpha}_2+\boldsymbol{\alpha}_3,\boldsymbol{\beta}_5=2\boldsymbol{\alpha}_1+\boldsymbol{\alpha}_2+\boldsymbol{\alpha}_3$,则$r(\boldsymbol{\beta}_1,\boldsymbol{\beta}_2,\boldsymbol{\beta}_3,\boldsymbol{\beta}_4,\boldsymbol{\beta}_5)=$

(A)1. (B)2. (C)3. (D)4.

建议答题时间	≤ 3 min	评估	熟练	还可以	有点难	不会

答题区域

纠错笔记

222 已知 $A=[\alpha_1,\alpha_2,\alpha_3,\alpha_4]$ 是四阶矩阵，$\eta_1=(3,1,-2,2)^T$，$\eta_2=(0,-1,2,1)^T$ 是 $Ax=0$ 的基础解系，则下列命题中正确的一共有

①α_1 一定可由 α_2,α_3 线性表示.

②α_1,α_3 是 A 的列向量的极大线性无关组.

③ 秩 $r(\alpha_1,\alpha_1+\alpha_2,\alpha_3-\alpha_4)=2$.

④α_2,α_4 是 A 的列向量的极大线性无关组.

(A)4 个.　　(B)3 个.　　(C)2 个.　　(D)1 个.

建议答题时间 $\leqslant$ 3 min　　评估　熟练　还可以　有点难　不会

答题区域

纠错笔记

223 (1991,4) 设方程组 $Ax=b$ 有 m 个方程，n 个未知数且 $m\neq n$，则正确命题是

(A) 若 $Ax=0$ 只有零解，则 $Ax=b$ 有唯一解.

(B) 若 $Ax=0$ 有非零解，则 $Ax=b$ 有无穷多解.

(C) 若 $Ax=b$ 有无穷多解，则 $Ax=0$ 仅有零解.

(D) 若 $Ax=b$ 有无穷多解，则 $Ax=0$ 有非零解.

建议答题时间 $\leqslant$ 3 min　　评估　熟练　还可以　有点难　不会

答题区域

纠错笔记

224 (1997,4) 非齐次线性方程组$\boldsymbol{Ax}=\boldsymbol{b}$中未知量个数为$n$,方程个数为$m$,系数矩阵$\boldsymbol{A}$的秩为$r$,则

(A)$r=m$时,方程组$\boldsymbol{Ax}=\boldsymbol{b}$有解.

(B)$r=n$时,方程组$\boldsymbol{Ax}=\boldsymbol{b}$有唯一解.

(C)$m=n$时,方程组$\boldsymbol{Ax}=\boldsymbol{b}$有唯一解.

(D)$r<n$时,方程组$\boldsymbol{Ax}=\boldsymbol{b}$有无穷多解.

建议答题时间 ≤ 3 min　评估　熟练　还可以　有点难　不会

答题区域

纠错笔记

225 已知$\boldsymbol{A}=\begin{bmatrix}1 & 1 & -1 & 2\\ 2 & 1 & 1 & 4\\ 3 & 1 & 1 & 1\end{bmatrix}$,下列命题中错误的是

(A)$\boldsymbol{A}^{\mathrm{T}}\boldsymbol{x}=\boldsymbol{0}$只有零解.

(B) 存在$\boldsymbol{B}\neq\boldsymbol{O}$而$\boldsymbol{AB}=\boldsymbol{O}$.

(C) $|\boldsymbol{A}^{\mathrm{T}}\boldsymbol{A}|=0$.

(D) $|\boldsymbol{AA}^{\mathrm{T}}|=0$.

建议答题时间 ≤ 3 min　评估　熟练　还可以　有点难　不会

答题区域

纠错笔记

226 设 $\boldsymbol{A}$ 是 n 阶矩阵，对于齐次线性方程组（Ⅰ）$\boldsymbol{A}^n\boldsymbol{x}=\boldsymbol{0}$ 和（Ⅱ）$\boldsymbol{A}^{n+1}\boldsymbol{x}=\boldsymbol{0}$，现有四个命题

①（Ⅰ）的解必是（Ⅱ）的解； ②（Ⅱ）的解必是（Ⅰ）的解；

③（Ⅰ）的解不是（Ⅱ）的解； ④（Ⅱ）的解不是（Ⅰ）的解.

以上命题中正确的是

(A)①②. (B)①④.

(C)③④. (D)②③.

建议答题时间 ≤ 4 min　　评估　熟练　还可以　有点难　不会

答题区域

纠错笔记

227 已知 $\boldsymbol{A}=\begin{bmatrix} a_{11} & a_{12} & a_{13} \\ a_{21} & a_{22} & a_{23} \\ a_{31} & a_{32} & a_{33} \end{bmatrix}$ 是三阶可逆矩阵，$\boldsymbol{B}$ 是三阶矩阵，且 $\boldsymbol{BA}=\begin{bmatrix} a_{11} & 4a_{13} & a_{12} \\ a_{21} & 4a_{23} & a_{22} \\ a_{31} & 4a_{33} & a_{32} \end{bmatrix}$，则 $\boldsymbol{B}$ 的特征值是

(A)$1,-1,4$.　(B)$1,1,-4$.　(C)$1,2,-2$.　(D)$1,-1,2$.

建议答题时间 ≤ 3 min　　评估　熟练　还可以　有点难　不会

答题区域

纠错笔记

228 下列矩阵中,不能相似对角化的矩阵是

(A) $\begin{bmatrix} 3 & 0 & 0 \\ -2 & -1 & 0 \\ 1 & 4 & 1 \end{bmatrix}$.　　(B) $\begin{bmatrix} 3 & 1 & 0 \\ 1 & 5 & 3 \\ 0 & 3 & 2 \end{bmatrix}$.

(C) $\begin{bmatrix} 1 & 0 & -1 \\ -3 & 0 & 3 \\ 5 & 0 & -5 \end{bmatrix}$.　　(D) $\begin{bmatrix} 2 & 1 & 2 \\ 0 & -1 & 3 \\ 0 & 0 & 2 \end{bmatrix}$.

建议答题时间 ≤ 4 min　评估　熟练　还可以　有点难　不会

答题区域

纠错笔记

229 设 $\boldsymbol{A},\boldsymbol{B},\boldsymbol{C},\boldsymbol{D}$ 都是 n 阶矩阵,且 $\boldsymbol{A}\sim\boldsymbol{C},\boldsymbol{B}\sim\boldsymbol{D}$,则必有

(A) $(\boldsymbol{A}+\boldsymbol{B})\sim(\boldsymbol{C}+\boldsymbol{D})$.　　(B) $\begin{bmatrix} \boldsymbol{A} & \boldsymbol{O} \\ \boldsymbol{O} & \boldsymbol{B} \end{bmatrix}\sim\begin{bmatrix} \boldsymbol{C} & \boldsymbol{O} \\ \boldsymbol{O} & \boldsymbol{D} \end{bmatrix}$.

(C) $\boldsymbol{AB}\sim\boldsymbol{CD}$.　　(D) $\begin{bmatrix} \boldsymbol{O} & \boldsymbol{A} \\ \boldsymbol{B} & \boldsymbol{O} \end{bmatrix}\sim\begin{bmatrix} \boldsymbol{O} & \boldsymbol{C} \\ \boldsymbol{D} & \boldsymbol{O} \end{bmatrix}$.

建议答题时间 ≤ 4 min　评估　熟练　还可以　有点难　不会

答题区域

纠错笔记

230 设 $\boldsymbol{\alpha}=(a_1,a_2,a_3)^{\mathrm{T}}$ 是单位向量，矩阵 $\boldsymbol{A}=2\boldsymbol{E}+3\boldsymbol{\alpha}\boldsymbol{\alpha}^{\mathrm{T}}$，则 $\boldsymbol{A}\sim$

(A) $\begin{bmatrix}2&&\\&3&\\&&3\end{bmatrix}$.　(B) $\begin{bmatrix}2&&\\&2&\\&&3\end{bmatrix}$.　(C) $\begin{bmatrix}2&&\\&5&\\&&5\end{bmatrix}$.　(D) $\begin{bmatrix}2&&\\&2&\\&&5\end{bmatrix}$.

建议答题时间 $\leqslant 2$ min　评估　熟练　还可以　有点难　不会

答题区域

纠错笔记

231 与二次型 $f=x_1^2+x_2^2+2x_3^2+6x_1x_2$ 的矩阵 $\boldsymbol{A}$ 既合同又相似的矩阵是

(A) $\begin{bmatrix}1&&\\&2&\\&&-8\end{bmatrix}$.　(B) $\begin{bmatrix}4&&\\&2&\\&&-2\end{bmatrix}$.

(C) $\begin{bmatrix}1&&\\&3&\\&&0\end{bmatrix}$.　(D) $\begin{bmatrix}1&&\\&1&\\&&-1\end{bmatrix}$.

建议答题时间 $\leqslant 3$ min　评估　熟练　还可以　有点难　不会

答题区域

纠错笔记

232 已知二次型 $\boldsymbol{x}^{\mathrm{T}}\boldsymbol{A}\boldsymbol{x}=2x_1^2+x_2^2+x_3^2+2x_2x_3$ 和 $\boldsymbol{y}^{\mathrm{T}}\boldsymbol{B}\boldsymbol{y}=y_1^2+3y_2^2$，则二次型矩阵 $\boldsymbol{A}$ 和 $\boldsymbol{B}$

(A) 相似且合同.　　(B) 相似但不合同.

(C) 合同但不相似.　　(D) 不合同也不相似.

建议答题时间	$\leqslant 3$ min	评估	熟练	还可以	有点难	不会

答题区域

纠错笔记

233 已知 $\boldsymbol{A}$ 和 $\boldsymbol{B}$ 都是 n 阶实对称矩阵，下列命题中错误的是

(A) 若 $\boldsymbol{A}$ 和 $\boldsymbol{B}$ 相似，则 $\boldsymbol{A}$ 和 $\boldsymbol{B}$ 合同.

(B) 若 $\boldsymbol{A}$ 和 $\boldsymbol{B}$ 合同，则 $\boldsymbol{A}$ 和 $9\boldsymbol{B}$ 合同.

(C) 若 $\boldsymbol{A}$ 和 $\boldsymbol{B}$ 合同，则 $\boldsymbol{A}+k\boldsymbol{E}$ 和 $\boldsymbol{B}+k\boldsymbol{E}$ 合同.

(D) 若 $\boldsymbol{A}$ 和 $\boldsymbol{B}$ 合同，则 $\boldsymbol{A}$ 和 $\boldsymbol{B}$ 等价.

建议答题时间	$\leqslant 3$ min	评估	熟练	还可以	有点难	不会

答题区域

纠错笔记

234 设 $\boldsymbol{A}$ 是 n 阶实对称矩阵，将 $\boldsymbol{A}$ 的第 i 列和第 j 列对换得到 $\boldsymbol{B}$，再将 $\boldsymbol{B}$ 的第 i 行和第 j 行对换得到 $\boldsymbol{C}$，则 $\boldsymbol{A}$ 与 $\boldsymbol{C}$

(A) 等价但不相似.　　(B) 合同但不相似.

(C) 相似但不合同.　　(D) 等价、合同且相似.

建议答题时间 $\leqslant 3$ min　　评估　熟练　还可以　有点难　不会

答题区域

纠错笔记

235 设 $\boldsymbol{A}, \boldsymbol{B}$ 均为 n 阶实对称矩阵，若 $\boldsymbol{A}$ 与 $\boldsymbol{B}$ 合同，则

(A) $\boldsymbol{A}$ 与 $\boldsymbol{B}$ 有相同的特征值.　　(B) $\boldsymbol{A}$ 与 $\boldsymbol{B}$ 有相同的秩.

(C) $\boldsymbol{A}$ 与 $\boldsymbol{B}$ 有相同的特征向量.　　(D) $\boldsymbol{A}$ 与 $\boldsymbol{B}$ 有相同的行列式.

建议答题时间 $\leqslant 3$ min　　评估　熟练　还可以　有点难　不会

答题区域

纠错笔记

解　答　题

236　设 n 阶矩阵 $\boldsymbol{A}$ 和 $\boldsymbol{B}$ 满足条件 $\boldsymbol{AB}=\boldsymbol{A}+\boldsymbol{B}$.

(1) 证明 $\boldsymbol{A}-\boldsymbol{E}$ 可逆.

(2) 求秩 $r(\boldsymbol{AB}-\boldsymbol{BA}+2\boldsymbol{E})$.

(3) 如果 $\boldsymbol{B}=\begin{bmatrix}1&1&0\\0&3&1\\1&0&1\end{bmatrix}$，求矩阵 $\boldsymbol{A}$.

建议答题时间 ≤10 min　评估　熟练　还可以　有点难　不会

答题区域

纠错笔记

237　已知矩阵 $\boldsymbol{A}=\begin{bmatrix}1&1&0\\0&1&-1\\1&0&1\end{bmatrix}$ 和 $\boldsymbol{B}=\begin{bmatrix}1&-2&0\\0&a&3\\0&0&1\end{bmatrix}$ 等价，求 a 的值并求一个满足要求的可逆矩阵 $\boldsymbol{P}$ 和 $\boldsymbol{Q}$ 使 $\boldsymbol{PAQ}=\boldsymbol{B}$.

建议答题时间 ≤12 min　评估　熟练　还可以　有点难　不会

答题区域

纠错笔记

238 已知向量组 $\boldsymbol{\alpha}_1=(1,4,0,2)^{\mathrm{T}},\boldsymbol{\alpha}_2=(2,7,1,3)^{\mathrm{T}},\boldsymbol{\alpha}_3=(0,1,-1,a)^{\mathrm{T}},\boldsymbol{\alpha}_4=(3,10,b,4)^{\mathrm{T}}$ 线性相关.

(1) 求 a,b 的值.

(2) 判断 $\boldsymbol{\alpha}_4$ 能否由 $\boldsymbol{\alpha}_1,\boldsymbol{\alpha}_2,\boldsymbol{\alpha}_3$ 线性表示，如能就写出表达式.

(3) 求向量组 $\boldsymbol{\alpha}_1,\boldsymbol{\alpha}_2,\boldsymbol{\alpha}_3,\boldsymbol{\alpha}_4$ 的一个极大线性无关组.

建议答题时间	$\leqslant$ 12 min	评估	熟练	还可以	有点难	不会

答题区域

纠错笔记

239 设矩阵 $\boldsymbol{A}=\begin{bmatrix}1&0&2\\1&-1&0\\0&1&2\end{bmatrix}$ 经初等行变换变为矩阵 $\boldsymbol{B}=\begin{bmatrix}-1&2&2\\2&-1&2\\-2&2&a\end{bmatrix}$.

(1) 求 a 的值.

(2) 求满足 $\boldsymbol{PA}=\boldsymbol{B}$ 的所有可逆矩阵 $\boldsymbol{P}$.

建议答题时间	$\leqslant$ 10 min	评估	熟练	还可以	有点难	不会

答题区域

纠错笔记

240 设向量组(Ⅰ):$\boldsymbol{\alpha}_1=(1,2,-3)^{\mathrm{T}},\boldsymbol{\alpha}_2=(3,0,-8)^{\mathrm{T}},\boldsymbol{\alpha}_3=(9,6,-25)^{\mathrm{T}}$;

向量组(Ⅱ):$\boldsymbol{\beta}_1=(0,1,-1)^{\mathrm{T}},\boldsymbol{\beta}_2=(a,2,-3)^{\mathrm{T}},\boldsymbol{\beta}_3=(b,1,0)^{\mathrm{T}}$.

若 r(Ⅰ)$=r$(Ⅱ)且 $\boldsymbol{\beta}_2$ 可由(Ⅰ)线性表出,求 a,b 的值,并判断向量组(Ⅰ)(Ⅱ)是否等价.

建议答题时间	≤12 min	评估	熟练	还可以	有点难	不会

答题区域

纠错笔记

241 (2017,数农)设向量 $\boldsymbol{\beta}=(1,1,2)^{\mathrm{T}}$ 是矩阵 $\boldsymbol{A}=\begin{bmatrix}1&a&-1\\1&1&-1\\0&4&b\end{bmatrix}$ 的特征向量.

(1)求 a,b 的值.

(2)求方程组 $\boldsymbol{A}^2\boldsymbol{x}=\boldsymbol{\beta}$ 的通解.

建议答题时间	≤10 min	评估	熟练	还可以	有点难	不会

答题区域

纠错笔记

242 （2018，数农）已知 $A(1,1)$，$B(2,2)$，$C(a,1)$ 为坐标平面上的点，其中 a 为参数．问：是否存在经过点 A,B,C 的曲线 $y=k_1x+k_2x^2+k_3x^3$？如果存在，求出曲线方程．

建议答题时间 $\leqslant 12$ min　　评估　熟练｜还可以｜有点难｜不会

答题区域

纠错笔记

243 设方程组

$$\begin{cases} x_1-2x_2+3x_3+4x_4=5, \\ 2x_1-4x_2+5x_3+6x_4=7, \\ 4x_1+ax_2+9x_3+10x_4=11. \end{cases}$$

（1）当 a 为何值时方程组有解？并求其通解．

（2）求方程组满足 $x_1=x_2$ 的所有解．

建议答题时间 $\leqslant 15$ min　　评估　熟练｜还可以｜有点难｜不会

答题区域

纠错笔记

244 设 $\boldsymbol{A}=\begin{bmatrix}1&1&1\\1&2&a\\1&4&a^2\end{bmatrix}$，$\boldsymbol{\beta}=\begin{pmatrix}1\\3\\7\end{pmatrix}$，当 a 为何值时，方程组 $\boldsymbol{Ax}=\boldsymbol{\beta}$ 有无穷多解？此时求方程组的通解.

建议答题时间	≤ 15 min	评估	熟练	还可以	有点难	不会

答题区域

纠错笔记

245 已知 $\boldsymbol{A}$ 是 n 阶矩阵，证明 $\boldsymbol{A}^2=\boldsymbol{A}$ 的充分必要条件是 $r(\boldsymbol{A})+r(\boldsymbol{A}-\boldsymbol{E})=n$.

建议答题时间	≤ 10 min	评估	熟练	还可以	有点难	不会

答题区域

纠错笔记

246 已知矩阵 $\boldsymbol{A}=\begin{bmatrix}3&1&2\\0&2&0\\t-1&-1&t\end{bmatrix}$ 有二重特征值.

(1) 求 t 的值.

(2) $\boldsymbol{A}$ 能否相似于对角矩阵？若能，求可逆矩阵 $\boldsymbol{P}$，使得 $\boldsymbol{P}^{-1}\boldsymbol{A}\boldsymbol{P}$ 为对角矩阵.

建议答题时间 ≤ 15 min　评估 熟练 还可以 有点难 不会

答题区域

纠错笔记

247 设 $\boldsymbol{A}$ 为 3 阶矩阵，$\boldsymbol{\alpha}_1,\boldsymbol{\alpha}_2,\boldsymbol{\alpha}_3$ 为 3 维列向量，且 $\boldsymbol{A}\boldsymbol{\alpha}_1=\boldsymbol{\alpha}_1,\boldsymbol{A}\boldsymbol{\alpha}_2=2\boldsymbol{\alpha}_1+t\boldsymbol{\alpha}_2,\boldsymbol{A}\boldsymbol{\alpha}_3=\boldsymbol{\alpha}_1+2\boldsymbol{\alpha}_3$，若 $\boldsymbol{\alpha}_1,\boldsymbol{\alpha}_2,\boldsymbol{\alpha}_3$ 线性无关，问矩阵 $\boldsymbol{A}$ 能否相似于对角矩阵，为什么？

建议答题时间 ≤ 15 min　评估 熟练 还可以 有点难 不会

答题区域

纠错笔记

248 已知 $\boldsymbol{A}$ 是三阶矩阵，$\boldsymbol{\alpha}_1,\boldsymbol{\alpha}_2,\boldsymbol{\alpha}_3$ 是线性无关的三维列向量，且满足

$$\boldsymbol{A\alpha}_1=3\boldsymbol{\alpha}_1+4\boldsymbol{\alpha}_3,\boldsymbol{A\alpha}_2=2\boldsymbol{\alpha}_1-\boldsymbol{\alpha}_2+2\boldsymbol{\alpha}_3,\boldsymbol{A\alpha}_3=-2\boldsymbol{\alpha}_1-3\boldsymbol{\alpha}_3.$$

(1) 求矩阵 $\boldsymbol{A}$ 的特征值.

(2) 判断矩阵 $\boldsymbol{A}$ 能否相似对角化，说明理由.

(3) 求秩 $r(\boldsymbol{A}^2+\boldsymbol{A})$.

建议答题时间 ≤15 min　评估　熟练　还可以　有点难　不会

答题区域

纠错笔记

249 已知 $\boldsymbol{A}=\begin{bmatrix}2&a&1\\0&-1&0\\3&2&0\end{bmatrix}$ 有 3 个线性无关的特征向量，求 a，并求 $\boldsymbol{A}^n$.

建议答题时间 ≤12 min　评估　熟练　还可以　有点难　不会

答题区域

纠错笔记

250 设三阶实对称矩阵 $\boldsymbol{A}$ 的特征值是 $1,-2,0$，矩阵 $\boldsymbol{A}$ 属于特征值 $1,-2$ 的特征向量分别是 $\boldsymbol{\alpha}_1=(-1,-1,1)^{\mathrm{T}}$，$\boldsymbol{\alpha}_2=(1,a,-1)^{\mathrm{T}}$.

(1) 求 $\boldsymbol{A}$ 的属于特征值 0 的特征向量.

(2) 求二次型 $\boldsymbol{x}^{\mathrm{T}}\boldsymbol{A}\boldsymbol{x}$.

(3) 如二次型 $\boldsymbol{x}^{\mathrm{T}}(\boldsymbol{A}+k\boldsymbol{E})\boldsymbol{x}$ 的规范形是 $y_1^2+y_2^2-y_3^2$，求 k.

建议答题时间 $\leqslant 12$ min　评估　熟练　还可以　有点难　不会

答题区域

纠错笔记

251 二次型 $\boldsymbol{x}^{\mathrm{T}}\boldsymbol{A}\boldsymbol{x}=2x_2^2+2x_1x_2-2x_1x_3+2ax_2x_3$ 的秩为 2.

(1) 求 a 的值.

(2) 求正交变换 $\boldsymbol{x}=\boldsymbol{Q}\boldsymbol{y}$ 化二次型为标准形，并写出所用坐标变换.

(3) 若 $\boldsymbol{A}+k\boldsymbol{E}$ 是正定矩阵，求 k.

建议答题时间 $\leqslant 12$ min　评估　熟练　还可以　有点难　不会

答题区域

纠错笔记

252 已知二次型 $f(x_1,x_2,x_3)=x_1^2+(a+3)x_2^2+ax_3^2+4x_1x_2+2x_2x_3-2x_1x_3$ 的规范形为 $z_1^2-z_2^2$. 求 a 的值与将其化为规范形的可逆线性变换.

建议答题时间 ≤15 min　评估　熟练　还可以　有点难　不会

答题区域

纠错笔记

253 已知二次型 $f(x_1,x_2,x_3)=x_1^2+2x_2^2+2x_3^2+2x_1x_2+2x_1x_3$ 经正交变换 $\boldsymbol{x}=\boldsymbol{Q}\boldsymbol{y}$,化为二次型 $g(y_1,y_2,y_3)=y_1^2+y_2^2+ty_3^2-2y_1y_2$,求 t 的值,并求正交变换矩阵 $\boldsymbol{Q}$.

建议答题时间 ≤15 min　评估　熟练　还可以　有点难　不会

答题区域

纠错笔记

254 已知二次型 $f(x_1,x_2,x_3)=x_1^2+2x_2^2+2x_3^2+2x_1x_2+2x_1x_3$ 经可逆线性变换 $\boldsymbol{x}=\boldsymbol{P}\boldsymbol{y}$，化为二次型 $g(y_1,y_2,y_3)=y_1^2+y_2^2+ty_3^2-2y_1y_2$，求参数 t 满足的条件，并求变换矩阵 $\boldsymbol{P}$.

建议答题时间 $\leqslant 15$ min　　评估　熟练　还可以　有点难　不会

答题区域

纠错笔记

255 已知 $\boldsymbol{A}$ 是三阶矩阵，满足 $\boldsymbol{A}^2-2\boldsymbol{A}-3\boldsymbol{E}=\boldsymbol{O}$.

(1) 证明 $\boldsymbol{A}$ 可逆，并求 $\boldsymbol{A}^{-1}$.

(2) 如 $|\boldsymbol{A}+2\boldsymbol{E}|=25$，求 $|\boldsymbol{A}-\boldsymbol{E}|$ 的值.

(3) 证明 $\boldsymbol{A}^{\mathrm{T}}\boldsymbol{A}$ 是正定矩阵.

建议答题时间 $\leqslant 15$ min　　评估　熟练　还可以　有点难　不会

答题区域

纠错笔记

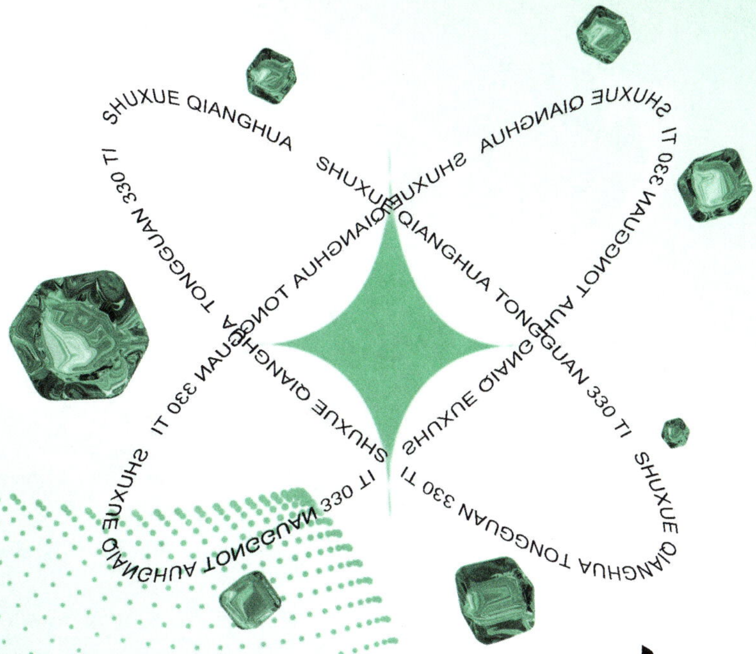

概率论与数理统计

填　空　题

256　10个同规格的零件中混入3个次品，现进行逐个检查，则查完5个零件时正好查出3个次品的概率为______.

建议答题时间 $\leqslant$ 3 min　评估　熟练　还可以　有点难　不会

答题区域

纠错笔记

257　设随机变量 X 与 Y 的概率分布分别为

X	0	1
P	$\frac{1}{3}$	$\frac{2}{3}$

和

Y	-1	0	1
P	$\frac{1}{3}$	$\frac{1}{3}$	$\frac{1}{3}$

，且 $P\{X^2 = Y^2\} = 1$，

则 $P\{X+Y=0\}=$ ________.

建议答题时间 $\leqslant$ 4 min　评估　熟练　还可以　有点难　不会

答题区域

纠错笔记

258 设 A,B 两事件相互独立，且 $P(A)=P(B)=\frac{1}{2}$. 又设

$$C=(A\cup B)(\overline{A}\cup B)(A\cup\overline{B}),$$

则 $P(\overline{C})=$ ______.

建议答题时间 $\leqslant 3$ min　　评估　熟练　还可以　有点难　不会

答题区域

纠错笔记

259 在区间$(0,1)$中随机地取出两个数，则"两数之积小于$\frac{1}{2}$"的概率为________.

建议答题时间 $\leqslant 3$ min　　评估　熟练　还可以　有点难　不会

答题区域

纠错笔记

260 设随机变量 X 的概率分布 $P\{X=k\}=\dfrac{a}{k(k+1)}$，$k=1,2,\cdots$，其中 a 为常数. X 的分布函数为 $F(x)$，已知 $F(b)=\dfrac{3}{4}$，则 b 的取值范围应为________.

建议答题时间	$\leqslant 3$ min	评估	熟练	还可以	有点难	不会

答题区域

纠错笔记

261 设 (X,Y) 的概率密度为 $f(x,y)=\begin{cases}1, & 0\leqslant y\leqslant x\leqslant 2-y, \\ 0, & \text{其他}.\end{cases}$

则 X 的边缘概率密度为________.

建议答题时间	$\leqslant 4$ min	评估	熟练	还可以	有点难	不会

答题区域

纠错笔记

262 设 X 是服从参数为 2 的指数分布的随机变量，则随机变量 $Y = X - \frac{1}{2}$ 的概率密度函数 $f_Y(y) =$ ________.

建议答题时间 $\leqslant 3$ min　　评估　熟练　还可以　有点难　不会

答题区域

纠错笔记

263 设随机变量 X 服从参数为 2 的指数分布，a 为大于 2 的常数，已知 $P\{X \leqslant a \mid X > 2\} = 1 - \mathrm{e}^{-2}$，则 $a =$ ______.

建议答题时间 $\leqslant 2$ min　　评估　熟练　还可以　有点难　不会

答题区域

纠错笔记

264 设(X,Y)的概率密度为$f(x,y)=\begin{cases}1, & 0\leqslant y\leqslant x\leqslant 2-y,\\ 0, & \text{其他}.\end{cases}$

则随机变量$Z=X-Y$的概率密度$f_Z(z)$应为________.

建议答题时间 $\leqslant$ 4 min　评估　熟练　还可以　有点难　不会

答题区域

纠错笔记

265 已知随机变量X服从参数为$\lambda(\lambda>0)$的指数分布,且随机变量

$$Y=\begin{cases}X, & |X|\leqslant 1,\\ -X, & |X|>1,\end{cases}$$

则$P\left\{Y\leqslant\frac{1}{2}\right\}=$________.

建议答题时间 $\leqslant$ 3 min　评估　熟练　还可以　有点难　不会

答题区域

纠错笔记

266 设随机变量 $X \sim N(0,1)$，在 $X = x$ 条件下，随机变量 $Y \sim N(x,1)$，则 Y 的方差 $DY =$ ________.

建议答题时间 $\leqslant 4$ min　　评估　熟练　还可以　有点难　不会

答题区域

纠错笔记

267 假设随机变量 X 服从参数为 λ 的指数分布，$Y = |X|$，则 (X,Y) 的联合分布函数 $F(x,y) =$ ______.

建议答题时间 $\leqslant 3$ min　　评估　熟练　还可以　有点难　不会

答题区域

纠错笔记

268 已知随机变量 X 与 Y 都服从正态分布 $N(\mu,\sigma^2)$，若 $P\{\max(X,Y)>\mu\}=a(0<a<1)$，则 $P\{\min(X,Y)\leqslant\mu\}=$ ________.

建议答题时间 $\leqslant 3$ min　　评估　熟练　还可以　有点难　不会

答题区域

纠错笔记

269 将 2 双不同的鞋随意分成 2 堆，每堆 2 只，以 X 表示 2 堆中恰好配成一双鞋的堆数，则 $E(X)=$ ______.

建议答题时间 $\leqslant 4$ min　　评估　熟练　还可以　有点难　不会

答题区域

纠错笔记

270 假设随机变量 X 在$[-1,1]$上服从均匀分布，a 是区间$[-1,1]$上的一个定点，Y 为点 X 到 a 的距离. 当 $a=$ ______ 时，随机变量 X 与 Y 不相关.

建议答题时间 $\leqslant 3$ min　　评估 熟练 还可以 有点难 不会

答题区域

纠错笔记

271 已知随机变量 X 在$(1,2)$上服从均匀分布，在 $X=x(1<x<2)$ 的条件下 Y 服从参数为 x 的指数分布，则 $E(XY)=$ ________.

建议答题时间 $\leqslant 4$ min　　评估 熟练 还可以 有点难 不会

答题区域

纠错笔记

272 设二维随机变量(X,Y)服从的分布及参数为$N\left(0,0;1,1;\frac{1}{2}\right)$，则二维随机变量$(X+Y,X-Y)$服从的分布及参数为________.

建议答题时间 ≤ 3 min 评估 熟练 还可以 有点难 不会

答题区域

纠错笔记

273 设随机变量$X\sim B(n,p)$，且$E(X)=3.2,D(X)=0.64$，则$P\{X\neq 0\}=$________.

建议答题时间 ≤ 3 min 评估 熟练 还可以 有点难 不会

答题区域

纠错笔记

274 设随机变量列 $X_1,X_2,\cdots,X_n,\cdots$ 相互独立且同分布，则 $X_1,X_2,\cdots,X_n,\cdots$ 服从辛钦大数定律，只要随机变量 $X_i(i=1,2,\cdots,n,\cdots)$ ________.

建议答题时间 $\leqslant 2$ min　评估　熟练　还可以　有点难　不会

答题区域

纠错笔记

275 设 X 与 Y 都服从正态分布 $N(0,\sigma^2)$，已知 $X_1,X_2,\cdots,X_n$ 与 $Y_1,Y_2,\cdots,Y_n$ 为分别来自总体 X 与 Y 的两个相互独立的简单随机样本，它们的样本均值与样本方差分别为 $\overline{X},\overline{Y}$ 和 S_X^2,S_Y^2，则统计量 $F=\dfrac{n(\overline{X}-\overline{Y})^2}{S_X^2+S_Y^2}$ 服从的分布和参数为________.

建议答题时间 $\leqslant 4$ min　评估　熟练　还可以　有点难　不会

答题区域

纠错笔记

276 已知(X,Y)的概率密度为$f(x,y)=\frac{1}{12\pi}e^{-\frac{1}{72}(9x^2+4y^2-8y+4)}$，则$\frac{9X^2}{4(Y-1)^2}$服从的分布及参数为________.

建议答题时间 $\leqslant 4$ min　评估 熟练 还可以 有点难 不会

答题区域

纠错笔记

277 设$X_1,X_2,\cdots,X_n$是来自总体$X\sim N(\mu,\sigma^2)$的简单随机样本，记样本方差为S^2，则$D(S^2)=$________.

建议答题时间 $\leqslant 4$ min　评估 熟练 还可以 有点难 不会

答题区域

纠错笔记

278 假设 $X_1,X_2,\cdots,X_{16}$ 是来自正态总体 $N(\mu,\sigma^2)$ 的简单随机样本，$\overline{X}$ 为样本均值，S^2 为样本方差. 如果 $P\{\overline{X}>\mu+aS\}=0.95$，那么 $a=$______.（$t_{0.05}(15)=1.7531$，保留四位小数）

建议答题时间 ≤ 4 min　　评估　熟练　还可以　有点难　不会

答题区域

纠错笔记

279 设总体 X 是在以原点为中心，长度为 a 的闭区间上服从均匀分布，$X_1,X_2,\cdots,X_n$ 是来自总体 X 的简单随机样本，则未知参数 a 的最大似然估计量 $\hat{a}=$________.

建议答题时间 ≤ 3 min　　评估　熟练　还可以　有点难　不会

答题区域

纠错笔记

280 设 $X_1,X_2,\cdots,X_n$ 是来自区间$[-a,a]$上均匀分布的总体 X 的简单随机样本，则参数 a 的矩估计量为________.

建议答题时间 $\leqslant$ 3 min　　评估　熟练　还可以　有点难　不会

答题区域

纠错笔记

选　择　题

281　设 A,B 为两个随机事件，且 $0<P(A)<1, 0<P(B)<1$，则 $P(A \mid B)=1$ 的充分必要条件是

(A) $P(\overline{A} \mid \overline{B})=1$.　　(B) $P(B \mid A)=1$.

(C) $P(\overline{B} \mid \overline{A})=1$.　　(D) $P(B \mid \overline{A})=1$.

建议答题时间 $\leqslant 3$ min　　评估　熟练　还可以　有点难　不会

答题区域

纠错笔记

282　袋中装有 $2n-1$ 个白球，$2n$ 个黑球，一次取出 n 个球，发现都是同一种颜色，则这种颜色是黑色的概率为

(A) $\dfrac{n}{4n-1}$.　　(B) $\dfrac{n}{3n-1}$.　　(C) $\dfrac{1}{3}$.　　(D) $\dfrac{2}{3}$.

建议答题时间 $\leqslant 4$ min　　评估　熟练　还可以　有点难　不会

答题区域

纠错笔记

283 连续抛掷一枚硬币，在第 n 次抛掷时，出现第 k 次（$k \leqslant n$）正面向上的概率为

(A) $C_n^k\left(\frac{1}{2}\right)^{n-1}$.　(B) $C_n^k\left(\frac{1}{2}\right)^{n}$.　(C) $C_{n-1}^{k-1}\left(\frac{1}{2}\right)^{n-1}$.　(D) $C_{n-1}^{k-1}\left(\frac{1}{2}\right)^{n}$.

建议答题时间 $\leqslant 2$ min　评估　熟练　还可以　有点难　不会

答题区域

纠错笔记

284 盒子中有 A 和 B 两类电子产品各一半，A 类产品的寿命服从指数分布 $E(1)$，B 类产品的寿命服从指数分布 $E(2)$. 随机地从盒子中取一个电子产品，以 X 表示所取产品的寿命，则 X 的概率密度 $f(x)$ 为

(A) $f(x)=\begin{cases} e^{-x}+e^{-2x}, & x>0, \\ 0, & 其他. \end{cases}$　(B) $f(x)=\begin{cases} \frac{1}{2}e^{-x}+\frac{1}{2}e^{-2x}, & x>0, \\ 0, & 其他. \end{cases}$

(C) $f(x)=\begin{cases} \frac{1}{2}e^{-x}+e^{-2x}, & x>0, \\ 0, & 其他. \end{cases}$　(D) $f(x)=\begin{cases} e^{-x}+2e^{-2x}, & x>0, \\ 0, & 其他. \end{cases}$

建议答题时间 $\leqslant 4$ min　评估　熟练　还可以　有点难　不会

答题区域

纠错笔记

285 设随机变量 X_i 的分布函数为 $F_i(x)$，概率密度函数为 $f_i(x)(i=1,2)$. 对任意常数 $a(0<a<1)$，有

(A) $F_2(x)+a[F_2(x)-F_1(x)]$ 是分布函数.

(B) $aF_1(x)F_2(x)$ 是分布函数.

(C) $f_2(x)+a[f_1(x)-f_2(x)]$ 是概率密度函数.

(D) $f_1(x)f_2(x)$ 是概率密度函数.

建议答题时间 $\leqslant 4$ min　评估　熟练　还可以　有点难　不会

答题区域

纠错笔记

286 已知随机变量 X_1 与 X_2 具有相同的分布函数 $F(x)$，设 $X=X_1+X_2$ 的分布函数为 $G(x)$，则有

(A) $G(2x)=2F(x)$.

(B) $G(2x)=F(x)\cdot F(x)$.

(C) $G(2x)\leqslant 2F(x)$.

(D) $G(2x)\geqslant 2F(x)$.

建议答题时间 $\leqslant 4$ min　评估　熟练　还可以　有点难　不会

答题区域

纠错笔记

287 设随机变量 X 服从正态分布 $N(1,\sigma^2)$，其分布函数为 $F(x)$，则对任意实数 x，有

(A) $F(x)+F(-x)=1$.　　(B) $F(1+x)+F(1-x)=1$.

(C) $F(x+1)+F(x-1)=1$.　　(D) $F(1-x)+F(x-1)=1$.

建议答题时间 ≤ 3 min　评估 熟练 还可以 有点难 不会

答题区域

纠错笔记

288 设随机变量 X 的密度函数为

$$f(x)=\begin{cases}Ae^{-x}, & x>\lambda,\\ 0, & x\leqslant\lambda\end{cases}(\lambda>0),$$

则概率 $P\{\lambda<X<\lambda+a\}(a>0)$ 的值

(A) 与 a 无关，随 λ 的增大而增大.　　(B) 与 a 无关，随 λ 的增大而减小.

(C) 与 λ 无关，随 a 的增大而增大.　　(D) 与 λ 无关，随 a 的增大而减小.

建议答题时间 ≤ 3 min　评估 熟练 还可以 有点难 不会

答题区域

纠错笔记

289 设随机变量 $X \sim N(0,1)$，其分布函数为 $\Phi(x)$，则随机变量 $Y=\min\{X,0\}$ 的分布函数 $F(y)$ 为

(A) $F(y)=\begin{cases}1, & y>0,\\ \Phi(y), & y\leqslant 0.\end{cases}$

(B) $F(y)=\begin{cases}1, & y\geqslant 0,\\ \Phi(y), & y<0.\end{cases}$

(C) $F(y)=\begin{cases}0, & y\leqslant 0,\\ \Phi(y), & y>0.\end{cases}$

(D) $F(y)=\begin{cases}0, & y<0,\\ \Phi(y), & y\geqslant 0.\end{cases}$

建议答题时间	$\leqslant 3$ min	评估	熟练	还可以	有点难	不会

答题区域

纠错笔记

290 设连续型随机变量 X 的分布函数

$$F(x)=\begin{cases}A+Be^{-\lambda x}, & x>0,\\ 0, & x\leqslant 0\end{cases}(\lambda>0),$$

则 $P\{-1\leqslant X<1\}=$

(A) $e^{\lambda}-e^{-\lambda}$.　(B) $1-e^{-\lambda}$.　(C) $\dfrac{1}{2}(1+e^{-\lambda})$.　(D) $\dfrac{1}{2}(1+e^{\lambda})$.

建议答题时间	$\leqslant 3$ min	评估	熟练	还可以	有点难	不会

答题区域

纠错笔记

291 设随机变量 X_1,X_2,X_3,X_4 均服从分布 $B\left(1,\frac{1}{2}\right)$，则

(A) X_1+X_2 与 X_3+X_4 同分布.　　(B) X_1-X_2 与 X_3-X_4 同分布.

(C) (X_1,X_2) 与 (X_3,X_4) 同分布.　　(D) X_1,X_2^2,X_3^3,X_4^4 同分布.

建议答题时间 ≤ 4 min　评估　熟练　还可以　有点难　不会

答题区域

纠错笔记

292 设相互独立的随机变量 X 和 Y 均服从 $P(1)$ 分布，则 $P\{X=1 \mid X+Y=2\}$ 的值为

(A) $\frac{1}{2}$.　　(B) $\frac{1}{4}$.　　(C) $\frac{1}{6}$.　　(D) $\frac{1}{8}$.

建议答题时间 ≤ 4 min　评估　熟练　还可以　有点难　不会

答题区域

纠错笔记

293 设随机变量 X 和 Y 相互独立同分布，已知

$$P\{X=k\}=p(1-p)^{k-1}, k=1,2,\cdots,0<p<1,$$

则 $P\{X>Y\}$ 的值为

(A) $\dfrac{p}{2-p}$.　(B) $\dfrac{1-p}{2-p}$.　(C) $\dfrac{p}{1-p}$.　(D) $\dfrac{2p}{1-p}$.

建议答题时间 $\leqslant 4$ min　评估　熟练　还可以　有点难　不会

答题区域

纠错笔记

294 设随机事件 X 的概率密度为 $f_X(x)$，$Y=-2X-1$，则 Y 的概率密度 $f_Y(y)=$

(A) $f_X\left(-\dfrac{y+1}{2}\right)$.　(B) $f_X\left(\dfrac{y-1}{2}\right)$.　(C) $\dfrac{1}{2}f_X\left(-\dfrac{y+1}{2}\right)$.　(D) $\dfrac{1}{2}f_X\left(\dfrac{y-1}{2}\right)$.

建议答题时间 $\leqslant 4$ min　评估　熟练　还可以　有点难　不会

答题区域

纠错笔记

295 现有 10 张奖券，其中 8 张 2 元，2 张 5 元，今从中一次取三张，则得奖金 X 的数学期望 $E(X)$ 为

(A)6.　　(B)7.8.　　(C)8.4.　　(D)9.

建议答题时间 $\leqslant 4$ min　　评估　熟练　还可以　有点难　不会

答题区域　　纠错笔记

296 设随机变量 $X \sim B\left(1,\frac{1}{2}\right)$，$Y \sim B\left(1,\frac{1}{2}\right)$. 已知 X 与 Y 的相关系数 $\rho = 1$，则 $P\{X=0,Y=1\}$ 的值必为

(A)0.　　(B) $\frac{1}{4}$.　　(C) $\frac{1}{2}$.　　(D)1.

建议答题时间 $\leqslant 3$ min　　评估　熟练　还可以　有点难　不会

答题区域　　纠错笔记

297 设随机变量 X 与 Y 的方差均为正，则 X 与 Y 的相关系数 $\rho = 1$ 的充要条件为

(A) $Y = X + b$(其中 b 为任意常数).　　(B) $DX = DY = \mathrm{Cov}(X,Y)$.

(C) $DX = DY = \sqrt{\mathrm{Cov}(X,Y)}$.　　(D) $D(X+Y) = (\sqrt{DX} + \sqrt{DY})^2$.

建议答题时间 $\leqslant 3$ min　　评估　熟练　还可以　有点难　不会

答题区域

纠错笔记

298 已知 (X,Y) 服从二维正态分布，$E(X) = E(Y) = \mu$，$D(X) = D(Y) = \sigma^2$，X 与 Y 的相关系数 $\rho \neq 0$，则 X 与 Y

(A) 独立且有相同的分布.　　(B) 独立且有不同的分布.

(C) 不独立且有相同的分布.　　(D) 不独立且有不同的分布.

建议答题时间 $\leqslant 2$ min　　评估　熟练　还可以　有点难　不会

答题区域

纠错笔记

299 设随机变量 X 的概率密度为 $f(x)=\begin{cases}2x, & 0<x<1,\\ 0, & \text{其他}.\end{cases}$ $F(x)$ 为 X 的分布函数，则随机变量 $Y=[F(X)]^2$ 的数学期望 EY 为

(A) $\frac{1}{4}$. (B) $\frac{1}{3}$. (C) $\frac{1}{2}$. (D) 1.

建议答题时间 ≤3 min 评估 熟练 还可以 有点难 不会

答题区域

纠错笔记

300 已知随机变量 $X_n(n=1,2,\cdots)$ 相互独立且都在 $(-1,1)$ 上服从均匀分布，根据独立同分布中心极限定理有 $\lim\limits_{n\to\infty}P\left\{\sum\limits_{i=1}^{n}X_i\leqslant\sqrt{n}\right\}$ 等于(结果用标准正态分布函数 $\Phi(x)$ 表示)

(A) $\Phi(0)$. (B) $\Phi(1)$. (C) $\Phi(\sqrt{3})$. (D) $\Phi(2)$.

建议答题时间 ≤3 min 评估 熟练 还可以 有点难 不会

答题区域

纠错笔记

301 设 $X_1,\cdots,X_n$ 是取自正态总体 $N(\mu,\sigma^2)$ 的简单随机样本，其均值和方差分别为 $\overline{X}$，S^2，则可以作出服从自由度为 n 的 χ^2 分布的统计量为

(A) $\dfrac{\overline{X}^2}{\sigma^2}+\dfrac{(n-1)S^2}{\sigma^2}$.

(B) $\dfrac{n\overline{X}^2}{\sigma^2}+\dfrac{(n-1)S^2}{\sigma^2}$.

(C) $\dfrac{(\overline{X}-\mu)^2}{\sigma^2}+\dfrac{(n-1)S^2}{\sigma^2}$.

(D) $\dfrac{n(\overline{X}-\mu)^2}{\sigma^2}+\dfrac{(n-1)S^2}{\sigma^2}$.

建议答题时间 ≤ 5 min　评估　熟练　还可以　有点难　不会

答题区域

纠错笔记

302 设 $X_1,X_2,\cdots,X_n$ 是取自正态总体 $N(0,\sigma^2)$ 的简单随机样本，$\overline{X}$ 是样本均值，记

$$S_1^2=\frac{1}{n-1}\sum_{i=1}^{n}(X_i-\overline{X})^2,S_2^2=\frac{1}{n}\sum_{i=1}^{n}(X_i-\overline{X})^2,S_3^2=\frac{1}{n-1}\sum_{i=1}^{n}X_i^2,S_4^2=\frac{1}{n}\sum_{i=1}^{n}X_i^2,$$

则可以作出服从自由度为 $n-1$ 的 t 分布统计量为

(A) $t=\dfrac{\overline{X}}{S_1/\sqrt{n-1}}$.

(B) $t=\dfrac{\overline{X}}{S_2/\sqrt{n-1}}$.

(C) $t=\dfrac{\overline{X}}{S_3/\sqrt{n}}$.

(D) $t=\dfrac{\overline{X}}{S_4/\sqrt{n}}$.

建议答题时间 ≤ 5 min　评估　熟练　还可以　有点难　不会

答题区域

纠错笔记

303 设总体 X 与 Y 都服从正态分布 $N(0,\sigma^2)$，$X_1,\cdots,X_n$ 与 $Y_1,\cdots,Y_n$ 分别来自总体 X 和 Y 容量都为 n 的两个相互独立的简单随机样本，样本均值和方差分别为 $\overline{X}$，S_X^2，$\overline{Y}$，S_Y^2，则

(A) $\overline{X}-\overline{Y}\sim N(0,\sigma^2)$.　　(B) $S_X^2+S_Y^2\sim\chi^2(2n-2)$.

(C) $\dfrac{\overline{X}-\overline{Y}}{\sqrt{S_X^2+S_Y^2}}\sim t(2n-2)$.　　(D) $\dfrac{S_X^2}{S_Y^2}\sim F(n-1,n-1)$.

建议答题时间	≤5 min	评估	熟练	还可以	有点难	不会

答题区域

纠错笔记

304 已知总体 X 的期望 $E(X)=0$，方差 $D(X)=\sigma^2$. $X_1,\cdots,X_n$ 是来自总体 X 的简单随机样本，其均值为 $\overline{X}$，则可以作出数学期望等于 σ^2 的统计量是

(A) $\dfrac{1}{n}\sum\limits_{i=1}^{n}(X_i-\overline{X})^2$.　　(B) $\dfrac{1}{n+1}\sum\limits_{i=1}^{n}(X_i-\overline{X})^2$.

(C) $\dfrac{1}{n}\sum\limits_{i=1}^{n}X_i^2$.　　(D) $\dfrac{1}{n+1}\sum\limits_{i=1}^{n}X_i^2$.

建议答题时间	≤5 min	评估	熟练	还可以	有点难	不会

答题区域

纠错笔记

305 设 $X \sim N(3,4^2)$，从总体 X 抽取样本 $X_1,X_2,\cdots,X_{16}$，样本均值为 $\overline{X}$，则

(A) $\overline{X}-3 \sim N(0,1)$.　　(B) $4(\overline{X}-3) \sim N(0,1)$.

(C) $\dfrac{\overline{X}-3}{4} \sim N(0,1)$.　　(D) $\dfrac{\overline{X}-3}{16} \sim N(0,1)$.

建议答题时间 ≤ 3 min　评估　熟练　还可以　有点难　不会

答题区域

纠错笔记

306 设 X_1,X_2,X_3,X_4 为来自总体 $N(1,\sigma^2)(\sigma>0)$ 的简单随机样本，则统计量 $\dfrac{X_1-X_2}{|X_3+X_4-2|}$ 的分布为

(A) $N(0,1)$.　　(B) $t(1)$.　　(C) $\chi^2(1)$.　　(D) $F(1,1)$.

建议答题时间 ≤ 3 min　评估　熟练　还可以　有点难　不会

答题区域

纠错笔记

307 设 $X_1,X_2,\cdots,X_n$ 是来自 $X\sim P(\lambda)$ 的简单随机样本,则数学期望为 λ^2 的为

(A) $T=\frac{1}{n}\sum_{i=1}^{n}X_i(X_i-1)$.

(B) $T=\frac{1}{n}\sum_{i=1}^{n}X_i^2$.

(C) $T=\left(\frac{1}{n}\sum_{i=1}^{n}X_i\right)^2$.

(D) $T=\frac{1}{n-1}\sum_{i=1}^{n}\left(X_i-\frac{1}{n}\sum_{j=1}^{n}X_j\right)^2$.

建议答题时间 ≤3 min | 评估 熟练 还可以 有点难 不会

答题区域

纠错笔记

308 设 $X_1,X_2,\cdots,X_n$ 是来自总体 $X\sim N(\mu,\sigma^2)$ 的样本,其中 μ 已知,$\sigma^2>0$ 为未知参数,样本均值为 $\overline{X}$,则 σ^2 的最大似然估计量为

(A) $\hat{\sigma}^2=\frac{1}{n-1}\sum_{i=1}^{n}(X_i-\overline{X})^2$.

(B) $\hat{\sigma}^2=\frac{1}{n}\sum_{i=1}^{n}(X_i-\overline{X})^2$.

(C) $\hat{\sigma}^2=\frac{1}{n-1}\sum_{i=1}^{n}(X_i-\mu)^2$.

(D) $\hat{\sigma}^2=\frac{1}{n}\sum_{i=1}^{n}(X_i-\mu)^2$.

建议答题时间 ≤4 min | 评估 熟练 还可以 有点难 不会

答题区域

纠错笔记

309 设 $X_1,X_2,\cdots,X_9$ 是来自正态总体 $X\sim N(0,\sigma^2)$ 的简单随机样本，则可以作出服从 $F(2,4)$ 的统计量为

(A) $Y=\dfrac{X_1^2+X_2^2+X_3^2}{2(X_4^2+X_5^2+\cdots+X_9^2)}$.

(B) $Y=\dfrac{2(X_1^2+X_2^2+X_3^2)}{X_4^2+X_5^2+\cdots+X_9^2}$.

(C) $Y=\dfrac{2(X_1^2+X_2^2)}{X_3^2+X_4^2+X_5^2+X_6^2}$.

(D) $Y=\dfrac{2(X_1^2+X_2^2)}{X_2^2+X_3^2+X_4^2+X_5^2}$.

建议答题时间 $\leqslant 5$ min　评估　熟练　还可以　有点难　不会

答题区域

纠错笔记

310 设 $X_1,X_2,\cdots,X_n$ 是来自总体 X 的简单随机样本，X 在 $[\theta-1,\theta+1]$ 上服从均匀分布，则未知参数 θ 的最大似然估计量 $\hat{\theta}$ 为

(A) $\hat{\theta}=\min\limits_{1\leqslant i\leqslant n}(X_i+1)$.

(B) $\hat{\theta}=\max\limits_{1\leqslant i\leqslant n}(X_i-1)$.

(C) $\min\limits_{1\leqslant i\leqslant n}(X_i+1)\leqslant\hat{\theta}\leqslant\max\limits_{1\leqslant i\leqslant n}(X_i-1)$.

(D) $\max\limits_{1\leqslant i\leqslant n}(X_i-1)\leqslant\hat{\theta}\leqslant\min\limits_{1\leqslant i\leqslant n}(X_i+1)$.

建议答题时间 $\leqslant 4$ min　评估　熟练　还可以　有点难　不会

答题区域

纠错笔记

解　答　题

311 设随机变量 X 和 Y 相互独立，$X \sim N(0,1)$，$Y \sim U[0,1]$，$Z = X+Y$，求 Z 的概率密度函数 $f_Z(z)$.

建议答题时间 ≤7 min　评估 熟练 还可以 有点难 不会

答题区域　纠错笔记

312 设二维随机变量 (X,Y) 的概率密度为

$$f(x,y) = Ae^{-2x^2-y^2}, -\infty < x < +\infty, -\infty < y < +\infty.$$

求(1) 常数 A；

(2) 条件概率密度 $f_{Y|X}(y \mid x)$.

建议答题时间 ≤10 min　评估 熟练 还可以 有点难 不会

答题区域　纠错笔记

313 二维随机变量(X,Y)的概率密度为$f(x,y)$，$-\infty<x<+\infty$，$-\infty<y<+\infty$.已知X的概率密度

$$f_X(x)=\begin{cases}1, & 0<x<1,\\ 0, & \text{其他}.\end{cases}$$

当$0<x<1$时，条件概率密度

$$f_{Y|X}(y\mid x)=\begin{cases}\dfrac{1}{x}, & 0<y<x,\\ 0, & \text{其他}.\end{cases}$$

求$f(x,y)$，$-\infty<x<+\infty$，$-\infty<y<+\infty$.

建议答题时间 $\leqslant$ 10 min　　评估　熟练　还可以　有点难　不会

答题区域

纠错笔记

314 设二维连续型随机变量(X,Y)的概率密度为

$$f(x,y)=\begin{cases}\dfrac{k}{2}xe^{-(x+y)}, & x>0,y>0,\\ 0, & \text{其他}.\end{cases}$$

(1) 求常数k；

(2) 求(X,Y)关于X和关于Y的边缘概率密度；

(3) 判断随机变量X和Y是否相互独立.

建议答题时间 $\leqslant$ 10 min　　评估　熟练　还可以　有点难　不会

答题区域

纠错笔记

315 设二维随机变量(X,Y)的概率密度为

$$f(x,y)=\begin{cases}\frac{1}{4}e^{-|x|}, & -\infty<x<+\infty,-1<y<1,\\ 0, & 其他.\end{cases}$$

令 $Z=|X|+|Y|$.

(1)X与Y是否相互独立?

(2)求Z的概率密度;

(3)求Z的数学期望和方差.

建议答题时间 ≤8 min　评估　熟练　还可以　有点难　不会

答题区域

纠错笔记

316 设随机变量X与Y相互独立,且X的分布为

X	-1	1
P	$\frac{1}{2}$	$\frac{1}{2}$

,Y服从$N(0,1)$分布.记$Z=XY$,求Z的分布函数$F_Z(z)$.

建议答题时间 ≤8 min　评估　熟练　还可以　有点难　不会

答题区域

纠错笔记

317 设随机变量 X_1, X_2 相互独立，$X_1 \sim E(1)$，$X_2 \sim E(\lambda)(\lambda > 0)$. 令 $Y = \min\{X_1, X_2\}$，$Z = \max\{X_1, 1\}$.

求：(1) Y 的概率密度 $f_Y(y)$；

(2) $P\{|X_1| > 2 \mid X_1 > 1\}$；

(3) Z 的数学期望 $E(Z)$.

建议答题时间 $\leqslant$ 8 min　评估　熟练　还可以　有点难　不会

答题区域

纠错笔记

318 设随机变量 X 和 Y 独立同分布，已知 $X \sim N(\mu, \sigma^2)$，求 $Z = \min(X, Y)$ 的数学期望 $E(Z)$.

建议答题时间 $\leqslant$ 10 min　评估　熟练　还可以　有点难　不会

答题区域

纠错笔记

319 设随机变量 X 的概率密度为 $f(x)=\dfrac{e^x}{(1+e^x)^2},-\infty<x<+\infty$,令 $Y=e^X$.

(1) 求 X 的分布函数 $F_X(x)$;

(2) 求 Y 的概率密度 $f_Y(y)$;

(3) Y 的期望是否存在?

建议答题时间 ≤8 min 评估 熟练 还可以 有点难 不会

答题区域

纠错笔记

320 设随机变量 X 与 Y 相互独立,X 的概率分布为

X	-1	1
P	$\frac{1}{2}$	$\frac{1}{2}$

,$Y\sim P(\lambda)$,令 $Z=XY$,求 $\mathrm{Cov}(X,Z)$.

建议答题时间 ≤8 min 评估 熟练 还可以 有点难 不会

答题区域

纠错笔记

321 设随机变量(X,Y)在单位圆$D:x^2+y^2\leqslant 1$内服从均匀分布，试求X和Y的相关系数ρ_{XY}.

建议答题时间 $\leqslant 8$ min 评估 熟练 还可以 有点难 不会

答题区域

纠错笔记

322 设$X\sim N(0,1)$，试证$E(X^k)=\begin{cases}(k-1)(k-3)\cdots 1, & k\text{ 为正偶数},\\ 0, & k\text{ 为正奇数}.\end{cases}$

建议答题时间 $\leqslant 10$ min 评估 熟练 还可以 有点难 不会

答题区域

纠错笔记

323 设 $\overline{X}=\frac{1}{n}\sum_{i=1}^{n}X_i$，试证：

(1) $\sum_{i=1}^{n}(X_i-\mu)^2=\sum_{i=1}^{n}(X_i-\overline{X})^2+n(\overline{X}-\mu)^2$；

(2) $\sum_{i=1}^{n}(X_i-\overline{X})^2=\sum_{i=1}^{n}X_i^2-n\overline{X}^2$.

建议答题时间 $\leqslant$ 10 min　评估　熟练　还可以　有点难　不会

答题区域

纠错笔记

324 设 $X_1,X_2,\cdots,X_9$ 是来自正态总体 X 的简单随机样本，$Y_1=\frac{1}{6}(X_1+\cdots+X_6)$，$Y_2=\frac{1}{3}(X_7+X_8+X_9)$，$S^2=\frac{1}{2}\sum_{i=7}^{9}(X_i-Y_2)^2$，$Z=\frac{\sqrt{2}(Y_1-Y_2)}{S}$，求统计量 Z 服从的分布及参数.

建议答题时间 $\leqslant$ 8 min　评估　熟练　还可以　有点难　不会

答题区域

纠错笔记

325 设总体 $X\sim N(\mu,\sigma^2)$，$X_1,X_2,\cdots,X_n$ 是来自总体 X 的样本，记 $Y=\frac{1}{n}\sum_{i=1}^{n}|X_i-\mu|$. 试证：

(1) $E(Y)=\sqrt{\frac{2}{\pi}}\sigma$;

(2) $D(Y)=\left(1-\frac{2}{\pi}\right)\frac{\sigma^2}{n}$.

建议答题时间	$\leqslant$ 12 min	评估	熟练	还可以	有点难	不会

答题区域

纠错笔记

326 设总体 $X\sim U(a,b)$，$X_1,X_2,\cdots,X_n$ 是来自总体 X 的样本，求未知参数 a 和 b 的矩估计量.

建议答题时间	$\leqslant$ 10 min	评估	熟练	还可以	有点难	不会

答题区域

纠错笔记

327 设总体 X 的概率密度为

$$f(x)=\begin{cases}\dfrac{6x}{\theta^3}(\theta-x), & 0<x<\theta,\\ 0, & 其他,\end{cases}$$

$X_1,X_2,\cdots,X_n$ 是来自总体 X 的样本.试求：

(1)θ 的矩估计量 $\hat{\theta}$；

(2)$\hat{\theta}$ 的方差 $D(\hat{\theta})$.

建议答题时间 $\leqslant 12$ min　评估　熟练　还可以　有点难　不会

答题区域

纠错笔记

328 设总体 X 的概率分布为

X	0	1	2	3
P	θ^2	$2\theta(1-\theta)$	θ^2	$1-2\theta$

,其中 $\theta\left(0<\theta<\dfrac{1}{2}\right)$ 是未知参数,利用总体 X 的样本值 3,1,3,0,3,1,2,3,求 θ 的矩估计值和最大似然估计值.

建议答题时间 $\leqslant 8$ min　评估　熟练　还可以　有点难　不会

答题区域

纠错笔记

329 设总体 X 的概率密度为

$$f(x;\theta)=\begin{cases}\dfrac{1}{1-\theta}, & \theta\leqslant x\leqslant 1,\\ 0, & \text{其他},\end{cases}$$

其中 θ 为未知参数，$X_1,X_2,\cdots,X_n$ 为来自该总体的简单随机样本，求 θ 的矩估计量和最大似然估计量.

建议答题时间	$\leqslant$ 10 min	评估	熟练	还可以	有点难	不会

答题区域

纠错笔记

330 设随机变量 X 在数集 $\{0,1,2,\cdots,N\}$ 上等可能分布，求 N 的最大似然估计量.

建议答题时间	$\leqslant$ 8 min	评估	熟练	还可以	有点难	不会

答题区域

纠错笔记

金榜时代

GLISTIME 明德·弘毅·惟精

金榜时代考研数学系列 | V研客及全国各大考研培训学校指定用书

数学强化通关 330题·答案册

（数学三）

编著◎李永乐 王式安 刘喜波 武忠祥 宋浩 姜晓千 铁军 李正元 蔡燧林 胡金德 陈默 申亚男

中国农业出版社
CHINA AGRICULTURE PRESS
·北京·

目录 CONTENTS

微积分

线性代数

概率论与数理统计

微积分

填空题

1 【答案】 $\dfrac{1}{12}$

【分析】 原式$=\lim\limits_{x\to0}\dfrac{\dfrac{\ln(1-x)}{1+x}-\dfrac{\ln(1+x)}{1-x}+\dfrac{2x}{1-x^2}}{4x^3}$

$$=\lim_{x\to0}\frac{(1-x)\ln(1-x)-(1+x)\ln(1+x)+2x}{4x^3}$$

$$=\lim_{x\to0}\frac{-\ln(1-x)-\ln(1+x)}{12x^2}$$

$$=-\lim_{x\to0}\frac{\ln(1-x^2)}{12x^2}=\frac{1}{12}\lim_{x\to0}\frac{-x^2}{-x^2}=\frac{1}{12}.$$

2 【答案】 $-\dfrac{1}{4}$

【分析】 令 $x=\dfrac{1}{y}$,则

$$原式=\lim_{y\to0^+}\frac{\sqrt{1+y}+\sqrt{1-y}-2}{y^2}$$

$$=\lim_{y\to0^+}\frac{\left[1+\frac{1}{2}y-\frac{1}{8}y^2+o(y^2)\right]+\left[1-\frac{1}{2}y-\frac{1}{8}y^2+o(y^2)\right]-2}{y^2}=-\frac{1}{4}.$$

3 【答案】 e^{-1}

【分析】 $\lim\limits_{x\to+\infty}\left(\dfrac{\pi}{2}-\arctan x\right)^{\frac{1}{\ln x}}=e^{\lim\limits_{x\to+\infty}\frac{\ln\left(\frac{\pi}{2}-\arctan x\right)}{\ln x}}$

$$=e^{\lim\limits_{x\to+\infty}\frac{\frac{1}{\frac{\pi}{2}-\arctan x}\cdot\frac{-1}{1+x^2}}{\frac{1}{x}}}=e^{-\lim\limits_{x\to+\infty}\frac{1}{\frac{\pi}{2}-\arctan x}\cdot\frac{x}{1+x^2}}$$

$$=e^{-\lim\limits_{x\to+\infty}\frac{\frac{1-x^2}{(1+x^2)^2}}{-\frac{1}{1+x^2}}}=e^{-\lim\limits_{x\to+\infty}\frac{x^2-1}{x^2+1}}=e^{-1}.$$

4 【答案】 1

【分析】 原式 $=\lim\limits_{x\to0}\dfrac{\ln[(1+x^2)^2-x^2]}{\dfrac{1}{\cos x}(1-\cos^2x)}=\lim\limits_{x\to0}\dfrac{\ln(1+x^2+x^4)}{2(1-\cos x)}=\dfrac{1}{2}\lim\limits_{x\to0}\dfrac{x^2+x^4}{\dfrac{1}{2}x^2}=1.$

5 【答案】 $\frac{2}{3}$

【分析】 $\lim\limits_{x\to\infty}\left(x^3\ln\frac{x+1}{x-1}-2x^2\right)=\lim\limits_{x\to\infty}x^3\left[\ln\left(1+\frac{2}{x-1}\right)-\frac{2}{x}\right]$

$$=\lim_{x\to\infty}x^3\left[\frac{2}{x-1}-\frac{1}{2}\left(\frac{2}{x-1}\right)^2+\frac{1}{3}\left(\frac{2}{x-1}\right)^3+o\left(\left(\frac{2}{x-1}\right)^3\right)-\frac{2}{x}\right]\quad（泰勒公式）$$

$$=\lim_{x\to\infty}x^3\left[\frac{2}{x(x-1)}-\frac{1}{2}\left(\frac{2}{x-1}\right)^2+\frac{1}{3}\left(\frac{2}{x-1}\right)^3\right]$$

$$=\lim_{x\to\infty}x^3\left[\frac{-2}{x(x-1)^2}+\frac{1}{3}\left(\frac{2}{x-1}\right)^3\right]$$

$$=\lim_{x\to\infty}\left[\frac{-2x^3}{x(x-1)^2}+\frac{1}{3}\left(\frac{2x}{x-1}\right)^3\right]$$

$$=-2+\frac{8}{3}$$

$$=\frac{2}{3}.$$

6 【答案】 $e^{\frac{\beta^2-\alpha^2}{2}}$

【分析】 $\lim\limits_{x\to 0}\left(\frac{1+\sin x\cos\alpha x}{1+\sin x\cos\beta x}\right)^{\cot^3 x}=\lim\limits_{x\to 0}\left[1+\frac{\sin x(\cos\alpha x-\cos\beta x)}{1+\sin x\cos\beta x}\right]^{\cot^3 x}$,

其中 $\lim\limits_{x\to 0}\frac{\sin x(\cos\alpha x-\cos\beta x)}{1+\sin x\cos\beta x}\cdot\cot^3 x=\lim\limits_{x\to 0}\frac{\sin x(\cos\alpha x-\cos\beta x)}{\sin^3 x}$

$$=\lim_{x\to 0}\frac{\cos\alpha x-\cos\beta x}{x^2}$$

$$=\lim_{x\to 0}\frac{-\alpha\sin\alpha x+\beta\sin\beta x}{2x}$$

$$=\frac{\beta^2-\alpha^2}{2}.$$

故原式 $=\lim\limits_{x\to 0}\left(\frac{1+\sin x\cos\alpha x}{1+\sin x\cos\beta x}\right)^{\cot^3 x}=e^{\frac{\beta^2-\alpha^2}{2}}$.

7 【答案】 $\frac{3}{4}$

【分析】 由 $f(0)=0,f'(0)=\frac{1}{2}$ 可得，当 $x\to 0^+$ 时，$f(x)\sim\frac{1}{2}x$.

$$\lim_{x\to 0^+}\frac{\int_0^{\ln(1+x)}tf(t)\mathrm{d}t}{\left[\int_0^x\sqrt{f(t)}\mathrm{d}t\right]^2}\xlongequal{洛必达}\lim_{x\to 0^+}\frac{\ln(1+x)f(\ln(1+x))}{2\int_0^x\sqrt{f(t)}\mathrm{d}t\cdot\sqrt{f(x)}}\cdot\frac{1}{1+x}$$

$$=\lim_{x\to 0^+}\frac{\ln(1+x)f(\ln(1+x))}{2\int_0^x\sqrt{f(t)}\mathrm{d}t\cdot\sqrt{f(x)}}.$$

由于当 $x\to 0^+$ 时，$f(x)\sim\frac{1}{2}x$，故 $f(\ln(1+x))\sim\frac{1}{2}\ln(1+x)\sim\frac{1}{2}x$，又由于 $\lim\limits_{x\to 0^+}\frac{f(x)}{x}=\frac{1}{2}$，故 $\lim\limits_{x\to 0^+}\frac{\sqrt{f(x)}}{\sqrt{x}}=\frac{\sqrt{2}}{2}$，从而 $\sqrt{f(x)}\sim\frac{\sqrt{2}}{2}\sqrt{x}$，$\int_0^x\sqrt{f(t)}\mathrm{d}t\sim\int_0^x\frac{\sqrt{2}}{2}\sqrt{t}\mathrm{d}t=\frac{\sqrt{2}}{3}x^{\frac{3}{2}}$.

因此，原极限 $= \lim\limits_{x\to0^+}\dfrac{x\cdot\dfrac{x}{2}}{2\cdot\dfrac{\sqrt{2}}{3}x^{\frac{3}{2}}\cdot\dfrac{\sqrt{2}}{2}\sqrt{x}} = \lim\limits_{x\to0^+}\dfrac{\dfrac{x^2}{2}}{\dfrac{2}{3}x^2} = \dfrac{3}{4}$.

8 【答案】 -1

【分析】 当 $x\to\infty$ 时，

$$\left[\frac{\mathrm{e}}{\left(1+\dfrac{1}{x}\right)^x}\right]^x-\sqrt{\mathrm{e}} = \mathrm{e}^{x\ln\frac{\mathrm{e}}{\left(1+\frac{1}{x}\right)^x}}-\sqrt{\mathrm{e}} = \mathrm{e}^{x\left[1-x\ln\left(1+\frac{1}{x}\right)\right]}-\sqrt{\mathrm{e}} = \sqrt{\mathrm{e}}\left[\mathrm{e}^{x-x^2\ln\left(1+\frac{1}{x}\right)-\frac{1}{2}}-1\right]$$

$$=\sqrt{\mathrm{e}}\left\{\mathrm{e}^{x-x^2\left[\frac{1}{x}-\frac{1}{2}\cdot\frac{1}{x^2}+\frac{1}{3}\cdot\frac{1}{x^3}+o\left(\frac{1}{x^3}\right)\right]-\frac{1}{2}}-1\right\}$$

$$=\sqrt{\mathrm{e}}\cdot\left[\mathrm{e}^{-\frac{1}{3}\cdot\frac{1}{x}+o\left(\frac{1}{x}\right)}-1\right].$$

由于 $\lim\limits_{x\to\infty}\dfrac{\mathrm{e}^{-\frac{1}{3}\cdot\frac{1}{x}+o\left(\frac{1}{x}\right)}-1}{\dfrac{1}{x}} = \lim\limits_{x\to\infty}\dfrac{-\dfrac{1}{3x}+o\left(\dfrac{1}{x}\right)}{\dfrac{1}{x}} = -\dfrac{1}{3}$，故 $k=-1$.

9 【答案】 $\dfrac{2}{3}$

【分析】 由定积分的定义，有

$$\lim_{n\to\infty}\frac{\sqrt{1}+\sqrt{2}+\cdots+\sqrt{n}}{\sqrt{n^3+n}} = \lim_{n\to\infty}\frac{\sqrt{1}+\sqrt{2}+\cdots+\sqrt{n}}{\sqrt{n}\cdot\sqrt{n^2+1}}$$

$$=\lim_{n\to\infty}\frac{n}{\sqrt{n^2+1}}\lim_{n\to\infty}\frac{1}{n}\left(\sqrt{\frac{1}{n}}+\sqrt{\frac{2}{n}}+\cdots+\sqrt{\frac{n}{n}}\right)$$

$$=\int_0^1\sqrt{x}\,\mathrm{d}x = \frac{2}{3}x^{\frac{3}{2}}\Big|_0^1 = \frac{2}{3}.$$

10 【答案】 0

【分析】 由题设 $f''(x_0)=0$，根据洛必达法则，有

$$原式=\lim_{\Delta x\to0}\frac{f'(x_0+\Delta x)-f'(x_0-\Delta x)}{2\Delta x} = \lim_{\Delta x\to0}\frac{f''(x_0+\Delta x)+f''(x_0-\Delta x)}{2}$$

$$=f''(x_0)=0.$$

11 【答案】 $-\dfrac{101!}{100}$

【分析】 由于 $f(1)=0$，则 $f(x)=f(x)-f(1)$，由导数的定义有

$$f'(1)=\lim_{x\to1}\frac{f(x)-f(1)}{x-1} = \lim_{x\to1}[(x+2)(x-3)(x+4)\cdots(x+100)]$$

$$=3\times(-2)\times5\times(-4)\cdots(-98)\times101 = -\frac{101!}{100}.$$

12 【答案】 0

【分析】 显然 $f(-1)=0$，且 $f'(-1)=3x^2\Big|_{x=-1}=3.$

由复合函数链导法知，若 $f'(0)$ 存在，则 $\dfrac{dy}{dx}\Big|_{x=-1}=f'(0)f'(-1).$

以下考查 $f'(0)$，

$$f'_-(0)=3x^2\Big|_{x=0}=0,$$

$$f'_+(0)=\lim_{x\to0^+}\frac{e^{-\frac{1}{x}}+1-1}{x}=\lim_{x\to0^+}\frac{\frac{1}{x}}{e^{\frac{1}{x}}}=0,$$

则 $f'(0)=0$，故 $\dfrac{dy}{dx}\Big|_{x=-1}=f'(0)f'(-1)=0\times3=0.$

13 【答案】 23040

【分析】 由莱布尼茨公式可知，

$$f^{(10)}(x)=\sum_{i=0}^{10}C_{10}^{i}\,(x^2)^{(i)}\,(\cos 2x)^{(10-i)}.$$

当 $x=0$ 时，在上述求和式的各项中，只有 $i=2$ 的项不为 0.

利用归纳法可得 $(\cos 2x)^{(4n)}=2^{4n}\cos 2x$. 于是，$(\cos 2x)^{(8)}\Big|_{x=0}=2^8.$

因此，$f^{(10)}(0)=C_{10}^{2}\,(x^2)^{(2)}\,(\cos 2x)^{(10-2)}\Big|_{x=0}=45\cdot2\cdot2^8=23040.$

14 【答案】 $-\dfrac{1}{2}$

【分析】 由于函数 $y=f(x)$ 可导，故 $f(x)$ 在 $x=1$ 处连续. 于是，$c=\lim\limits_{x\to1^-}f(x)=\lim\limits_{x\to1^+}f(x).$

$$\lim_{x\to1^-}f(x)=\lim_{x\to1^-}\left(\arctan\frac{x+1}{x-1}+b\right)=-\frac{\pi}{2}+b,$$

$$\lim_{x\to1^+}f(x)=\lim_{x\to1^+}\left(\arctan\frac{x+1}{x-1}+a\right)=\frac{\pi}{2}+a.$$

因此，

$$f'_-(1)=\lim_{x\to1^-}\frac{f(x)-\left(-\frac{\pi}{2}+b\right)}{x-1}=\lim_{x\to1^-}\frac{\arctan\frac{x+1}{x-1}+\frac{\pi}{2}}{x-1}=\lim_{x\to1^-}\frac{\arctan\left(1+\frac{2}{x-1}\right)+\frac{\pi}{2}}{x-1}$$

$$\xlongequal{\text{洛必达}}\lim_{x\to1^-}\frac{\frac{-2}{(x-1)^2}}{1+\left(\frac{x+1}{x-1}\right)^2}=\lim_{x\to1^-}\frac{-2}{(x-1)^2+(x+1)^2}=-\frac{1}{2}.$$

$$f'_+(1)=\lim_{x\to1^+}\frac{f(x)-\left(\frac{\pi}{2}+a\right)}{x-1}=\lim_{x\to1^+}\frac{\arctan\frac{x+1}{x-1}-\frac{\pi}{2}}{x-1}=\lim_{x\to1^+}\frac{\arctan\left(1+\frac{2}{x-1}\right)-\frac{\pi}{2}}{x-1}$$

$$\xlongequal{\text{洛必达}}\lim_{x\to1^+}\frac{\frac{-2}{(x-1)^2}}{1+\left(\frac{x+1}{x-1}\right)^2}=\lim_{x\to1^+}\frac{-2}{(x-1)^2+(x+1)^2}=-\frac{1}{2}.$$

综上所述，$f'(1)=-\frac{1}{2}$.

15 【答案】 3

【分析】 因为 $f(x)$ 是奇函数且 $f(0)=0$，所以只需确定 $f(x)$ 在区间 $(0,2\pi)$ 中的零点个数. 注意，当 $x\in\left[\frac{\pi}{2},\pi\right]$ 及 $\in\left[\frac{3}{2}\pi,2\pi\right]$ 时 $f(x)$ 分别取正值及负值，从而只需讨论 $f(x)$ 在 $\left(0,\frac{\pi}{2}\right)$ 和 $\left(\pi,\frac{3}{2}\pi\right)$ 中是否有零点及零点的个数. 因为 $f'(x)=x\sin x$，当 $x\in\left(0,\frac{\pi}{2}\right)$ 时，有 $f'(x)>0$，结合 $f(0)=0$，知 $f(x)>0$ 在 $x\in\left(0,\frac{\pi}{2}\right)$ 成立；又当 $x\in\left(\pi,\frac{3}{2}\pi\right)$ 时，有 $f'(x)<0$，即 $f(x)$ 在区间 $\left[\pi,\frac{3}{2}\pi\right]$ 单调减少，且 $f(\pi)=\pi>0$，$f\left(\frac{3}{2}\pi\right)=-1<0$，可知 $f(x)$ 在 $\left(\pi,\frac{3}{2}\pi\right)$ 中有唯一零点. 综上所述，$f(x)$ 在 $(-2\pi,2\pi)$ 内共有 3 个零点.

16 【答案】 $y=-x+\frac{1}{3}$

【分析】 由于斜渐近线存在，故 $\lim\limits_{x\to\infty}\frac{y}{x}$ 存在，记为 k.

方程两端同时除以 x^3 可得，$1+\left(\frac{y}{x}\right)^3=\left(\frac{y}{x}\right)^2\cdot\frac{1}{x}$. 令 $x\to\infty$，可得 $1+k^3=0$，解得 $k=-1$.

下面考虑 $\lim\limits_{x\to\infty}[y-(-x)]$，即 $\lim\limits_{x\to\infty}(y+x)$. 由 $x^3+y^3=y^2$ 可得，

$$x+y=\frac{y^2}{x^2-xy+y^2}=\frac{\left(\frac{y}{x}\right)^2}{1-\frac{y}{x}+\left(\frac{y}{x}\right)^2}.$$

$$\lim_{x\to\infty}(y+x)=\lim_{x\to\infty}\frac{\left(\frac{y}{x}\right)^2}{1-\frac{y}{x}+\left(\frac{y}{x}\right)^2}=\frac{1}{1-(-1)+1}=\frac{1}{3}.$$

因此斜渐近线方程为 $y=-x+\frac{1}{3}$.

【评注】 实际上，由曲线方程可知，曲线过原点 $(0,0)$. 当 $x\neq 0$ 时，令 $y=tx$，则 $t=\frac{y}{x}$. 代入曲线方程可得，$(1+t^3)x^3=t^2x^2$. 解得 $x=\frac{t^2}{1+t^3}$，$y=\frac{t^3}{1+t^3}$.

当 $t\to-1^-$ 时，$x\to-\infty$，$y\to+\infty$，$\lim\limits_{x\to-\infty}\frac{y}{x}=\lim\limits_{t\to-1^-}t=-1$；当 $t\to-1^+$ 时，$x\to+\infty$，$y\to-\infty$，$\lim\limits_{x\to+\infty}\frac{y}{x}=\lim\limits_{t\to-1^+}t=-1$.

17 【答案】 $\frac{1}{2e^2}$

【分析】 曲线 $y=f(x)$ 在点 $(0,1)$ 处的切线方程为

$$y-1=f'(0)x,$$

即 $y=f'(0)x+1$.

由于该切线与曲线 $y=\ln x$ 相切，则

$$\begin{cases} f'(0)x+1=\ln x, \\ f'(0)=\dfrac{1}{x}, \end{cases}$$

解得 $f'(0)=\dfrac{1}{e^2}$.

$$\lim_{x\to 0}\frac{f(\sin x)-1}{x+\sin x}=\lim_{x\to 0}\frac{f(\sin x)-f(0)}{2\sin x}\cdot\lim_{x\to 0}\frac{2\sin x}{x+\sin x}=\frac{f'(0)}{2}=\frac{1}{2e^2}.$$

18 【答案】 $5,\dfrac{27}{2}$

【分析】 设 $y=\dfrac{(1+x)^3}{(1-x)^2}(x\geqslant 2)$，则 $y'=\dfrac{(1+x)^2(5-x)}{(1-x)^3}$，令 $y'=0$，在所考虑的定义域内有唯一解 $x=5$，当 $2\leqslant x<5$ 时，$y'<0$，当 $x>5$ 时，$y'>0$，故函数 y 在 $x=5$ 处取极小值，也是最小值，最小值 $y\big|_{x=5}=\dfrac{27}{2}$.

19 【答案】 $\dfrac{50}{\sqrt{x}}-3-x$

【分析】 收益函数为

$$R(x)=Px=100\sqrt{x}.$$

利润函数为

$$L(x)=R(x)-C(x)=100\sqrt{x}-400-3x-\frac{1}{2}x^2,$$

边际利润为

$$\frac{dL}{dx}=\frac{50}{\sqrt{x}}-3-x.$$

20 【答案】 1

【分析】 收益为关于价格 P 的函数

$$R(P)=PQ=P-P^2-P^3.$$

$R'(P)=1-2P-3P^2$. 令 $R'(P)=0$，解得 $P=\dfrac{1}{3}$（舍去 $P=-1$）.

由于当 $0<P<\dfrac{1}{3}$ 时，$R'(P)>0$，$R(P)$ 单调增加；当 $\dfrac{1}{3}<P<\dfrac{\sqrt{5}-1}{2}$ 时，$R'(P)<0$，$R(P)$ 单调减少，故当 $P=\dfrac{1}{3}$ 时，收益最大.

计算 $Q'(P)$ 得，$Q'(P)=-1-2P$. 因此，该商品的需求弹性为

$$\varepsilon=-Q'(P)\frac{P}{Q}=-(-1-2P)\frac{P}{1-P-P^2}=\frac{P+2P^2}{1-P-P^2}.$$

当收益最大时，$P=\dfrac{1}{3}$，此时需求弹性为 $\varepsilon=\dfrac{\dfrac{1}{3}+\dfrac{2}{9}}{1-\dfrac{1}{3}-\dfrac{1}{9}}=1.$

【评注】 实际上，由弹性与收益的关系的结论可知，当需求弹性为 1 时，需求变动的幅度等于价格变动的幅度. 此时，$R'=0$，R 取得最大值.

21 **【答案】** $-2\ln|1-x|+C$，其中 C 为任意常数

【分析】 因为 $f(x+1)=\ln\dfrac{x+1-2}{x+1}$，所以 $f(x)=\ln\dfrac{x-2}{x}$.

而 $f[\varphi(x)]=\ln\dfrac{\varphi(x)-2}{\varphi(x)}=\ln x$，即$\dfrac{\varphi(x)-2}{\varphi(x)}=x$，故 $\varphi(x)=\dfrac{2}{1-x}$，则

$$\int\varphi(x)\mathrm{d}x=\int\frac{2}{1-x}\mathrm{d}x=-2\ln|1-x|+C\text{，其中 } C \text{ 为任意常数.}$$

22 **【答案】** $-\dfrac{1}{3}\cot^3 x-2\cot x+\tan x+C$，其中 C 为任意常数

【分析】
$$\begin{aligned}\int\frac{1}{\cos^2 x\sin^4 x}\mathrm{d}x&=\int\csc^4 x\sec^2 x\mathrm{d}x=\int\csc^4 x\mathrm{d}(\tan x)\\&=\int(\cot^2 x+1)^2\mathrm{d}(\tan x)\\&=\int(\cot^4 x+2\cot^2 x+1)\mathrm{d}(\tan x)\\&=\int(\tan^{-4}x+2\tan^{-2}x+1)\mathrm{d}(\tan x)\\&=-\frac{1}{3}\tan^{-3}x-2\tan^{-1}x+\tan x+C\\&=-\frac{1}{3}\cot^3 x-2\cot x+\tan x+C\text{，其中 } C \text{ 为任意常数.}\end{aligned}$$

23 **【答案】** $-\dfrac{\sqrt{1-x^2}}{2x}\ln(1-x^2)-\arcsin x+C$，其中 C 为任意常数

【分析】 利用三角代换. 令 $x=\sin t$，$t\in\left(-\dfrac{\pi}{2},\dfrac{\pi}{2}\right)$.

$$\begin{aligned}\int\frac{\ln(1-x^2)}{2x^2\sqrt{1-x^2}}\mathrm{d}x&\xlongequal{x=\sin t}\int\frac{2\ln\cos t}{2\sin^2 t\cos t}\cos t\mathrm{d}t=\int\csc^2 t\ln\cos t\mathrm{d}t=-\int\ln\cos t\mathrm{d}(\cot t)\\&=-\left[\cot t\ln\cos t-\int\cot t\cdot\left(\frac{-\sin t}{\cos t}\right)\mathrm{d}t\right]\\&=-\cot t\ln\cos t-\int\cot t\tan t\mathrm{d}t=-\cot t\ln\cos t-t+C,\end{aligned}$$

其中 C 为任意常数.

当 $t\in\left(-\dfrac{\pi}{2},\dfrac{\pi}{2}\right)$时，$\cos t=\sqrt{1-x^2}$，$\cot t=\dfrac{\sqrt{1-x^2}}{x}$. 于是，

$$-\cot t\ln\cos t-t=-\frac{\sqrt{1-x^2}}{x}\ln\sqrt{1-x^2}-\arcsin x=-\frac{\sqrt{1-x^2}}{2x}\ln(1-x^2)-\arcsin x.$$

原积分 $=-\dfrac{\sqrt{1-x^2}}{2x}\ln(1-x^2)-\arcsin x+C$，其中 C 为任意常数.

24 【答案】 $\frac{\pi}{2}$

【分析】 令 $t = n\sqrt{x}$，则 $x = \frac{t^2}{n^2}, \mathrm{d}x = \frac{2t\mathrm{d}t}{n^2}$.

$$\lim_{n\to\infty}\int_0^1 \arctan n\sqrt{x}\,\mathrm{d}x = \lim_{n\to\infty}\frac{\int_0^n \arctan t \cdot 2t\mathrm{d}t}{n^2} = \lim_{x\to+\infty}\frac{\int_0^x 2t\arctan t\mathrm{d}t}{x^2}$$

$$\overset{\text{洛必达}}{=\!=\!=} \lim_{x\to+\infty}\frac{2x\arctan x}{2x} = \lim_{x\to+\infty}\arctan x = \frac{\pi}{2}.$$

25 【答案】 $\frac{1}{2}\sin 1$

【分析】 **方法一** 由于 $y(0) = 0$，故由牛顿-莱布尼茨公式可知

$$y(x) = y(x) - y(0) = \int_0^x y'(t)\mathrm{d}t = \int_0^x \cos(1-t)^2\mathrm{d}t.$$

因此，

$$\int_0^1 y(x)\mathrm{d}x = \int_0^1 \mathrm{d}x\int_0^x \cos(1-y)^2\mathrm{d}y = \int_0^1\mathrm{d}y\int_y^1\cos(1-y)^2\mathrm{d}x$$

$$= \int_0^1(1-y)\cos(1-y)^2\mathrm{d}y = -\frac{1}{2}\int_0^1\cos(1-y)^2\mathrm{d}[(1-y)^2]$$

$$= -\frac{1}{2}\sin(1-y)^2\Big|_0^1 = -\frac{1}{2}(0-\sin 1) = \frac{1}{2}\sin 1.$$

方法二 由于 $y(0) = 0$，故由牛顿-莱布尼茨公式可知

$$y(1) = y(1) - y(0) = \int_0^1 y'(x)\mathrm{d}x = \int_0^1\cos(1-x)^2\mathrm{d}x.$$

因此，

$$\int_0^1 y(x)\mathrm{d}x = xy(x)\Big|_0^1 - \int_0^1 xy'(x)\mathrm{d}x = y(1) - \int_0^1 x\cos(1-x)^2\mathrm{d}x$$

$$= \int_0^1\cos(1-x)^2\mathrm{d}x - \int_0^1 x\cos(1-x)^2\mathrm{d}x = \int_0^1(1-x)\cos(1-x)^2\mathrm{d}x$$

$$= -\frac{1}{2}\int_0^1\cos(1-x)^2\mathrm{d}[(1-x)^2] = -\frac{1}{2}\sin(1-x)^2\Big|_0^1$$

$$= -\frac{1}{2}(0-\sin 1) = \frac{1}{2}\sin 1.$$

26 【答案】 $3 - 2\ln 2$

【分析】 对方程 $x(x+1)f'(x) - (x+1)f(x) + \int_1^x f(t)\mathrm{d}t = x - 1$ 两端同时求导并整理可得，

$$(x^2+x)f''(x) + xf'(x) = 1,\ \text{即}\ f''(x) + \frac{1}{x+1}f'(x) = \frac{1}{x(x+1)}.$$

这是一个关于 $f'(x)$ 的一阶非齐次线性微分方程. 于是，

$$f'(x) = \mathrm{e}^{-\int\frac{1}{x+1}\mathrm{d}x}\left[\int \mathrm{e}^{\int\frac{1}{x+1}\mathrm{d}x}\frac{1}{x(x+1)}\mathrm{d}x + C\right] = \frac{1}{x+1}(\ln x + C).$$

在原方程中令 $x = 1$，可得 $f'(1) = 0$，从而 $C = 0$，即 $f'(x) = \frac{\ln x}{x+1}$.

在原方程中令 $x=2$，可得 $6f'(2)-3f(2)+\int_1^2 f(x)\mathrm{d}x=1$. 代入 $f'(2)=\dfrac{\ln 2}{3}$ 可得，

$$\int_1^2 f(x)\mathrm{d}x-3f(2)=1-2\ln 2.$$

另一方面，

$$\lim_{x\to 1}\frac{\int_1^x \frac{\sin(t-1)^2}{t-1}\mathrm{d}t}{f(x)}\xlongequal{\text{洛必达}}\lim_{x\to 1}\frac{\frac{\sin(x-1)^2}{x-1}}{f'(x)}=\lim_{x\to 1}\frac{\sin(x-1)^2}{x-1}\cdot\frac{x+1}{\ln x}$$

$$=2\lim_{x\to 1}\frac{\sin(x-1)^2}{(x-1)\ln(1+x-1)}=2\lim_{x\to 1}\frac{(x-1)^2}{(x-1)^2}=2.$$

因此，原式 $=1-2\ln 2+2=3-2\ln 2$.

27 【答案】 $y=x$

【分析】 令 $t-x=u$，则 $\int_0^x f(t-x)\mathrm{d}t=\int_{-x}^0 f(u)\mathrm{d}u$，故

$$\int_{-x}^0 f(u)\mathrm{d}u=-\frac{x^2}{2}+\mathrm{e}^{-x}-1,$$

上式两端对 x 求导得

$$f(-x)=-x-\mathrm{e}^{-x},$$

从而

$$f(x)=x-\mathrm{e}^{x}.$$

又

$$\lim_{x\to-\infty}\frac{f(x)}{x}=\lim_{x\to-\infty}\frac{x-\mathrm{e}^x}{x}=1=a,$$

$$\lim_{x\to-\infty}[f(x)-ax]=\lim_{x\to-\infty}(-\mathrm{e}^x)=0=b,$$

则 $y=x$ 是该曲线的一条斜渐近线.

或者由 $f(x)=x-\mathrm{e}^x$，且 $\lim\limits_{x\to-\infty}(-\mathrm{e}^x)=0$，则 $y=x$ 是该曲线的一条斜渐近线.

28 【答案】 $2x(x\geqslant 0)$

【分析】 由 $f'(x)\cdot\int_0^2 f(x)\mathrm{d}x=8$ 知 $f'(x)=\dfrac{8}{\int_0^2 f(x)\mathrm{d}x}$. 从而

$$f(x)=\frac{8}{\int_0^2 f(x)\mathrm{d}x}x+C.$$

由 $f(0)=0$ 知 $C=0$，$f(x)=\dfrac{8}{\int_0^2 f(x)\mathrm{d}x}x$，等式两端在 $[0,2]$ 上积分，得

$$\int_0^2 f(x)\mathrm{d}x=\frac{8}{\int_0^2 f(x)\mathrm{d}x}\cdot\int_0^2 x\mathrm{d}x,$$

所以 $\int_0^2 f(x)\mathrm{d}x=4$，$f(x)=2x(x\geqslant 0)$.

29 【答案】 1

【分析】 由条件可知，$\pi\int_0^a[f(x)]^2\mathrm{d}x=2\pi\int_0^a xf(x)\mathrm{d}x$. 由于该式对任意 $a>0$ 均成立，故

等式两端关于 a 求导可得，$\pi[f(a)]^2=2\pi af(a)$，即 $f(a)=2a$，也即 $f(x)=2x$.

联立 $\begin{cases} y=2x, \\ y=x^3, \end{cases}$ 解得 $x=0$ 或 $x=\sqrt{2}$（舍去 $x=-\sqrt{2}$）. 因此，所求面积

$$S=\int_0^{\sqrt{2}}(2x-x^3)\mathrm{d}x=\left(x^2-\frac{1}{4}x^4\right)\Big|_0^{\sqrt{2}}=1.$$

30 【答案】 $\frac{\pi}{4}(\mathrm{e}^2-1)$

【分析】 曲线 $y=x\mathrm{e}^x$，直线 $x=a(a>0)$ 与 x 轴所围平面图形的面积为

$$\int_0^a x\mathrm{e}^x\mathrm{d}x=(x\mathrm{e}^x-\mathrm{e}^x)\Big|_0^a=(a-1)\mathrm{e}^a+1=1.$$

于是，$(a-1)\mathrm{e}^a=0$，解得 $a=1$.

因此，由上述平面图形绕 x 轴旋转一周所成旋转体的体积为

$$V=\pi\int_0^1(x\mathrm{e}^x)^2\mathrm{d}x=\pi\int_0^1 x^2\mathrm{e}^{2x}\mathrm{d}x=\frac{\pi}{2}\int_0^1 x^2\mathrm{d}(\mathrm{e}^{2x})=\frac{\pi}{2}\left(x^2\mathrm{e}^{2x}\Big|_0^1-\int_0^1 2x\mathrm{e}^{2x}\mathrm{d}x\right)$$

$$=\frac{\pi}{2}\left[\mathrm{e}^2-\int_0^1 x\mathrm{d}(\mathrm{e}^{2x})\right]=\frac{\pi}{2}\left(\mathrm{e}^2-x\mathrm{e}^{2x}\Big|_0^1+\int_0^1\mathrm{e}^{2x}\mathrm{d}x\right)=\frac{\pi}{4}(\mathrm{e}^2-1).$$

31 【答案】 12

【分析】 利用偏导数的定义计算 $\frac{\mathrm{d}z(x,0)}{\mathrm{d}x}\Big|_{x=1}$.

$$\frac{\partial z}{\partial x}\Big|_{(1,0)}=\frac{\mathrm{d}z(x,0)}{\mathrm{d}x}\Big|_{x=1}=(2x^6)'\Big|_{x=1}=12.$$

32 【答案】 0

【分析】 由偏导数定义得

$$f'_x(0,0)=\lim_{x\to0}\frac{f(x,0)-f(0,0)}{x}=\lim_{x\to0}x\sin\frac{1}{\sqrt{x^4}}=0,$$

$$f'_y(0,0)=\lim_{y\to0}\frac{f(0,y)-f(0,0)}{y}=\lim_{y\to0}y\sin\frac{1}{\sqrt{y^2}}=0,$$

于是，$f(x,y)$ 在点 $(0,0)$ 处偏导数存在.

由于

$$\lim_{\rho\to0}\frac{\Delta z-[f'_x(0,0)\cdot\Delta x+f'_y(0,0)\cdot\Delta y]}{\rho}=\lim_{\rho\to0}\frac{\rho^2}{\rho}\sin\frac{1}{\sqrt{(\Delta x)^4+(\Delta y)^2}}=0,$$

其中 $\rho=\sqrt{(\Delta x)^2+(\Delta y)^2}$.

故 $f(x,y)$ 在点 $(0,0)$ 处可微，且 $\mathrm{d}f(x,y)\Big|_{(0,0)}=0$.

33 【答案】 5

【分析】 由题设知 $f(1,0)=-1$，且 $f(x,y)-x+2y+2=o(\sqrt{(x-1)^2+y^2})$，

即
$$f(x,y)-f(1,0)=(x-1)-2y+o(\sqrt{(x-1)^2+y^2}),$$

由全微分的定义知 $f'_x(1,0)=1$，$f'_y(1,0)=-2$. 从而

$$\lim_{t\to0}\frac{f(1+t,0)-f(1,2t)}{t}=\lim_{t\to0}\frac{f(1+t,0)-f(1,0)}{t}-\lim_{t\to0}\frac{f(1,2t)-f(1,0)}{t}$$

$$= f'_x(1,0) - 2f'_y(1,0) = 5.$$

34 【答案】 $(x-y)e^{xy}(2-x^2-y^2)$

【分析】 令 $x+y=u, x-y=v$，则 $f(u,v)=(u^2+v^2)e^{uv}$，故

$$f(x,y)=(x^2+y^2)e^{xy}.$$

$$\begin{aligned} f'_x(x,y)-f'_y(x,y) &= 2xe^{xy}+y(x^2+y^2)e^{xy}-2ye^{xy}-x(x^2+y^2)e^{xy} \\ &= (x-y)e^{xy}(2-x^2-y^2). \end{aligned}$$

35 【答案】 $\frac{1}{2}x^2y+\frac{1}{2}xy^2+x+y^2$

【分析】 由 $\frac{\partial^2 z}{\partial x\partial y}=x+y$ 知

$$\frac{\partial z}{\partial x}=xy+\frac{1}{2}y^2+\varphi(x).$$

由 $f(x,0)=x$ 知 $f'_x(x,0)=1$，则 $\varphi(x)=1$.

$$\frac{\partial z}{\partial x}=xy+\frac{1}{2}y^2+1 \Rightarrow z=\frac{1}{2}x^2y+\frac{1}{2}y^2x+x+\psi(y).$$

由 $f(0,y)=y^2$ 知，$\psi(y)=y^2$.

36 【答案】 $x^2y+y^2-2x^4+1$

【分析】 由 $f'_y(x,y)=x^2+2y$ 可知

$$f(x,y)=\int(x^2+2y)dy=x^2y+y^2+\varphi(x),$$

$$f(x,x^2)=x^4+x^4+\varphi(x)=1,$$

则 $\varphi(x)=1-2x^4$，故 $f(x,y)=x^2y+y^2-2x^4+1$.

37 【答案】 -2

【分析】 由 $f'_x(x,y)=2x-2xy^2$，得 $f(x,y)=x^2-x^2y^2+\varphi(y)$，进而

$$f'_y(x,y)=-2x^2y+\varphi'(y),$$

再由已知 $f'_y(x,y)=4y-2x^2y$，有 $\varphi'(y)=4y$，于是

$$\varphi(y)=2y^2+C,$$

即

$$f(x,y)=x^2-x^2y^2+2y^2+C.$$

利用 $f(1,1)=0$，得 $C=-2$，故 $f(x,y)=x^2-x^2y^2+2y^2-2$.

解方程组 $\begin{cases} f'_x=2x-2xy^2=0, \\ f'_y=4y-2x^2y=0, \end{cases}$ 得驻点为 $(0,0)$，$(\pm\sqrt{2},1)$，$(\pm\sqrt{2},-1)$.

计算 $A=f''_{xx}=2-2y^2$，$B=f''_{xy}=-4xy$，$C=f''_{yy}=4-2x^2$，

对点 $(0,0)$，$AC-B^2=8>0$，$A=2>0$，取极小值 $f(0,0)=-2$；

对点 $(\pm\sqrt{2},1)$，$AC-B^2=-32<0$，不是极值点；

对点 $(\pm\sqrt{2},-1)$，$AC-B^2=-32<0$，不是极值点.

38 【答案】 1

【分析】 由 $\begin{cases} z'_x=2x-y=0, \\ z'_y=2y-x=0, \end{cases}$ 得驻点 $(0,0)$，且 $z(0,0)=0$.

由变量对称性可知函数 $z=x^2+y^2-xy$ 分别在第一、三象限和第二、四象限的边界上的最大值相同，在第一象限边界 $x+y=1$ 上，

$$z=3x^2-3x+1,$$
$$z'_x=6x-3=0,$$

得 $x=\frac{1}{2}$. $z\left(\frac{1}{2}\right)=\frac{1}{4}$，$z(0)=z(1)=1$.

在第二象限边界 $y-x=1$ 上，

$$z=x^2+x+1,$$
$$z'_x=2x+1=0,$$

得 $x=-\frac{1}{2}$. $z\left(-\frac{1}{2}\right)=\frac{3}{4}$，$z(0)=z(-1)=1$.

综上所述，函数 $z=x^2+y^2-xy$ 在区域 $|x|+|y|\leqslant 1$ 上的最大值为 1.

39 【答案】 $2a$

【分析】 令 $\Delta x=x-x_0$，$\Delta y=y-y_0$，由已知得

$$\Delta z=a\Delta x+b\Delta y+o(\rho),$$

即 $z=f(x,y)$ 在 (x_0,y_0) 处可微，且 $f'_x(x_0,y_0)=a$. 又

$$f'_x(x_0,y_0)=\lim_{x\to 0}\frac{f(x_0+x,y_0)-f(x_0,y_0)}{x},$$

所以，

$$\begin{aligned}&\lim_{x\to 0}\frac{f(x_0+x,y_0)-f(x_0-x,y_0)}{x}\\ =&\lim_{x\to 0}\left[\frac{f(x_0+x,y_0)-f(x_0,y_0)}{x}+\frac{f(x_0-x,y_0)-f(x_0,y_0)}{-x}\right]\\ =&f'_x(x_0,y_0)+f'_x(x_0,y_0)=2a.\end{aligned}$$

故应填 $2a$.

40 【答案】 2

【分析】 $$\iint_D\frac{\sin x}{\pi-x}\mathrm{d}x\mathrm{d}y=\int_0^{\pi}\mathrm{d}x\int_x^{\pi}\frac{\sin x}{\pi-x}\mathrm{d}y=\int_0^{\pi}\sin x\mathrm{d}x=2.$$

【评注】 计算二重积分时，首先画出积分区域的图形，然后结合积分域的形状和被积函数的形式，选择坐标系和积分次序.

41 【答案】 $a^2\left(\frac{\pi^2}{16}-\frac{1}{2}\right)$

【分析】 $$\iint_D\frac{\sqrt{x^2+y^2}}{\sqrt{4a^2-x^2-y^2}}\mathrm{d}x\mathrm{d}y=\int_{-\frac{\pi}{4}}^{0}\mathrm{d}\theta\int_0^{-2a\sin\theta}\frac{r}{\sqrt{4a^2-r^2}}r\mathrm{d}r.$$ 而

$$\begin{aligned}\int_0^{-2a\sin\theta}\frac{r^2}{\sqrt{4a^2-r^2}}\mathrm{d}r&\xlongequal{r=2a\sin t}\int_0^{-\theta}\frac{4a^2\sin^2 t}{2a\cos t}2a\cos t\mathrm{d}t\\&=4a^2\int_0^{-\theta}\sin^2 t\mathrm{d}t=2a^2\int_0^{-\theta}(1-\cos 2t)\mathrm{d}t=-2a^2\theta+a^2\sin 2\theta,\end{aligned}$$

有$\iint\limits_D \frac{\sqrt{x^2+y^2}}{\sqrt{4a^2-x^2-y^2}}\mathrm{d}x\mathrm{d}y=\int_{-\frac{\pi}{4}}^{0}(-2a^2\theta+a^2\sin 2\theta)\mathrm{d}\theta=a^2\left(\frac{\pi^2}{16}-\frac{1}{2}\right)$.

42 【答案】 $\frac{7}{4}\pi$

【分析】 记 $D:x^2+y^2\leqslant 1$,则

$$\begin{aligned}\iint\limits_D[(x+1)^2+2y^2]\mathrm{d}\sigma&=\iint\limits_D(x^2+2x+1+2y^2)\mathrm{d}\sigma\\&=\iint\limits_D(x^2+2y^2)\mathrm{d}\sigma+\pi=\frac{3}{2}\iint\limits_D(x^2+y^2)\mathrm{d}x\mathrm{d}y+\pi\\&=\frac{3}{2}\int_0^{2\pi}\mathrm{d}\theta\int_0^1 r^3\mathrm{d}r+\pi=\frac{7}{4}\pi.\end{aligned}$$

43 【答案】 a^2

【分析】 在由 $0\leqslant x\leqslant 1,0\leqslant y-x\leqslant 1$ 所确定的区域 D_1 内 $f(x)g(y-x)=a^2$,其余为零.设 D_1 的面积为 S,则$\iint\limits_D f(x)g(y-x)\mathrm{d}x\mathrm{d}y=\iint\limits_{D_1}a^2\mathrm{d}x\mathrm{d}y=a^2S=a^2$.

44 【答案】 $\frac{2}{3}(4-\sqrt{3})\pi-\frac{22}{9}$

【分析】 设区域 $D_1=\left\{(r,\theta)\,\middle|\,0\leqslant\theta\leqslant\frac{\pi}{6},0\leqslant r\leqslant 2\sin\theta\right\}$,$D_2=\left\{(r,\theta)\,\middle|\,\frac{\pi}{6}\leqslant\theta\leqslant\frac{\pi}{2},0\leqslant r\leqslant 1\right\}$,则 D_1+D_2 为区域 D 在 y 轴右边的区域.

由对称性,

$$\begin{aligned}I&=2\iint\limits_{D_1+D_2}\sqrt{4-x^2-y^2}\mathrm{d}\sigma\\&=2\left(\iint\limits_{D_1}\sqrt{4-x^2-y^2}\mathrm{d}\sigma+\iint\limits_{D_2}\sqrt{4-x^2-y^2}\mathrm{d}\sigma\right)\\&=2\left(\int_0^{\frac{\pi}{6}}\mathrm{d}\theta\int_0^{2\sin\theta}\sqrt{4-r^2}r\mathrm{d}r+\int_{\frac{\pi}{6}}^{\frac{\pi}{2}}\mathrm{d}\theta\int_0^1\sqrt{4-r^2}r\mathrm{d}r\right)\\&=\frac{2}{3}(4-\sqrt{3})\pi-\frac{22}{9}.\end{aligned}$$

45 【答案】 $-\frac{2}{7}$

【分析】 用曲线 $y=-x^5$ 将 D 分为 D_1 与 D_2,其中 D_1 是由 $y=x^5,y=-x^5,y=1$ 所围成的区域,D_2 是由 $y=x^5,y=-x^5,x=-1$ 所围成的区域,且 D_1 关于 y 轴对称,D_2 关于 x 轴对称,所以,由对称性

$$\iint\limits_{D_1}x[1+\sin y^3f(x^4+y^4)]\mathrm{d}x\mathrm{d}y=0,$$

$$\iint\limits_{D_2}x[1+\sin y^3f(x^4+y^4)]\mathrm{d}x\mathrm{d}y=\iint\limits_{D_2}x\mathrm{d}x\mathrm{d}y+\iint\limits_{D_2}x\sin y^3f(x^4+y^4)\mathrm{d}x\mathrm{d}y$$

$$= \iint\limits_{D_2} x\mathrm{d}x\mathrm{d}y + 0 = \iint\limits_{D_2} x\mathrm{d}x\mathrm{d}y.$$

因此

$$I = \iint\limits_{D_1} + \iint\limits_{D_2} = \iint\limits_{D_2} x\mathrm{d}x\mathrm{d}y = \int_{-1}^{0}\mathrm{d}x\int_{x^5}^{-x^5} x\mathrm{d}y = -\frac{2}{7}.$$

46 【答案】 $(-\infty, -2] \cup [2, +\infty) \cup (-\sqrt{2}, \sqrt{2})$

【分析】 级数的定义域为 $x \neq \pm\sqrt{3}$. 令 $u_n(x) = \dfrac{(-1)^n}{n(x^2-3)^n}$，则

$$\rho(x) = \lim_{n\to\infty}\sqrt[n]{|u_n(x)|} = \frac{1}{|x^2-3|}.$$

由 $\rho(x) < 1$ 得 $x \in (-\infty, -2) \cup (2, +\infty) \cup (-\sqrt{2}, \sqrt{2})$.

由 $\rho(x) = 1$ 得 $x = \pm 2, \pm\sqrt{2}$，利用莱布尼茨判别法知原级数在 $x = \pm 2$ 处收敛，但当 $x = \pm\sqrt{2}$ 时，原级数化为调和级数 $\sum\limits_{n=1}^{\infty}\dfrac{1}{n}$，发散.

所以原级数的收敛域为$(-\infty, -2] \cup [2, +\infty) \cup (-\sqrt{2}, \sqrt{2})$.

47 【答案】 $(-2, 0)$

【分析】 由幂级数的性质可知，幂级数 $\sum\limits_{n=0}^{\infty} na_n(x+1)^n$ 与幂级数 $\sum\limits_{n=0}^{\infty} a_n(x+1)^n$ 的收敛半径相同，则其收敛区间也相同.

由 $a_n > 0(n = 0, 1, 2, \cdots)$，且 $\lim\limits_{n\to\infty} na_n = 1$，$\sum\limits_{n=0}^{\infty}(-1)^n a_n$ 收敛可知，级数 $\sum\limits_{n=0}^{\infty}(-1)^n a_n$ 条件收敛.

事实上

$$\sum_{n=0}^{\infty}|(-1)^n a_n| = \sum_{n=0}^{\infty} a_n,$$

$$\lim_{n\to\infty} na_n = \lim_{n\to\infty}\frac{a_n}{\frac{1}{n}} = 1,$$

则级数 $\sum\limits_{n=0}^{\infty}|(-1)^n a_n|$ 发散，而由级数 $\sum\limits_{n=0}^{\infty}(-1)^n a_n$ 条件收敛知，幂级数 $\sum\limits_{n=0}^{\infty} a_n(x+1)^n$ 在 $x = -2$ 处条件收敛，从而 $x = -2$ 为幂级数 $\sum\limits_{n=0}^{\infty} a_n(x+1)^n$ 的收敛区间的端点，则该幂级数的收敛区间为$(-2, 0)$，故幂级数 $\sum\limits_{n=0}^{\infty} na_n(x+1)^n$ 的收敛区间为$(-2, 0)$.

48 【答案】 $\left[-\dfrac{1}{2}, \dfrac{1}{2}\right)$

【分析】 $\lim\limits_{n\to\infty}\sqrt[n]{|a_n|} = \lim\limits_{n\to\infty}\dfrac{\sqrt[n]{2^n - (-1)^n}}{\sqrt[n]{n}} = 2\lim\limits_{n\to\infty}\sqrt[n]{1 - \left(-\dfrac{1}{2}\right)^n} = 2$，$R = \dfrac{1}{2}$，

当 $x = -\dfrac{1}{2}$ 时，$\sum\limits_{n=1}^{\infty}\dfrac{2^n - (-1)^n}{n}\left(-\dfrac{1}{2}\right)^n = \sum\limits_{n=1}^{\infty}\dfrac{(-1)^n}{n} - \sum\limits_{n=1}^{\infty}\dfrac{1}{n2^n}$，收敛.

当 $x=\frac{1}{2}$ 时，$\sum\limits_{n=1}^{\infty}\frac{2^n-(-1)^n}{n}\left(\frac{1}{2}\right)^n=\sum\limits_{n=1}^{\infty}\frac{1}{n}-\sum\limits_{n=1}^{\infty}\frac{(-1)^n}{n2^n}$，发散.

则收敛域为$\left[-\frac{1}{2},\frac{1}{2}\right)$.

49 【答案】 $(-2,0)$

【分析】 考虑级数$\sum\limits_{n=1}^{\infty}a_ny^n$，当 $y=1$ 时，此级数收敛，故当 $|y|<1$ 时，$\sum\limits_{n=1}^{\infty}a_ny^n$ 收敛；而当 $y=-1$ 时，$\sum\limits_{n=1}^{\infty}a_ny^n=\sum\limits_{n=1}^{\infty}(-1)^na_n$ 发散，故当 $|y|>|-1-0|=1$ 时，$\sum\limits_{n=1}^{\infty}a_ny^n$ 发散.

于是$\sum\limits_{n=1}^{\infty}a_ny^n$ 的收敛区间为$-1<y<1$，则$\sum\limits_{n=1}^{\infty}a_n(x+1)^n$ 的收敛区间为$-2<x<0$，也有$\sum\limits_{n=1}^{\infty}a_n(x+1)^{n-1}$ 的收敛区间为$-2<x<0$. 又幂级数逐项积分或逐项微分后不改变其收敛区间(或收敛半径)，所以$\sum\limits_{n=1}^{\infty}\frac{a_n}{n}(x+1)^n=\sum\limits_{n=1}^{\infty}\int_{-1}^{x}a_n(x+1)^{n-1}\mathrm{d}x$ 的收敛区间为$(-2,0)$.

50 【答案】 $0<a<1$

【分析】 由于
$$\lim_{n\to\infty}\sqrt[n]{a^{n^2}}=\lim_{n\to\infty}a^n=\begin{cases}0, & 0<a<1,\\ 1, & a=1,\\ +\infty, & a>1,\end{cases}$$

则 $R=\begin{cases}+\infty, & 0<a<1,\\ 1, & a=1,\\ 0, & a>1,\end{cases}$ 故 $0<a<1$.

51 【答案】 $\frac{1}{2}<p\leqslant 1$

【分析】 $\ln\left[1+\frac{(-1)^n}{n^p}\right]=\frac{(-1)^n}{n^p}-\left[\frac{1}{2n^{2p}}+o\left(\frac{1}{n^{2p}}\right)\right]$.

令 $u_n=\frac{(-1)^n}{n^p}$，$v_n=\frac{1}{2n^{2p}}+o\left(\frac{1}{n^{2p}}\right)\sim\frac{1}{2n^{2p}}$，$\sum\limits_{n=1}^{\infty}v_n$ 与$\sum\limits_{n=1}^{\infty}\frac{1}{n^{2p}}$ 同敛散.

当 $p>1$ 时，$\left|\ln\left[1+\frac{(-1)^n}{n^p}\right]\right|\sim\frac{1}{n^p}$，则原级数绝对收敛.

当$\frac{1}{2}<p\leqslant 1$ 时，$\ln\left[1+\frac{(-1)^n}{n^p}\right]=u_n-v_n$，$\sum\limits_{n=1}^{\infty}u_n$ 与$\sum\limits_{n=1}^{\infty}v_n$ 均收敛，则原级数条件收敛.

当 $0<p\leqslant\frac{1}{2}$ 时，$\sum\limits_{n=2}^{\infty}u_n$ 收敛，而$\sum\limits_{n=2}^{\infty}v_n$ 发散，则原级数是发散的.

52 【答案】 $-1+\cos 1+\ln 2$

【分析】 $\sum\limits_{n=1}^{\infty}(-1)^n\frac{n-(2n)!}{n(2n)!}=\sum\limits_{n=1}^{\infty}\frac{(-1)^n}{(2n)!}-\sum\limits_{n=1}^{\infty}\frac{(-1)^n}{n}$.

又
$$\sum_{n=0}^{\infty}(-1)^n\frac{x^{2n}}{(2n)!}=\cos x,x\in(-\infty,+\infty),$$

$$\sum_{n=1}^{\infty}(-1)^{n-1}\frac{x^n}{n}=\ln(1+x),x\in(-1,1],$$

所以
$$\sum_{n=1}^{\infty}(-1)^n\frac{n-(2n)!}{n(2n)!}=-1+\cos 1+\ln 2.$$

53 【答案】 $C3^t+\frac{5}{6}t\cdot 3^t$

【分析】 原方程可化为 $y_{t+1}-3y_t=\frac{5}{2}\cdot 3^t$.

$$a=-3,d=3,a+d=0.$$

则非齐次方程的特解可设为

$$y_t^*=A\cdot t\cdot 3^t,$$

代入原方程得 $A=\frac{5}{6}$,则原方程的通解为 $y_t=C\cdot 3^t+\frac{5}{6}t\cdot 3^t$.

54 【答案】 $-\frac{\pi}{8}$

【分析】 利用方程解出 $f(x)$,再积分是一个基本方法,但比较复杂.由原方程可知

$$f(x)=xf'(x)-\sqrt{2x-x^2},$$

$$\int_0^1 f(x)\mathrm{d}x=\int_0^1 xf'(x)\mathrm{d}x-\int_0^1\sqrt{2x-x^2}\mathrm{d}x=\int_0^1 x\mathrm{d}f(x)-\frac{\pi}{4}$$

$$=xf(x)\Big|_0^1-\int_0^1 f(x)\mathrm{d}x-\frac{\pi}{4}=-\int_0^1 f(x)\mathrm{d}x-\frac{\pi}{4},$$

则 $\int_0^1 f(x)\mathrm{d}x=-\frac{\pi}{8}$.

55 【答案】 $y=x\mathrm{e}^{Cx+1}$

【分析】 $xy'=y(\ln y-\ln x)\Rightarrow y'=\frac{y}{x}\ln\frac{y}{x}$.

令 $\frac{y}{x}=u$,则 $\frac{\mathrm{d}y}{\mathrm{d}x}=x\frac{\mathrm{d}u}{\mathrm{d}x}+u$,因此 $x\frac{\mathrm{d}u}{\mathrm{d}x}+u=u\ln u$,变形为

$$\frac{\mathrm{d}u}{u\ln u-u}=\frac{\mathrm{d}x}{x}\Rightarrow\int\frac{\mathrm{d}u}{u(\ln u-1)}=\int\frac{\mathrm{d}x}{x}\Rightarrow\ln|\ln u-1|=\ln|Cx|.$$

故 $\ln u-1=Cx,\ln\frac{y}{x}-1=Cx\Rightarrow y=x\mathrm{e}^{Cx+1}$.

56 【答案】 $x=y^2+Cy$

【分析】 将 x 视为 y 的函数,原式可化为$\frac{\mathrm{d}x}{\mathrm{d}y}=\frac{x+y^2}{y}=\frac{x}{y}+y$.

令$\frac{x}{y}=u$,则 $u+y\frac{\mathrm{d}u}{\mathrm{d}y}=u+y\Rightarrow\frac{\mathrm{d}u}{\mathrm{d}y}=1\Rightarrow u=y+C$,故$\frac{x}{y}=y+C$,所以 $x=y^2+Cy$.

57 【答案】 $y=-\cos x+\sin x+\mathrm{e}^x-2x\cos x$

【分析】 由 $r^2+1=0$,得 $r=\pm\mathrm{i}$,对应齐次微分方程的通解为

$$\overline{y}=C_1\cos x+C_2\sin x, C_1, C_2 \text{ 为任意常数}.$$

可设非齐次微分方程的特解为 $y^*=Ae^x+x(B\cos x+C\sin x)$.

代入原方程得

$2Ae^x+2(-B\sin x+C\cos x)+x(-B\cos x-C\sin x)+x(B\cos x+C\sin x)=2e^x+4\sin x$,
即 $2Ae^x-2B\sin x+2C\cos x=2e^x+4\sin x$，待定系数 $A=1, B=-2, C=0$.

所求非齐次微分方程的通解为 $y=C_1\cos x+C_2\sin x+e^x-2x\cos x$.

由 $\lim\limits_{x\to 0}\dfrac{y(x)}{\ln(x+\sqrt{1+x^2})}=0$，有 $\lim\limits_{x\to 0}\dfrac{y(x)}{x}=0$，得 $y(0)=y'(0)=0$，
进而 $C_1=-1, C_2=1$，所求特解为 $y=-\cos x+\sin x+e^x-2x\cos x$.

58 【答案】 $\cos x+\sin x$

【分析】 由 $f'(x)=f\left(\dfrac{\pi}{2}-x\right)$ 可知

$$f''(x)=-f'\left(\frac{\pi}{2}-x\right)=-f\left[\frac{\pi}{2}-\left(\frac{\pi}{2}-x\right)\right]=-f(x),$$

即 $f''(x)+f(x)=0$.

设该方程的通解为 $f(x)=C_1\cos x+C_2\sin x$. 由 $f(0)=f'(0)=1$ 可知，$C_1=C_2=1$，则

$$f(x)=\cos x+\sin x.$$

59 【答案】 $0,-1,1,2$

【分析】 1 与 -1 是两个特征根，故特征方程为 $\lambda^2-1=0$，原方程为 $y''-y=ge^{cx}$.

将非齐次方程的一个解 $y=xe^x$ 代入，比较两边系数，可求得 $c=1, g=2$. 从而知 a,b,c,g 分别为 $0,-1,1,2$.

60 【答案】 $y=(C_1+C_2x)e^x+C_3e^{-x}$

【分析】 齐次方程的特征方程为 $\lambda^3-\lambda^2-\lambda+1=0$，解得 $\lambda_1=\lambda_2=1, \lambda_3=-1$.

所以微分方程 $y'''-y''-y'+y=0$ 的通解为

$$y=(C_1+C_2x)e^x+C_3e^{-x}.$$

选 择 题

61 【答案】 D

【分析】 由 $f(x)$ 的图形关于 $x=0$ 与 $x=1$ 均对称可知，$f(x)=f(-x)$，$f(1+x)=f(1-x)$. 于是，

$$f(x)=f(-x)=f[1+(-x-1)]=f[1-(-x-1)]=f(2+x).$$

因此，$f(x)$ 是周期为 2 的周期函数.

记 $F(x)=\int_0^x f(t)\,dt$，则

$$F(x+2)-F(x)=\int_0^{x+2}f(t)\,dt-\int_0^x f(t)\,dt=\int_x^{x+2}f(t)\,dt=\int_0^2 f(t)\,dt.$$

若 $\int_0^2 f(x)\,dx=0$，则 $F(x)$ 是周期为 2 的周期函数. 因此，命题 ② 正确.

由于 $f(x)$ 的图形关于 $x=1$ 对称，故 $\int_0^1 f(x)\mathrm{d}x=\int_1^2 f(x)\mathrm{d}x$. 若 $\int_0^1 f(x)\mathrm{d}x=0$，则 $\int_0^2 f(x)\mathrm{d}x=0$. 由前面的分析可知，$\int_0^x f(t)\mathrm{d}t$ 为周期函数. 因此，命题 ① 正确.

记 $G(x)=\int_0^x f(t)\mathrm{d}t-\dfrac{x}{2}\int_0^2 f(t)\mathrm{d}t$，则

$G(x+2)-G(x)=\int_x^{x+2} f(t)\mathrm{d}t-\dfrac{x+2}{2}\int_0^2 f(t)\mathrm{d}t+\dfrac{x}{2}\int_0^2 f(t)\mathrm{d}t=\int_x^{x+2} f(t)\mathrm{d}t-\int_0^2 f(t)\mathrm{d}t=0.$

因此，命题 ④ 正确.

同理，对 $H(x)=\int_0^x f(t)\mathrm{d}t-x\int_0^2 f(t)\mathrm{d}t$ 计算 $H(x+2)-H(x)$ 可得

$$H(x+2)-H(x)=\int_x^{x+2} f(t)\mathrm{d}t-2\int_0^2 f(t)\mathrm{d}t=-\int_0^2 f(t)\mathrm{d}t.$$

由于不能确定 $\int_0^2 f(x)\mathrm{d}x$ 是否为 0，故命题 ③ 不一定正确. 例如：取 $f(x)\equiv 1$，则 $f(x)$ 的图形关于 $x=0$ 与 $x=1$ 均对称，但 $H(x)=-x$，显然不是周期函数.

综上所述，应选(D).

62 【答案】 A

【分析】 易见 $b\neq 0$，且

$$\begin{aligned}\lim_{n\to\infty}\frac{n^a}{(n+1)^b-n^b}&=\lim_{n\to\infty}\frac{n^{a-b}}{\left(1+\dfrac{1}{n}\right)^b-1}\\&=\lim_{n\to\infty}\frac{n^{a-b}}{1+b\cdot\dfrac{1}{n}+o\left(\dfrac{1}{n}\right)-1}=\lim_{n\to\infty}\frac{n^{a-b+1}}{b+o(1)}\\&=\begin{cases}\dfrac{1}{b}, & \text{当 } a-b+1=0 \text{ 时},\\ 0, & \text{当 } a-b+1<0 \text{ 时},\\ \infty, & \text{当 } a-b+1>0 \text{ 时},\end{cases}\end{aligned}$$

由题意可知 $\dfrac{1}{b}=2023$，$a-b+1=0$.

即 $b=\dfrac{1}{2023}$，$a=b-1=-\dfrac{2022}{2023}$.

63 【答案】 C

【分析】 由导数的定义，

$$\begin{aligned}\lim_{x\to 0}\frac{f[\varphi(x)]-f[\varphi(0)]}{x-0}&=\lim_{x\to 0}\frac{f\left[x^2\left(2+\sin\dfrac{1}{x}\right)\right]-f(0)}{x}\\&=\lim_{x\to 0}\frac{f\left[x^2\left(2+\sin\dfrac{1}{x}\right)\right]-f(0)}{x^2\left(2+\sin\dfrac{1}{x}\right)}\cdot\frac{x^2\left(2+\sin\dfrac{1}{x}\right)}{x}\\&=f'(0)\cdot\lim_{x\to 0}x\left(2+\sin\frac{1}{x}\right)=f'(0)\cdot 0=0.\end{aligned}$$

因此，应选(C).

64 【答案】 A

【分析】 由于 $\sqrt{1+\tan x}-\sqrt{1+\sin x}=\dfrac{\tan x-\sin x}{\sqrt{1+\tan x}+\sqrt{1+\sin x}}$，故当 $x\to 0$ 时，$\sqrt{1+\tan x}-\sqrt{1+\sin x}$ 与 $\tan x-\sin x$ 同阶.

又因为 $\tan x=x+\dfrac{x^3}{3}+o(x^3)$，$\sin x=x-\dfrac{x^3}{6}+o(x^3)$，所以 $\tan x-\sin x=\dfrac{x^3}{2}+o(x^3)$，$\tan x-\sin x$ 与 x^3 同阶，从而 α_1 与 x^3 同阶.

由于 $\int_0^{x^4}\dfrac{1}{\sqrt{1-t^2}}\mathrm{d}t=\arcsin x^4$，而当 $x\to 0$ 时，$\arcsin x^4\sim x^4$，故 α_2 与 x^4 同阶.

记 $F(x)=\int_0^x \mathrm{d}u\int_0^{u^2}\arctan t\mathrm{d}t$，则 $F'(x)=\int_0^{x^2}\arctan t\mathrm{d}t$，$F''(x)=\arctan x^2\cdot 2x$. 当 $x\to 0$ 时，$F''(x)$ 与 x^3 同阶，从而 $\alpha_3=F(x)$ 与 x^5 同阶.

综上所述，$\alpha_1,\alpha_2,\alpha_3$ 按照从低阶到高阶的顺序是 $\alpha_1,\alpha_2,\alpha_3$. 应选(A).

65 【答案】 D

【分析】 若 $\lim\limits_{x\to x_0}f(x)$ 存在且 $\lim\limits_{x\to x_0}f(x)\neq f(x_0)$，则称 x_0 是 $f(x)$ 的可去间断点.

因为 $x=0$ 是 $f(x)$ 的可去间断点，所以

$$\lim_{x\to 0}f(x)=\lim_{x\to 0}\frac{ax-\ln(1+x)}{x+b\sin x}=\lim_{x\to 0}\frac{a-\dfrac{1}{1+x}}{1+b\cos x}=\lim_{x\to 0}\frac{(a-1)+ax}{(1+b\cos x)(1+x)}=\frac{a-1}{1+b}(b\neq -1),$$

当 $b=-1$ 时，$\lim\limits_{x\to 0}f(x)=\lim\limits_{x\to 0}\dfrac{ax-\ln(1+x)}{x-\sin x}$

$$=\lim_{x\to 0}\frac{(a-1)x+\dfrac{1}{2}x^2+o(x^2)}{\dfrac{1}{3!}x^3}=\infty.$$

为保证 $\lim\limits_{x\to 0}f(x)$ 存在，只须 $1+b\neq 0$，即 $b\neq -1$，故选择(D).

66 【答案】 A

【分析】 对于(A)，因为

$$f'(0)=\lim_{x\to 0}\frac{x^{\frac{4}{3}}\sin\dfrac{1}{x}}{x}=0,$$

而当 $x\neq 0$ 时，　　$f'(x)=\dfrac{4}{3}x^{\frac{1}{3}}\sin\dfrac{1}{x}-x^{-\frac{2}{3}}\cos\dfrac{1}{x}$，

即 $\lim\limits_{x\to 0}f'(x)$ 不存在，所以 $f'(x)$ 在 $x=0$ 处不连续.

对于(B)，

$$f'(0)=\lim_{x\to 0}\frac{\dfrac{\sin x}{x}-1}{x}=0,$$

又 $f'(x)=\dfrac{x\cos x-\sin x}{x^2}(x\neq 0)$，因为

$$\lim_{x\to 0}f'(x)=\lim_{x\to 0}\frac{\cos x-x\sin x-\cos x}{2x}=0=f'(0),$$

故 $f'(x)$ 在 $x=0$ 处连续.

关于(C)(D),可以同样证明在 $x=0$ 处导数连续.

67 【答案】 D

【分析】 因为 $\int_1^{\frac{1}{x}}f(tx)\mathrm{d}t\xlongequal{u=tx}\int_x^1 f(u)\cdot\frac{1}{x}\mathrm{d}u=\frac{1}{x}\int_x^1 f(u)\mathrm{d}u$,

所以原式 $=\lim\limits_{x\to 1}\dfrac{\frac{1}{x}\int_x^1 f(u)\mathrm{d}u}{x^2-1}=\lim\limits_{x\to 1}\dfrac{\int_x^1 f(u)\mathrm{d}u}{x^2-1}=\lim\limits_{x\to 1}\dfrac{-f(x)}{2x}=-\dfrac{1}{2}$.

68 【答案】 C

【分析】

$$\lim_{r\to 0}\frac{1}{r}\left[f\left(x+\frac{r}{a}\right)-f\left(x-\frac{r}{a}\right)\right]$$

$$=\lim_{r\to 0}\frac{f\left(x+\frac{r}{a}\right)-f(x)+f(x)-f\left(x-\frac{r}{a}\right)}{r}$$

$$=\lim_{r\to 0}\left[\frac{f\left(x+\frac{r}{a}\right)-f(x)}{\frac{r}{a}\cdot a}+\frac{f\left(x-\frac{r}{a}\right)-f(x)}{-\frac{r}{a}\cdot a}\right]$$

$$=\frac{2}{a}f'(x).$$

69 【答案】 D

【分析】 由

$$\lim_{x\to 0}\frac{\int_0^{f(x)}f(t)\mathrm{d}t}{x^2}=\lim_{x\to 0}\frac{f'(x)f[f(x)]}{2x}=\lim_{x\to 0}\frac{f'(x)}{2}\lim_{x\to 0}\frac{f[f(x)]}{x}$$

$$=\frac{f'(0)}{2}\cdot\lim_{x\to 0}f'[f(x)]f'(x)=\frac{[f'(0)]^3}{2}=1,$$

得 $f'(0)=\sqrt[3]{2}$,故选(D).

70 【答案】 C

【分析】 命题 ① 不正确.

例如 $f(x)=x-x_0$ 在 x_0 处可导,但 $|f(x)|=|x-x_0|$ 在 x_0 处不可导.

命题 ② 不正确.

例如 $f(x)=\begin{cases}-1, & x\leqslant x_0,\\ 1, & x>x_0\end{cases}$ 在 x_0 处不可导,但 $|f(x)|\equiv 1$ 在 x_0 处可导.

命题 ③ 正确.

由题设知 $f'(x_0)=\lim\limits_{x\to x_0}\dfrac{f(x)}{x-x_0}\neq 0$,令 $g(x)=|f(x)|$,则

$$g'_+(x_0)=\lim_{x\to x_0^+}\frac{|f(x)|}{x-x_0}=\lim_{x\to x_0^+}\left|\frac{f(x)}{x-x_0}\right|=|f'(x_0)|,$$

$$g'_-(x_0)=\lim_{x\to x_0^-}\frac{|f(x)|}{x-x_0}=-\lim_{x\to x_0^-}\left|\frac{f(x)}{x-x_0}\right|=-|f'(x_0)|,$$

则 $g'_-(x_0)\neq g'_+(x_0)$，$g(x)=|f(x)|$ 在 x_0 处不可导.

命题④正确.

若 $f(x_0)>0$，则在 x_0 某邻域内，$f(x)>0$，$|f(x)|=f(x)$，从而由 $|f(x)|$ 在 x_0 处可导得 $f(x)$ 在 x_0 处可导；

若 $f(x_0)<0$，则在 x_0 某邻域内，$f(x)<0$，$|f(x)|=-f(x)$，从而由 $|f(x)|$ 在 x_0 处可导得 $f(x)$ 在 x_0 处可导；

若 $f(x_0)=0$，由 $|f(x)|$ 在 x_0 处可导知，$\lim\limits_{x\to x_0}\dfrac{|f(x)|}{x-x_0}$ 存在，而

$$\lim_{x\to x_0^+}\frac{|f(x)|}{x-x_0}\geqslant 0,\ \lim_{x\to x_0^-}\frac{|f(x)|}{x-x_0}\leqslant 0,$$

则 $\lim\limits_{x\to x_0}\dfrac{|f(x)|}{x-x_0}=0$，因此 $\lim\limits_{x\to x_0}\left|\dfrac{|f(x)|}{x-x_0}\right|=\lim\limits_{x\to x_0}\left|\dfrac{f(x)}{x-x_0}\right|=0$，故 $\lim\limits_{x\to x_0}\dfrac{f(x)}{x-x_0}=0$，即 $f(x)$ 在 x_0 处可导.

71 【答案】 D

【分析】 由题设知 $F'(x)$ 是以 4 为周期的连续函数，且 $F'(x)=f(x)$，$F''(1)=-1$，则有

$$\lim_{x\to 0}\frac{F'(5-x)-F'(5)}{x}=\lim_{x\to 0}\frac{F'(1-x)-F'(1)}{x}$$
$$=-\lim_{x\to 0}\frac{F'(1-x)-F'(1)}{-x}=-F''(1)=1.$$

72 【答案】 A

【分析】 取 $x=0$，则有 $f(h)=f(0)+f(h)$，得 $f(0)=0$，又

$$f'(0)=\lim_{h\to 0}\frac{f(0+h)-f(0)}{h}=\lim_{h\to 0}\frac{f(h)}{h}=1,$$

$$f'(x)=\lim_{h\to 0}\frac{f(x+h)-f(x)}{h}=\lim_{h\to 0}\frac{f(h)+2hx}{h}=1+2x,$$

故选(A).

73 【答案】 D

【分析】 求导函数，分段点处需用定义求：$f'(x)=\begin{cases}\dfrac{xg'(x)-g(x)}{x^2}, & x\neq 0,\\ \dfrac{g''(0)}{2}, & x=0.\end{cases}$

判断 $x=0$ 点处 $f'(x)$ 是否连续.

$$\lim_{x\to 0}f'(x)=\lim_{x\to 0}\frac{xg'(x)-g(x)}{x^2}=\lim_{x\to 0}\frac{g'(x)-g'(0)}{x}-\lim_{x\to 0}\frac{g(x)}{x^2}$$
$$=g''(0)-\lim_{x\to 0}\frac{g'(x)-g'(0)}{2x}=g''(0)-\frac{1}{2}g''(0)=\frac{1}{2}g''(0),$$

故选(D).

74 【答案】 A

【分析】 由 $x=\int_0^y \frac{\mathrm{d}t}{\sqrt{1+4t^2}}$ 得 $\frac{\mathrm{d}y}{\mathrm{d}x}=\sqrt{1+4y^2}$，

$$\frac{\mathrm{d}^2y}{\mathrm{d}x^2}=\frac{4y\cdot y'}{\sqrt{1+4y^2}}=4y,\frac{\mathrm{d}^3y}{\mathrm{d}x^3}=4\sqrt{1+4y^2}.$$

于是 $\frac{\mathrm{d}^3y}{\mathrm{d}x^3}-4\frac{\mathrm{d}y}{\mathrm{d}x}=4\sqrt{1+4y^2}-4\sqrt{1+4y^2}=0$. 故选(A).

75 【答案】 B

【分析】 由题设 $\frac{\Delta y}{\Delta x}=\frac{y+x\ln x}{x}+\frac{\alpha}{\Delta x}$，则当 $\Delta x\to 0$ 时，有

$$\frac{\mathrm{d}y}{\mathrm{d}x}=\frac{y+x\ln x}{x},x\mathrm{d}y-y\mathrm{d}x=x\ln x\mathrm{d}x,\mathrm{d}\left(\frac{y}{x}\right)=\frac{\ln x}{x}\mathrm{d}x=\frac{1}{2}\mathrm{d}(\ln x)^2,$$

$$y=\frac{1}{2}x(\ln x)^2,y(\mathrm{e})=\frac{\mathrm{e}}{2}.$$

76 【答案】 C

【分析】 由题设有 $f(0)=0$，于是 $f'(0)=\lim\limits_{x\to 0}\frac{f(x)-f(0)}{x-0}=\lim\limits_{x\to 0}\frac{f(x)}{x}=0$，可见 $y=f(x)$ 在 $x=0$ 处的切线平行于 x 轴，所以应选(C).

77 【答案】 B

【分析】 当 $y(0)=1,y'(0)=0$ 时，微分方程为 $y''(0)=1-a_2$，所以当 $a_2<1$，即 $y''(0)>0$ 时，$x=0$ 是极小值点，故选(B).

78 【答案】 C

【分析】 由于 $f(x)$ 为奇函数，故 $f(0)=0$.

$f(x)$ 在以 $0,x(-1\leqslant x\leqslant 1)$ 为端点的区间上用拉格朗日中值定理，有

$$|f(x)|=|f(x)-f(0)|=|f'(\xi)||x-0|\leqslant M\cdot 1,$$

故 $\forall x\in[-1,1]$，$|f(x)|\leqslant M$.

79 【答案】 C

【分析】 由于 $f(x)$ 在 $x=2$ 处连续，且 $\lim\limits_{x\to 0}\frac{\ln[f(x+2)+\mathrm{e}^{x^2}]}{1-\cos x}=4$，则 $f(2)=0$. 且当 $x\to 0$ 时

$$\ln[f(x+2)+\mathrm{e}^{x^2}]=\ln[1+(f(x+2)+\mathrm{e}^{x^2}-1)]\sim f(x+2)+\mathrm{e}^{x^2}-1,$$

$$\lim_{x\to 0}\frac{\ln[f(x+2)+\mathrm{e}^{x^2}]}{1-\cos x}=\lim_{x\to 0}\frac{f(x+2)+\mathrm{e}^{x^2}-1}{\frac{1}{2}x^2}=2\left[\lim_{x\to 0}\frac{f(x+2)}{x^2}+\lim_{x\to 0}\frac{\mathrm{e}^{x^2}-1}{x^2}\right]$$

$$=2\left[\lim_{x\to 0}\frac{f(x+2)}{x^2}+1\right]=4,$$

则 $\lim\limits_{x\to 0}\frac{f(x+2)}{x^2}=1$.

$$\lim_{x\to 0}\frac{f(x+2)}{x^2}=\lim_{x\to 0}\frac{\frac{f(2+x)-f(2)}{x}}{x}=1,\text{则}\lim_{x\to 0}\frac{f(2+x)-f(2)}{x}=0,\text{即 } f'(2)=0,$$

$x=2$ 为驻点.

又 $\lim\limits_{x\to 0}\frac{f(x+2)}{x^2}=1>0$,由极限的保号性知,在 $x=0$ 的某去心邻域内,$f(x+2)>0$,即 $f(x+2)>f(2)$,从而 $f(x)$ 在 $x=2$ 处取极小值,故应选(C).

80 【答案】 C

【分析】 令 $g(x)=2x^3-9x^2+12x-3$,则

$$g'(x)=6x^2-18x+12=6(x-1)(x-2).$$

令 $g'(x)=0$,得 $x_1=1,x_2=2$.

当 $x\in(-\infty,1)$ 时,$g'(x)>0$,$g(x)$ 单调增;

当 $x\in(1,2)$ 时,$g'(x)<0$,$g(x)$ 单调减;

当 $x\in(2,+\infty)$ 时,$g'(x)>0$,$g(x)$ 单调增,

$g(1)=2,g(2)=1,g(0)=-3<0$,则 $g(x)$ 在 $(-\infty,1)$ 上有唯一零点 x_0,故

$$f(x)=\begin{cases}-g(x), & x<x_0,\\ g(x), & x\geqslant x_0,\end{cases}$$

由此可得,$x_1=1,x_2=2$ 是 $f(x)$ 的驻点,$x=x_0,x_1=1,x_2=2$ 是 $f(x)$ 的极值点,则 $m=2,n=3$,故应选(C).

81 【答案】 D

【分析】 证明(D)正确.设 $f'''(x_0)>0$,由

$$f'''(x_0)=\lim_{x\to x_0}\frac{f''(x)-f''(x_0)}{x-x_0}=\lim_{x\to x_0}\frac{f''(x)}{x-x_0}>0$$

知,存在 $x=x_0$ 的某去心邻域 $f''(x)$ 与 $x-x_0$ 同号,又因 $f'(x_0)=0$,故在该去心邻域内 $f'(x)>0$,所以 $f(x_0)$ 不是 $f(x)$ 的极值,选(D).

(A)(B)(C)均不正确.因(A)中未设 $f(x)$ 在 $x=0$ 处连续,由 $f'(x)>0(x\neq 0)$,只能推出 $(-\infty,0)$ 与 $(0,+\infty)$ 内 $f(x)$ 分别严格单调增.(B)中未设 $f(x)$ 在 $x=0$ 处可导,例如 $f(x)=|x|$,在 $x=0$ 处不可导.(C)中未设 $f'(x_0)=0$.

82 【答案】 B

【分析】

$$F'(x)=2(x-1)f(x)+(x-1)^2f'(x),$$

由 $f(1)=f(2)=0$ 知,$F(1)=F(2)=0$,故存在 $\xi\in(1,2)$,使 $F'(\xi)=0$,于是根据 $F'(1)=0,F'(\xi)=0$ 知存在 $\eta\in(1,\xi)\subset(1,2)$,使得 $F''(\eta)=0$,故正确答案为(B).

83 【答案】 C

【分析】 $x=0$ 和 $x=-1$ 是铅直渐近线,注意 $x=1$ 不是铅直渐近线.

84 【答案】 D

【分析】 通过举出反例可得出不选(A)(B)(C).

例 $f(x)=x$,$\int_{-1}^{1}f(x)\mathrm{d}x=0$,但 $\int_{-1}^{1}f^2(x)\mathrm{d}x=2\int_0^1x^2\mathrm{d}x=\frac{2}{3}\neq 0$,因此不选(A)(C).

例 $f(x)=0$ 时，$\int_a^b f(x)\mathrm{d}x=0$，但 $\int_a^b f^2(x)\mathrm{d}x=0$，因此不选(B).

由排除法，应选(D).

85 【答案】 B

【分析】 由于 $f(x)$ 为连续函数，故其在 $[0,3]$ 上必存在最大值与最小值. 选项(D) 不正确.

由于

$$f'(x)=(x^2-4x+3)\mathrm{e}^{x^2}=(x-1)(x-3)\mathrm{e}^{x^2},$$

故当 $x\in(0,1)$ 时，$f(x)$ 单调增加；当 $x\in(1,3)$ 时，$f(x)$ 单调减少. $f(x)$ 在 $[0,3]$ 上不是单调函数. 选项(A) 不正确. 并且，由 $f(x)$ 的单调性可知，$x=1$ 是 $f(x)$ 的极大值点，也是最大值点. $f(x)$ 的最小值在 $x=0$ 或 $x=3$ 处取得.

$$f(0)=0.$$

$$\begin{aligned}f(3)&=\int_0^3(t^2-4t+3)\mathrm{e}^{t^2}\mathrm{d}t=\int_0^1(t^2-4t+3)\mathrm{e}^{t^2}\mathrm{d}t+\int_1^3(t^2-4t+3)\mathrm{e}^{t^2}\mathrm{d}t\\&<\mathrm{e}\int_0^1(t^2-4t+3)\mathrm{d}t+\mathrm{e}\int_1^3(t^2-4t+3)\mathrm{d}t=\mathrm{e}\int_0^3(t^2-4t+3)\mathrm{d}t\\&=\mathrm{e}\left(\frac{t^3}{3}-2t^2+3t\right)\Big|_0^3=0.\end{aligned}$$

于是，$f(3)<0=f(0)$. $f(x)$ 的最小值不是 0. 选项(C) 不正确.

由排除法可知，应选(B).

$$\begin{aligned}f(1)&=\int_0^1(t^2-4t+3)\mathrm{e}^{t^2}\mathrm{d}t\leqslant\int_0^1(t^2-4t+3)\mathrm{e}^{t}\mathrm{d}t=\int_0^1 t^2\mathrm{e}^t\mathrm{d}t-4\int_0^1 t\mathrm{e}^t\mathrm{d}t+3\int_0^1\mathrm{e}^t\mathrm{d}t\\&=\int_0^1 t^2\mathrm{d}(\mathrm{e}^t)-4\int_0^1 t\mathrm{e}^t\mathrm{d}t+3\int_0^1\mathrm{e}^t\mathrm{d}t=t^2\mathrm{e}^t\Big|_0^1-6\int_0^1 t\mathrm{e}^t\mathrm{d}t+3\int_0^1\mathrm{e}^t\mathrm{d}t\\&=\mathrm{e}-6\int_0^1 t\mathrm{d}(\mathrm{e}^t)+3\int_0^1\mathrm{e}^t\mathrm{d}t=\mathrm{e}-6t\mathrm{e}^t\Big|_0^1+9\int_0^1\mathrm{e}^t\mathrm{d}t\\&=-5\mathrm{e}+9(\mathrm{e}-1)=4\mathrm{e}-9.\end{aligned}$$

因此，$4\mathrm{e}-9$ 是函数 $f(x)$ 的一个上界. 选项(B) 正确.

86 【答案】 A

【分析】 $I_1=\int_0^a x^2f(x^2)x\mathrm{d}x=\frac{1}{2}\int_0^a x^2f(x^2)\mathrm{d}(x^2)=\frac{1}{2}\int_0^{a^2}uf(u)\mathrm{d}u=\frac{1}{2}I_2$，即 $2I_1=I_2$，应选(A).

87 【答案】 A

【分析】
$$\int\frac{f(ax)}{a}\mathrm{d}x=\frac{1}{a^2}\int f(ax)\mathrm{d}(ax)=\frac{1}{a^2}\cdot\frac{\sin ax}{ax}+C.$$

故选(A).

88 【答案】 D

【分析】 显然 $f(x)$ 仅在 $x=0$ 处不连续，且 $x=0$ 是第一类间断点(跳跃间断点)，则 $f(x)$ 在 $[-1,1]$ 上没有原函数，但 $f(x)$ 在 $[-1,1]$ 上可积，因此，(A)(B) 选项都不正确.

$g(x)=\begin{cases}x\sin\dfrac{1}{x}, & x\neq 0,\\ 0, & x=0\end{cases}$ 是一个连续函数，则 $g(x)$ 在 $[-1,1]$ 上有原函数，且可积.

故应选(D).

89 【答案】 C

【分析】 记 $f(x)=\frac{e^{x^2}-1}{x}, x\in(0,1)$. 计算 $f'(x)$,得 $f'(x)=\frac{(2x^2-1)e^{x^2}+1}{x^2}$.

令 $g(x)=(2x^2-1)e^{x^2}+1$,则

$$g'(x)=4xe^{x^2}+(2x^2-1)\cdot 2xe^{x^2}=2x(2x^2+1)e^{x^2}>0.$$

于是,$g(x)$ 在 $(0,1)$ 内单调增加. 由于 $g(0)=0$,故在 $(0,1)$ 内,$g(x)>g(0)=0$. 从而 $f'(x)$ 在 $(0,1)$ 内大于 0,$f(x)$ 在 $(0,1)$ 内单调增加.

$$\begin{aligned}\frac{e^{\xi^2}-1}{\xi}-\frac{e^{\eta^2}-1}{\eta}&=\int_0^1\frac{e^{x^2}-1}{x}dx-\frac{1}{a}\int_0^a\frac{e^{x^2}-1}{x}dx\\&=\int_0^a\frac{e^{x^2}-1}{x}dx+\int_a^1\frac{e^{x^2}-1}{x}dx-\frac{1}{a}\int_0^a\frac{e^{x^2}-1}{x}dx\\&=\frac{a-1}{a}\int_0^a\frac{e^{x^2}-1}{x}dx+\int_a^1\frac{e^{x^2}-1}{x}dx\\&=(a-1)\frac{e^{x_1^2}-1}{x_1}+(1-a)\frac{e^{x_2^2}-1}{x_2}\\&=(1-a)\left(\frac{e^{x_2^2}-1}{x_2}-\frac{e^{x_1^2}-1}{x_1}\right).\end{aligned}$$

其中 $x_1\in(0,a)$,$x_2\in(a,1)$,而$\frac{e^{x^2}-1}{x}$ 单调增加,故$\frac{e^{x_2^2}-1}{x_2}>\frac{e^{x_1^2}-1}{x_1}$,从而$\frac{e^{\xi^2}-1}{\xi}>\frac{e^{\eta^2}-1}{\eta}$.

又因为$\frac{e^{x^2}-1}{x}$ 单调增加,所以 $\xi>\eta$. 因此,应选(C).

【评注】 实际上,由于$\frac{e^{x^2}-1}{x}$ 在 $(0,1)$ 内单调增加,故从几何直观上看,$\frac{e^{x^2}-1}{x}$ 在 $(0,a)$ 上的平均值随着 a 的增加而增加. 于是,$\frac{e^{\xi^2}-1}{\xi}>\frac{e^{\eta^2}-1}{\eta}$. 又因为$\frac{e^{x^2}-1}{x}$ 单调增加,所以 $\xi>\eta$.

90 【答案】 B

【分析】 利用换元积分法.

$$\int_0^1\frac{\left|x-\frac{1}{2}\right|}{1+f(x)}dx\xlongequal{t=1-x}-\int_1^0\frac{\left|\frac{1}{2}-t\right|}{1+f(1-t)}dt=\int_0^1\frac{\left|t-\frac{1}{2}\right|}{1+\frac{1}{f(t)}}dt=\int_0^1\frac{f(t)\left|t-\frac{1}{2}\right|}{1+f(t)}dt.$$

于是,$\int_0^1\frac{\left|x-\frac{1}{2}\right|}{1+f(x)}dx=\int_0^1\frac{f(t)\left|t-\frac{1}{2}\right|}{1+f(t)}dt$,从而

$$\begin{aligned}2\int_0^1\frac{\left|x-\frac{1}{2}\right|}{1+f(x)}dx&=\int_0^1\frac{[1+f(x)]\left|x-\frac{1}{2}\right|}{1+f(x)}dx=\int_0^1\left|x-\frac{1}{2}\right|dx\\&\xlongequal{t=x-\frac{1}{2}}\int_{-\frac{1}{2}}^{\frac{1}{2}}|t|dt=2\int_0^{\frac{1}{2}}tdt=\frac{1}{4}.\end{aligned}$$

因此，原积分 $=\dfrac{1}{8}$. 应选(B).

91 【答案】 D

【分析】 注意到 $t\cos t$ 为奇函数，故 $f(x)$ 为偶函数，且 $f(-1)=f(1)=0$. 于是，$(-1,0)$，$(1,0)$ 为曲线 $y=f(x)$ 与 x 轴的交点.

$f'(x)=x\cos x$. 当 $x\in\left(-\dfrac{\pi}{2},0\right)$ 时，$\cos x>0$，$x<0$，$f'(x)<0$，$f(x)$ 单调减少；当 $x\in\left(0,\dfrac{\pi}{2}\right)$ 时，$\cos x>0$，$x>0$，$f'(x)>0$，$f(x)$ 单调增加.

因此，当 $x\in(-1,1)$ 时，曲线 $y=f(x)$ 位于 x 轴下方；当 $x\in\left(-\dfrac{\pi}{2},-1\right)$ 或 $x\in\left(1,\dfrac{\pi}{2}\right)$ 时，曲线 $y=f(x)$ 位于 x 轴上方.

根据定积分的几何意义，$y=f(x)$ 与 x 轴所围图形的面积为

$$S=-\int_{-1}^{1}f(x)\mathrm{d}x\xlongequal{\text{对称性}}-2\int_0^1 f(x)\mathrm{d}x=-2\left[xf(x)\Big|_0^1-\int_0^1 xf'(x)\mathrm{d}x\right]\xlongequal{f(1)=0}2\int_0^1 x^2\cos x\mathrm{d}x.$$

因此，应选(D).

92 【答案】 B

【分析】 $\forall A>1$，有 $f(A)=f(1)+\displaystyle\int_1^A f'(x)\mathrm{d}x$.

由题设知 $\displaystyle\lim_{A\to+\infty}f(A)=f(1)+\lim_{A\to+\infty}\int_1^A f'(x)\mathrm{d}x=f(1)+\int_1^{+\infty}f'(x)\mathrm{d}x=a$，其中 a 是一个常数.

又因为 $\displaystyle\int_1^{+\infty}f(x)\mathrm{d}x$ 收敛，且存在极限 $\displaystyle\lim_{x\to+\infty}f(x)=a$，所以必有极限值 $a=0$，即 $\displaystyle\lim_{x\to+\infty}f(x)=0$.

93 【答案】 C

【分析】 **直接法**

$$\int_{-x}^{0}f(t)\mathrm{d}t\xlongequal{t=-u}\int_0^x f(-u)\mathrm{d}u,$$

则
$$\int_0^x f(t)\mathrm{d}t-\int_{-x}^0 f(t)\mathrm{d}t=\int_0^x f(t)\mathrm{d}t-\int_0^x f(-t)\mathrm{d}t=\int_0^x[f(t)-f(-t)]\mathrm{d}t.$$

由于 $f(x)$ 以 T 为周期，则 $f(-x)$ 也以 T 为周期，从而 $f(x)-f(-x)$ 也以 T 为周期，又 $f(x)-f(-x)$ 是奇函数，则 $f(x)-f(-x)$ 在其一个周期 $\left[-\dfrac{T}{2},\dfrac{T}{2}\right]$ 上的积分

$$\int_{-\frac{T}{2}}^{\frac{T}{2}}[f(x)-f(-x)]\mathrm{d}x=0,$$

而 $\displaystyle\int_0^x[f(t)-f(-t)]\mathrm{d}t$ 是函数 $f(x)-f(-x)$ 的一个原函数，则 $\displaystyle\int_0^x[f(t)-f(-t)]\mathrm{d}t$ 是周期函数，故应选(C).

排除法

令 $f(x)=1+\cos x$，显然 $f(x)$ 是以 2π 为周期的周期函数，而

$$\int_0^x f(t)\mathrm{d}t = \int_0^x (1+\cos t)\mathrm{d}t = x+\sin x,$$

$$\int_{-x}^0 f(t)\mathrm{d}t = \int_{-x}^0 (1+\cos t)\mathrm{d}t = x+\sin x,$$

$$\int_0^x f(t)\mathrm{d}t + \int_{-x}^0 f(t)\mathrm{d}t = 2(x+\sin x),$$

而 $x+\sin x$ 不是周期函数，所以排除选项(A)(B)(D)，故应选(C).

94　【答案】 D

【分析】 **直接法**　由于 $x\to 0$ 时，$1-\cos x^2 \sim \frac{1}{2}x^4$，$\int_0^x \ln(1+t^2)\mathrm{d}t \sim \int_0^x t^2\mathrm{d}t = \frac{1}{3}x^3$，

所以

$$\lim_{x\to 0}\frac{1-\cos x^2}{f(x)\int_0^x \ln(1+t^2)\mathrm{d}t} = \lim_{x\to 0}\frac{\frac{1}{2}x^4}{f(x)\left(\frac{1}{3}x^3\right)} = \frac{3}{2}\lim_{x\to 0}\frac{x}{f(x)} = 3,$$

由此可得 $\lim\limits_{x\to 0}f(x) = 0 = f(0)$，即 $f(x)$ 在 $x=0$ 处连续.

又 $\lim\limits_{x\to 0}\frac{x}{f(x)} = 2$，即 $\lim\limits_{x\to 0}\frac{f(x)}{x} = \lim\limits_{x\to 0}\frac{f(x)-f(0)}{x} = f'(0) = \frac{1}{2}$.

故选(D).

排除法　由于 $x\to 0$ 时，$1-\cos x^2 \sim \frac{1}{2}x^4$，$\int_0^x \ln(1+t^2)\mathrm{d}t \sim \int_0^x t^2\mathrm{d}t = \frac{1}{3}x^3$.

取 $f(x) = \frac{1}{2}x$，则

$$\lim_{x\to 0}\frac{1-\cos x^2}{f(x)\int_0^x \ln(1+t^2)\mathrm{d}t} = \lim_{x\to 0}\frac{\frac{1}{2}x^4}{\left(\frac{1}{2}x\right)\left(\frac{1}{3}x^3\right)} = 3,$$

即 $f(x) = \frac{1}{2}x$ 满足题设条件，显然(A)(B)(C)均不正确，故应选(D).

95　【答案】 C

【分析】 $$\lim_{x\to 0}\frac{f(x)}{g(x)} = \lim_{x\to 0}\frac{\int_0^{\sin x}(\mathrm{e}^{t^2}-1)\mathrm{d}t}{\int_0^x (t^2-a^2)h(t)\mathrm{d}t} = \lim_{x\to 0}\frac{(\mathrm{e}^{\sin^2 x}-1)\cos x}{(x^2-a^2)h(x)} = 0,$$

所以当 $x\to 0$ 时，$f(x)$ 是 $g(x)$ 的高阶无穷小，故选(C).

96　【答案】 C

【分析】 **直接法**

$$F(x) = x^2\int_0^x f(t)\mathrm{d}t - \int_0^x t^2 f(t)\mathrm{d}t,$$

则
$$F'(x) = 2x\int_0^x f(t)\mathrm{d}t + x^2 f(x) - x^2 f(x) = 2x\int_0^x f(t)\mathrm{d}t,$$

$$\lim_{x\to 0}\frac{F'(x)}{x^k} = \lim_{x\to 0}\frac{2x\int_0^x f(t)\mathrm{d}t}{x^k} = \lim_{x\to 0}\frac{2\int_0^x f(t)\mathrm{d}t}{x^{k-1}},$$

$$\xlongequal{\text{洛必达法则}} \lim_{x\to 0}\frac{2f(x)}{(k-1)x^{k-2}},$$

由于当 $x\to 0$ 时，$F'(x)$ 与 x^k 为同阶无穷小，即该极限为非零常数，当且仅当 $k-2=1$，即 $k=3$ 时

$$\lim_{x\to 0}\frac{F'(x)}{x^k}=\lim_{x\to 0}\frac{2f(x)}{2x}=f'(0)\neq 0.$$

排除法　取 $f(x)=x$，显然满足题设条件，此时

$$F(x)=\int_0^x (x^2-t^2)t\mathrm{d}t=x^2\int_0^x t\mathrm{d}t-\int_0^x t^3\mathrm{d}t=\frac{x^4}{4},$$

$$F'(x)=x^3.$$

由题设当 $x\to 0$ 时，$F'(x)$ 与 x^k 为同阶无穷小，则排除选项(A)(B)(D)，故应选(C).

97　【答案】 B

【分析】　**方法一**　由 $|f(x)|\leqslant x^2$ 知，$f(0)=0$，又

$$f'(0)=\lim_{x\to 0}\frac{f(x)}{x},$$

$$\left|\frac{f(x)}{x}\right|\leqslant\frac{x^2}{|x|}=|x|,$$

由夹逼准则知 $\lim\limits_{x\to 0}\left|\frac{f(x)}{x}\right|=0$，则 $f'(0)=\lim\limits_{x\to 0}\frac{f(x)}{x}=0$.

由 $f''(x)>0$ 可知 $f'(x)$ 单调增，又 $f'(0)=0$，$f(0)=0$，则

当 $-1\leqslant x<0$ 时，$f'(x)<0$，$f(x)$ 单调减，$f(x)>0$；

当 $0<x\leqslant 1$ 时，$f'(x)>0$，$f(x)$ 单调增，$f(x)>0$.

则 $I=\int_{-1}^1 f(x)\mathrm{d}x>0$，故应选(B).

方法二　由 $|f(x)|\leqslant x^2$ 知，$f(0)=0$，又由泰勒公式

$$f(x)=f(0)+f'(0)x+\frac{f''(\xi)}{2!}x^2=f'(0)x+\frac{f''(\xi)}{2!}x^2,$$

则

$$\int_{-1}^1 f(x)\mathrm{d}x=f'(0)\int_{-1}^1 x\mathrm{d}x+\frac{1}{2}\int_{-1}^1 f''(\xi)x^2\mathrm{d}x>0.$$

故应选(B).

98　【答案】 B

【分析】　**直接法**

$$\int_0^{+\infty}\frac{x}{(1+x^2)^2}\mathrm{d}x=-\frac{1}{2(1+x^2)}\Bigg|_0^{+\infty}=\frac{1}{2},$$

$$\int_{-\infty}^0\frac{x}{(1+x^2)^2}\mathrm{d}x=-\frac{1}{2(1+x^2)}\Bigg|_{-\infty}^0=-\frac{1}{2},$$

$$\int_{-\infty}^{+\infty}\frac{x}{(1+x^2)^2}\mathrm{d}x=\frac{1}{2}-\frac{1}{2}=0.$$

故应选(B).

排除法

由于

$$\int_0^{+\infty}\frac{x}{1+x^2}\mathrm{d}x=\frac{1}{2}\ln(1+x^2)\Bigg|_0^{+\infty}=+\infty,$$

即该反常积分发散，则$\int_{-\infty}^{+\infty}\frac{x}{1+x^2}\mathrm{d}x$发散.

由于

$$\int_0^1\frac{1}{\sin x}\mathrm{d}x=-\ln(\csc x+\cot x)\Big|_0^1=\infty,$$

即该反常积分发散，则$\int_{-1}^1\frac{1}{\sin x}\mathrm{d}x$发散.

由于

$$\int_0^{+\infty}\mathrm{e}^{-|x|}\mathrm{d}x=\int_0^{+\infty}\mathrm{e}^{-x}\mathrm{d}x=-\mathrm{e}^{-x}\Big|_0^{+\infty}=1,$$

即该反常积分收敛，同理，$\int_{-\infty}^0\mathrm{e}^{-|x|}\mathrm{d}x$也收敛，则

$$\int_{-\infty}^{+\infty}\mathrm{e}^{-|x|}\mathrm{d}x=2\int_0^{+\infty}\mathrm{e}^{-x}\mathrm{d}x=2.$$

则排除选项(A)(C)(D)，故应选(B).

【评注】 定积分中的结论：$\int_{-a}^a f(x)\mathrm{d}x=\begin{cases}0, & f(x)\text{为奇函数时},\\ 2\int_0^a f(x)\mathrm{d}x, & f(x)\text{为偶函数时}.\end{cases}$

在反常积分中要附加条件“$\int_{-\infty}^{+\infty}f(x)\mathrm{d}x$收敛”，此时才有结论：

$$\int_{-\infty}^{+\infty}f(x)\mathrm{d}x=\begin{cases}0, & f(x)\text{为奇函数时},\\ 2\int_0^{+\infty}f(x)\mathrm{d}x, & f(x)\text{为偶函数时}.\end{cases}$$

本题(A)(C)选项中的反常积分发散，所以不能用上面的结论，而(B)(D)选项中的反常积分收敛，所以可用上面的结论.

99 【答案】 C

【分析】 因$\int_0^{+\infty}\mathrm{e}^{|x|}\sin 2x\mathrm{d}x=\int_0^{+\infty}\mathrm{e}^x\sin 2x\mathrm{d}x=\frac{\mathrm{e}^x(\sin 2x-2\cos 2x)}{5}\Big|_0^{+\infty}$

$$=\lim_{x\to+\infty}\frac{\mathrm{e}^x(\sin 2x-2\cos 2x)}{5}+\frac{2}{5},$$

又$\lim\limits_{x\to+\infty}\frac{\mathrm{e}^x(\sin 2x-2\cos 2x)}{5}$不存在，所以$\int_0^{+\infty}\mathrm{e}^{|x|}\sin 2x\mathrm{d}x$发散，因此$\int_{-\infty}^{+\infty}\mathrm{e}^{|x|}\sin 2x\mathrm{d}x$发散.

100 【答案】 D

【分析】 将积分拆分成两部分

$$\int_0^{+\infty}\frac{x^{p-1}}{\ln(1+x)}\mathrm{d}x=\int_0^1\frac{x^{p-1}}{\ln(1+x)}\mathrm{d}x+\int_1^{+\infty}\frac{x^{p-1}}{\ln(1+x)}\mathrm{d}x.$$

先考虑$\int_0^1\frac{x^{p-1}}{\ln(1+x)}\mathrm{d}x$.

$x=0$为$\frac{x^{p-1}}{\ln(1+x)}$的可能瑕点. 当$x\to0^+$时，$\frac{x^{p-1}}{\ln(1+x)}\sim x^{p-2}$.

当$p\geqslant 2$时，$p-2\geqslant 0$，$x=0$不是瑕点. $\int_0^1\frac{x^{p-1}}{\ln(1+x)}\mathrm{d}x$存在.

当 $p<2$ 时，$\int_0^1 \frac{x^{p-1}}{\ln(1+x)}\mathrm{d}x$ 与 $\int_0^1 \frac{1}{x^{2-p}}\mathrm{d}x$ 的敛散性相同.

当 $0<2-p<1$，即 $1<p<2$ 时，$\int_0^1 \frac{1}{x^{2-p}}\mathrm{d}x$ 收敛，从而 $\int_0^1 \frac{x^{p-1}}{\ln(1+x)}\mathrm{d}x$ 收敛. 当 $p\leqslant 1$ 时，$\int_0^1 \frac{1}{x^{2-p}}\mathrm{d}x$ 发散，从而 $\int_0^1 \frac{x^{p-1}}{\ln(1+x)}\mathrm{d}x$ 发散.

因此，当 $p>1$ 时，$\int_0^1 \frac{x^{p-1}}{\ln(1+x)}\mathrm{d}x$ 收敛.

但当 $p>1$ 时，$p-1>0$，当 $x\to+\infty$ 时，$\frac{x^{p-1}}{\ln(1+x)}$ 为无穷大量，$\int_1^{+\infty} \frac{x^{p-1}}{\ln(1+x)}\mathrm{d}x$ 发散.

综上所述，不存在 p，使得 $\int_0^{+\infty} \frac{x^{p-1}}{\ln(1+x)}\mathrm{d}x$ 收敛，故选(D).

【评注】 当 $p<0$ 时，$1-p>1$，$\lim\limits_{x\to+\infty} x^{1-p}\frac{x^{p-1}}{\ln(1+x)}=0$. 由反常积分审敛法可知 $\int_1^{+\infty} \frac{x^{p-1}}{\ln(1+x)}\mathrm{d}x$ 收敛.

101 **【答案】** C

【分析】 **直接法** 由于 $f'_x(x_0,y_0)$ 存在，则一元函数 $\varphi(x)=f(x,y_0)$ 在 $x=x_0$ 处可导，因此 $\varphi(x)=f(x,y_0)$ 在 $x=x_0$ 处连续，则 $\lim\limits_{x\to x_0}\varphi(x)=\lim\limits_{x\to x_0}f(x,y_0)=\varphi(x_0)=f(x_0,y_0)$，故 $\lim\limits_{x\to x_0}f(x,y_0)$ 存在.

排除法 令 $f(x,y)=\begin{cases}\frac{xy}{x^2+y^2}, & x^2+y^2\neq 0,\\ 0, & x^2+y^2=0,\end{cases}$ 则

$$f'_x(0,0)=\lim_{\Delta x\to 0}\frac{f(\Delta x,0)-f(0,0)}{\Delta x}=\lim_{\Delta x\to 0}\frac{0-0}{\Delta x}=0.$$

由对称性知 $f'_y(0,0)=0$. 但极限 $\lim\limits_{\substack{x\to 0\\ y\to 0}}f(x,y)=\lim\limits_{\substack{x\to 0\\ y\to 0}}\frac{xy}{x^2+y^2}$ 不存在. 则 $f(x,y)$ 在点$(0,0)$ 处不连续，$f(x,y)$ 在点$(0,0)$ 处必不可微，选项(A)(B)(D) 都不正确，故选(C).

102 **【答案】** D

【分析】 令 $F(x,y,z)=xy-z\ln y+\mathrm{e}^{xz}-1$，则

$$F'_x=y+z\mathrm{e}^{xz},F'_y=x-\frac{z}{y},F'_z=-\ln y+x\mathrm{e}^{xz},$$

且 $F'_x(0,1,1)=2$，$F'_y(0,1,1)=-1$，$F'_z(0,1,1)=0$. 由此可确定相应的隐函数 $x=x(y,z)$ 和 $y=y(x,z)$. 故应选(D).

103 **【答案】** B

【分析】 由已知，$x=x_0$ 是函数 $g(x)=f(x,y_0)$ 的极大值点，则有

$$g'(x_0)=\frac{\mathrm{d}}{\mathrm{d}x}f(x,y_0)\Big|_{x=x_0}=\frac{\partial f}{\partial x}\Big|_{M_0}=0,$$

$$g''(x_0)=\frac{\mathrm{d}^2}{\mathrm{d}x^2}f(x,y_0)\Big|_{x=x_0}=\frac{\partial^2 f}{\partial x^2}\Big|_{M_0}\leqslant 0.$$

(若 $g''(x_0) > 0$,则 $x = x_0$ 是 $g(x)$ 的极小值点,与已知相互矛盾)

同理,$y = y_0$ 是函数 $h(y) = f(x_0, y)$ 的极大值点,且 $h''(y_0) = \frac{d^2}{dy^2} f(x_0, y) = \left.\frac{\partial^2 f}{\partial y^2}\right|_{M_0} \leqslant 0$.

104 【答案】 D

【分析】 因为

$$f\left(\frac{1}{y}, \frac{1}{x}\right) = \frac{xy - x^2}{x - 2y} = \frac{\frac{1}{x} - \frac{1}{y}}{\frac{1}{xy} - \frac{2}{x^2}},$$

令 $\frac{1}{y} = u, \frac{1}{x} = v$,则 $f(u, v) = \frac{v - u}{uv - 2v^2}$,所以,$f(x, y) = \frac{y - x}{xy - 2y^2}$. 故选(D).

105 【答案】 C

【分析】 由 $\lim\limits_{(x,y)\to(0,0)} \frac{f(x,y)}{|x| + |y|} = -1$ 及 $\lim\limits_{(x,y)\to(0,0)} |x| + |y| = 0$,

知 $\lim\limits_{(x,y)\to(0,0)} f(x,y) = 0$,又 $f(x,y)$ 在点 $(0,0)$ 处连续,则 $f(0,0) = 0$.

由 $\lim\limits_{(x,y)\to(0,0)} \frac{f(x,y)}{|x| + |y|} = -1$ 及极限的保号性知,在 $(0,0)$ 点的某去心邻域内,有

$$\frac{f(x,y)}{|x| + |y|} < 0,$$

从而有 $f(x,y) < 0$,又 $f(0,0) = 0$,由极值定义知 $f(x,y)$ 在点 $(0,0)$ 处取极大值. 故(C) 是不正确的,应选(C).

事实上,由 $\lim\limits_{(x,y)\to(0,0)} \frac{f(x,y)}{|x| + |y|} = -1$ 知,

$$f(0,0) = 0, 且 \lim_{x\to 0} \frac{f(x,0)}{|x|} = -1,$$

而 $$\lim_{x\to 0} \frac{f(x,0) - f(0,0)}{x} = \lim_{x\to 0} \frac{f(x,0)}{|x|} \cdot \frac{|x|}{x} = \begin{cases} -1, & (x \to 0^+) \\ 1, & (x \to 0^-) \end{cases}$$

则 $f'_x(0,0)$ 不存在,同理 $f'_y(0,0)$ 不存在,因此 $f(x,y)$ 在 $(0,0)$ 处不可微,故(A)(B)(D) 是正确的.

106 【答案】 C

【分析】 **方法一** 容易验证,只有(C) 选项中的函数同时满足题设中的三个条件,故应选(C).

方法二 由 $\frac{\partial^2 z}{\partial y^2} = 2$ 知 $\frac{\partial z}{\partial y} = \int 2dy = 2y + \varphi(x)$. 由题设条件 $f'_y(x,1) = 1 + x$ 知,

$$1 + x = 2 + \varphi(x) \Rightarrow \varphi(x) = x - 1 \Rightarrow \frac{\partial z}{\partial y} = 2y + x - 1,$$

于是 $$z = \int (2y + x - 1)dy = y^2 + y(x - 1) + \psi(x).$$

由 $f(x,1) = x + 2$ 知,$x + 2 = 1 + (x - 1) + \psi(x) \Rightarrow \psi(x) = 2$,

则 $z = y^2 + y(x - 1) + 2$. 故应选(C).

【评注】 方法一只适用于选择题,方法二是一般方法.

107 【答案】 D

【分析】 $f(2,1)=f(2,1)-f(0,0)$

$$=[f(2,1)-f(0,1)]+[f(0,1)-f(0,0)]$$

$$=2f'_x(\xi,1)+f'_y(0,\eta).\quad \text{（拉格朗日中值定理）}$$

由于 $f(2,1)>3, f'_y(x,y)<0$,则 $f'_x(\xi,1)>\dfrac{3}{2}$.

108 【答案】 C

【分析】 由于 $\lim\limits_{\substack{x\to0\\y\to0}}f(x,y)=\lim\limits_{\substack{x\to0\\y\to0}}\dfrac{xy^2}{x^2+y^2}=0=f(0,0)$,则 $f(x,y)$ 在点 $(0,0)$ 处连续,故 (A) 不正确.

由偏导数定义知

$$f'_x(0,0)=\lim_{\Delta x\to0}\frac{f(\Delta x,0)-f(0,0)}{\Delta x}=\lim_{\Delta x\to0}\frac{0-0}{\Delta x}=0,$$

$$f'_y(0,0)=\lim_{\Delta y\to0}\frac{f(0,\Delta y)-f(0,0)}{\Delta y}=\lim_{\Delta y\to0}\frac{0-0}{\Delta y}=0,$$

但

$$\lim_{\substack{\Delta x\to0\\\Delta y\to0}}\frac{[f(\Delta x,\Delta y)-f(0,0)]-[f'_x(0,0)\Delta x+f'_y(0,0)\Delta y]}{\rho}=\lim_{\substack{\Delta x\to0\\\Delta y\to0}}\frac{\Delta x\,(\Delta y)^2}{[(\Delta x)^2+(\Delta y)^2]^{\frac{3}{2}}}$$

不存在,因为

$$\lim_{\substack{\Delta x\to0^+\\\Delta y=k\Delta x}}\frac{\Delta x\,(\Delta y)^2}{[(\Delta x)^2+(\Delta y)^2]^{\frac{3}{2}}}=\lim_{\Delta x\to0^+}\frac{k^2\,(\Delta x)^3}{[(\Delta x)^2+k^2\,(\Delta x)^2]^{\frac{3}{2}}}=\frac{k^2}{(1+k^2)^{\frac{3}{2}}}$$

与 k 有关,所以 $f(x,y)$ 在 $(0,0)$ 点处不可微,应选(C).

109 【答案】 C

【分析】 由极限 $\lim\limits_{\substack{x\to0\\y\to0}}\dfrac{f(x,y)}{e^{(x+y)^2}-1}=\lim\limits_{\substack{x\to0\\y\to0}}\dfrac{f(x,y)}{(x+y)^2}=3$,得

$$f(0,0)=\lim_{\substack{x\to0\\y\to0}}f(x,y)=\lim_{\substack{x\to0\\y\to0}}\frac{f(x,y)}{(x+y)^2}(x+y)^2=3\cdot0=0.$$

且
$$\lim_{x\to0}\frac{f(x,0)}{x^2}=3,\lim_{y\to0}\frac{f(0,y)}{y^2}=3.$$

于是
$$f'_x(0,0)=\lim_{x\to0}\frac{f(x,0)-f(0,0)}{x}=\lim_{x\to0}\frac{f(x,0)}{x^2}\cdot x=0,$$

$$f'_y(0,0)=\lim_{y\to0}\frac{f(0,y)-f(0,0)}{y}=\lim_{y\to0}\frac{f(0,y)}{y^2}\cdot y=0.$$

故 $(0,0)$ 是 $f(x,y)$ 的驻点. 由极限的保号性,在点 $(0,0)$ 的某去心邻域内,$\dfrac{f(x,y)}{(x+y)^2}>0$,即 $f(x,y)>0=f(0,0)$.

所以点 $(0,0)$ 是 $f(x,y)$ 的极小值点，故选(C).

110 【答案】 A

【分析】 因为在积分区域 D 内有 $\dfrac{1}{2}<x+y<1$,故 $\ln(x+y)<0,(x+y)^2>0$,所以

在 D 内有 $\ln(x+y)<(x+y)^2<(x+y)$. 根据二重积分的性质知 $I_1<I_2<I_3$.

111 【答案】 C

【分析】 根据被积函数的特点，先对 y 积分后对 x 积分简单，所以，

$$I=\int_1^2 dx\int_0^{\ln x}\frac{e^{xy}}{x^x-1}dy=\int_1^2\frac{1}{x(x^x-1)}e^{xy}\Big|_0^{\ln x}dx$$
$$=\int_1^2\frac{1}{x(x^x-1)}(e^{x\ln x}-1)dx=\int_1^2\frac{dx}{x}=\ln 2.$$

112 【答案】 C

【分析】 $I=\iint\limits_D xy^2\,dxdy+\iint\limits_D 5e^x\sin^3 y\,dxdy$

$$\xlongequal{\text{利用对称性}}2\iint\limits_{D_1}xy^2\,dxdy+0(\text{其中 }D_1\text{ 为 }D\text{ 的上半区域})$$
$$=2\int_0^{\frac{\pi}{2}}d\theta\int_0^{2\cos\theta}r^4\cos\theta\sin^2\theta dr$$
$$=2\int_0^{\frac{\pi}{2}}\cos\theta\cdot\sin^2\theta\cdot\frac{1}{5}r^5\Big|_0^{2\cos\theta}d\theta$$
$$=\frac{64}{5}\int_0^{\frac{\pi}{2}}\cos^6\theta\sin^2\theta d\theta=\frac{64}{5}\int_0^{\frac{\pi}{2}}(\cos^6\theta-\cos^8\theta)d\theta=\frac{\pi}{4}.$$

113 【答案】 D

【分析】 由原题可知，积分域如右图所示，则

$$\int_{\frac{\pi}{4}}^{\frac{\pi}{2}}d\theta\int_0^{2\sin\theta}f(r\cos\theta,r\sin\theta)rdr=\int_0^1dx\int_x^{1+\sqrt{1-x^2}}f(x,y)dy.$$

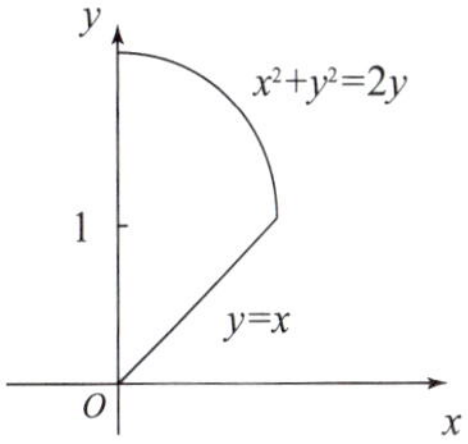

114 【答案】 C

【分析】 等式 $f(x,y)=xy+\iint\limits_D f(u,v)dudv$ 两端积分得

$$\iint\limits_D f(x,y)d\sigma=\iint\limits_D xy\,d\sigma+\iint\limits_D f(u,v)d\sigma\cdot\iint\limits_D d\sigma$$
$$=\frac{1}{12}+\frac{1}{3}\iint\limits_D f(u,v)d\sigma,$$

则 $\iint\limits_D f(u,v)dudv=\frac{1}{8}$.

115 【答案】 D

【分析】 因为

$$\int_0^{\frac{2}{\pi}}dx\int_0^{\pi}xf(\sin y)dy=\int_0^{\frac{2}{\pi}}xdx\int_0^{\pi}f(\sin y)dy=\left(\frac{1}{2}x^2\Big|_0^{\frac{2}{\pi}}\right)\int_0^{\pi}f(\sin y)dy$$
$$=\frac{2}{\pi^2}\int_0^{\pi}f(\sin y)dy=1,$$

所以，$\int_0^{\pi} f(\sin y)\mathrm{d}y = \frac{\pi^2}{2}$，而

$$\int_0^{\pi} f(\sin y)\mathrm{d}y \xlongequal{y=\frac{\pi}{2}+x} \int_{-\frac{\pi}{2}}^{\frac{\pi}{2}} f(\cos x)\mathrm{d}x = 2\int_0^{\frac{\pi}{2}} f(\cos x)\mathrm{d}x = \frac{\pi^2}{2}.$$

从而$\int_0^{\frac{\pi}{2}} f(\cos x)\mathrm{d}x = \frac{\pi^2}{4}$，故选(D).

116 【答案】 B

【分析】 积分区域是以原点为圆心，2 为半径的圆在 y 轴右边的部分，所以

$$\int_0^2 \mathrm{d}x\int_{-\sqrt{4-x^2}}^{\sqrt{4-x^2}} f(x,y)\mathrm{d}y = \int_{-2}^2 \mathrm{d}y\int_0^{\sqrt{4-y^2}} f(x,y)\mathrm{d}x.$$

117 【答案】 C

【分析】 积分区域 $D = D_1 + D_2$，其中

$$D_1 = \left\{(x,y)\,\middle|\, 0 \leqslant y \leqslant 2, \frac{y}{2} \leqslant x \leqslant \sqrt{y}\right\},$$

$$D_2 = \left\{(x,y)\,\middle|\, 2 \leqslant y \leqslant 2\sqrt{2}, \frac{y}{2} \leqslant x \leqslant \sqrt{2}\right\}.$$

于是 D 也可表示为 $D = \{(x,y) \mid 0 \leqslant x \leqslant \sqrt{2}, x^2 \leqslant y \leqslant 2x\}$.

故

$$\int_0^2 \mathrm{d}y\int_{\frac{y}{2}}^{\sqrt{y}} f(x,y)\mathrm{d}x + \int_2^{2\sqrt{2}} \mathrm{d}y\int_{\frac{y}{2}}^{\sqrt{2}} f(x,y)\mathrm{d}x = \int_0^{\sqrt{2}} \mathrm{d}x\int_{x^2}^{2x} f(x,y)\mathrm{d}y.$$

118 【答案】 D

【分析】 **直接法**

由于级数 $\sum_{n=1}^{\infty} u_n$ 绝对收敛，则 $\lim_{n\to\infty} |u_n| = 0$，故当 n 充分大时，$|u_n| < 1$，此时有

$$0 \leqslant u_n^2 < |u_n|.$$

又 $\sum_{n=1}^{\infty} |u_n|$ 收敛，则 $\sum_{n=1}^{\infty} u_n^2$ 收敛.

故应选(D).

排除法

(A) 取 $u_n = \frac{(-1)^{n-1}}{n}$，则级数 $\sum_{n=1}^{\infty} u_n = \sum_{n=1}^{\infty} \frac{(-1)^{n-1}}{n}$ 收敛，而级数 $\sum_{n=1}^{\infty} (-1)^{n-1} u_n = \sum_{n=1}^{\infty} \frac{1}{n}$ 发散，故排除(A).

(B) 取 $u_n = (-1)^n 2^n$，则 $\lim_{n\to\infty} \frac{u_{n+1}}{u_n} = -2 < 1$，但级数 $\sum_{n=1}^{\infty} u_n = \sum_{n=1}^{\infty} (-1)^n 2^n$ 显然是发散的，故排除(B).

(C) 取 $u_n = \frac{(-1)^n}{\sqrt{n}}$，则级数 $\sum_{n=1}^{\infty} u_n = \sum_{n=1}^{\infty} \frac{(-1)^n}{\sqrt{n}}$ 收敛，但级数 $\sum_{n=1}^{\infty} u_n^2 = \sum_{n=1}^{\infty} \frac{1}{n}$ 发散. 排除(C)，故应选(D).

119 【答案】 D

【分析】 **直接法**

由于
$$\frac{\sin n^3+n\ln n}{n^2+1}=\frac{\sin n^3}{n^2+1}+\frac{n\ln n}{n^2+1},$$

而 $\sum\limits_{n=1}^{\infty}\frac{\sin n^3}{n^2+1}$ 收敛，$\sum\limits_{n=1}^{\infty}\frac{n\ln n}{n^2+1}$ 发散，则级数 $\sum\limits_{n=1}^{\infty}\frac{\sin n^3+n\ln n}{n^2+1}$ 发散.

故应选(D).

排除法

(A) 由于
$$0<\frac{\sqrt{n}}{\int_0^n\sqrt[4]{1+x^4}\,\mathrm{d}x}<\frac{\sqrt{n}}{\int_0^n\sqrt[4]{x^4}\,\mathrm{d}x}=\frac{\sqrt{n}}{\frac{1}{2}n^2}=\frac{2}{n^{3/2}},$$

且级数 $\sum\limits_{n=1}^{\infty}\frac{2}{n^{3/2}}$ 收敛，则级数 $\sum\limits_{n=1}^{\infty}\frac{\sqrt{n}}{\int_0^n\sqrt[4]{1+x^4}\,\mathrm{d}x}$ 收敛，故排除(A).

(B) 由于 $\frac{n^3\left[\sqrt{2}+(-1)^n\right]^n}{3^n}\leqslant\frac{n^3\,(\sqrt{2}+1)^n}{3^n}$，且 $\lim\limits_{n\to\infty}\sqrt[n]{\frac{n^3\,(\sqrt{2}+1)^n}{3^n}}=\frac{\sqrt{2}+1}{3}<1$，

则级数 $\sum\limits_{n=1}^{\infty}\frac{n^3\left[\sqrt{2}+(-1)^n\right]^n}{3^n}$ 收敛，故排除(B).

(C) 由于
$$(-1)^n\frac{n-1}{n+1}\cdot\frac{1}{\sqrt{n}}=\frac{(-1)^n}{\sqrt{n}}-\frac{2\,(-1)^n}{\sqrt{n}\,(n+1)},$$

而 $\sum\limits_{n=1}^{\infty}\frac{(-1)^n}{\sqrt{n}}$ 和 $\sum\limits_{n=1}^{\infty}\frac{(-1)^n}{\sqrt{n}\,(n+1)}$ 都收敛，级数 $\sum\limits_{n=1}^{\infty}(-1)^n\frac{n-1}{n+1}\cdot\frac{1}{\sqrt{n}}$ 收敛. 排除(C)，故应选(D).

120 【答案】 B

【分析】 由莱布尼茨判别法知，级数 $\sum\limits_{n=1}^{\infty}(-1)^n\frac{1}{\sqrt[3]{n}}$，$\sum\limits_{n=1}^{\infty}(-1)^n\ln\left(1+\frac{1}{\sqrt{n}}\right)$ 均收敛，所以级数 $\sum\limits_{n=1}^{\infty}u_n$ 收敛.

而 $|u_n|=\frac{1}{\sqrt[3]{n}}-\ln\left(1+\frac{1}{\sqrt{n}}\right)$，用比较判别法 $\lim\limits_{n\to\infty}\frac{|u_n|}{\frac{1}{\sqrt[3]{n}}}=1$，级数 $\sum\limits_{n=1}^{\infty}|u_n|$ 发散.

因此(B) 正确.

121 【答案】 C

【分析】 **方法一**　因为 $\sum\limits_{n=1}^{\infty}\frac{a_{n+1}+a_n}{2}$ 收敛，所以 $\sum\limits_{n=1}^{\infty}\frac{a_{n-1}+a_n}{2}$ 也收敛，

因此 $\sum\limits_{n=1}^{\infty}\left(\frac{a_n+a_{n+1}}{2}+\frac{a_{n-1}+a_n}{2}\right)=\sum\limits_{n=1}^{\infty}\left(a_n+\frac{a_{n-1}+a_{n+1}}{2}\right)$ 收敛.

又 $\sum\limits_{n=1}^{\infty}\frac{a_{n-1}+a_{n+1}}{2}$ 发散，故 $\sum\limits_{n=1}^{\infty}a_n$ 发散，即(C) 正确.

方法二　取 $a_n=(-1)^n$，

$\sum_{n=1}^{\infty}\frac{a_{n+1}+a_n}{2}=\sum_{n=1}^{\infty}0=0$ 收敛，$\sum_{n=1}^{\infty}(a_{n-1}+a_{n+1})=2\sum_{n=1}^{\infty}(-1)^{n-1}$ 发散.
只有(C)符合要求.

122 【答案】 B

【分析】 $\sin(\pi\sqrt{n^2+a^2})=\sin[n\pi+(\pi\sqrt{n^2+a^2}-n\pi)]$

$$=(-1)^n\sin(\pi\sqrt{n^2+a^2}-n\pi)$$

$$=(-1)^n\sin\frac{a^2\pi}{\sqrt{n^2+a^2}+n}.$$

这里 $\sin\frac{a^2\pi}{\sqrt{n^2+a^2}+n}$ 单调减，且 $\lim\limits_{n\to\infty}\sin\frac{a^2\pi}{\sqrt{n^2+a^2}+n}=0$.

则级数 $\sum_{n=1}^{\infty}(-1)^n\sin\frac{a^2\pi}{\sqrt{n^2+a^2}+n}$ 条件收敛，即原级数条件收敛.

123 【答案】 A

【分析】 显然 $$\left|(-1)^n a_{2n+1}\sin\frac{1}{n^p}\right|=a_{2n+1}\sin\frac{1}{n^p}<a_{2n+1}.$$

由于正项级数 $\sum_{n=1}^{\infty}a_n$ 收敛，则级数 $\sum_{n=1}^{\infty}a_{2n+1}$ 收敛，故级数 $\sum_{n=1}^{\infty}(-1)^n a_{2n+1}\sin\frac{1}{n^p}$ 绝对收敛.

124 【答案】 B

【分析】 $$\lim_{n\to\infty}\frac{\sum\limits_{k=1}^{n}(a_k-|a_k|)}{\sum\limits_{k=1}^{n}(a_k+|a_k|)}=\lim_{n\to\infty}\frac{\sum\limits_{k=1}^{n}\frac{a_k-|a_k|}{2}}{\sum\limits_{k=1}^{n}\frac{a_k+|a_k|}{2}}=\lim_{n\to\infty}\frac{\sum\limits_{k=1}^{n}a_k-\sum\limits_{k=1}^{n}\frac{a_k+|a_k|}{2}}{\sum\limits_{k=1}^{n}\frac{a_k+|a_k|}{2}}=-1,$$

这是由于 $\sum_{n=1}^{\infty}a_n$ 条件收敛，则 $\lim\limits_{n\to\infty}\sum_{k=1}^{n}a_k=a$（有限常数）. $\sum_{k=1}^{\infty}\frac{a_k+|a_k|}{2}$ 是一个发散的正项级数，则 $\lim\limits_{n\to\infty}\sum_{k=1}^{n}\frac{a_k+|a_k|}{2}=+\infty$.

125 【答案】 A

【分析】 由幂级数 $\sum_{n=1}^{\infty}a_nx^n$ 在 $x=2$ 处条件收敛可知，$x=2$ 为该幂级数收敛区间的一个端点，则其收敛半径 $R=2$. 幂级数 $\sum_{n=1}^{\infty}a_nx^n$ 逐项积分得 $\sum_{n=1}^{\infty}\frac{a_n}{n+1}x^{n+1}$，则幂级数 $\sum_{n=1}^{\infty}\frac{a_n}{n+1}x^{n+1}$ 的收敛半径也是2，从而幂级数 $\sum_{n=1}^{\infty}\frac{a_n}{n+1}(x-1)^n$ 的收敛半径也是2，由于

$$\left|\frac{5}{2}-1\right|=\frac{3}{2}<2,$$

则 $x=\frac{5}{2}$ 在幂级数 $\sum_{n=1}^{\infty}\frac{a_n}{n+1}(x-1)^n$ 的收敛区间内，故幂级数 $\sum_{n=1}^{\infty}\frac{a_n}{n+1}(x-1)^n$ 在 $x=\frac{5}{2}$

处绝对收敛.

126 【答案】 C

【分析】 由于幂级数 $\sum\limits_{n=1}^{\infty} a_n x^n$ 的收敛半径为 1,而 $\sum\limits_{n=1}^{\infty} x^n$ 的收敛半径也是 1,则 $r \geqslant 1$.

事实上,r 是可能大于 1 的. 如 $a_n = -1$,则级数 $\sum\limits_{n=1}^{\infty} a_n x^n = \sum\limits_{n=1}^{\infty} (-x^n)$ 的收敛半径为 1,而 $\sum\limits_{n=1}^{\infty} (a_n+1)x^n = \sum\limits_{n=1}^{\infty} (0 \cdot x^n)$ 的收敛半径是 $+\infty$.

127 【答案】 D

【分析】 微分方程可写成 $y''+4y=\frac{1}{2}+\frac{1}{2}\cos 2x$,分解成两个方程 $y''+4y=\frac{1}{2}$ 及 $y''+4y=\frac{1}{2}\cos 2x$,前者有特解形式 $y_1^*=a$,后者有特解形式 $y_2^*=x(b\cos 2x+c\sin 2x)$. 由叠加原理知,原方程的特解形式为(D).

128 【答案】 C

【分析】 将(C) 整理为 $C_1(2y_1-y_2-y_3)+C_2(y_2-y_3)+y_3$. 由于 y_1,y_2,y_3 均是原给方程的 3 个线性无关的解,所以 y_1-y_2,y_2-y_3,y_1-y_3 均是对应齐次方程的解,并且 $2y_1-y_2-y_3=(y_1-y_2)+(y_1-y_3)$ 与 (y_2-y_3) 是线性无关的. 于是知 $C_1(2y_1-y_2-y_3)+C_2(y_2-y_3)$ 是对应齐次方程的通解,$C_1(2y_1-y_2-y_3)+C_2(y_2-y_3)+y_3$ 是原方程的通解.

【评注】 设 $(2y_1-y_2-y_3)$ 与 (y_2-y_3) 线性相关,则存在不全为零的 k_1 与 k_2,使 $k_1(2y_1-y_2-y_3)+k_2(y_2-y_3)=0$,即 $2k_1y_1+(k_2-k_1)y_2-(k_1+k_2)y_3=0$,但因 y_1,y_2,y_3 线性无关,故推得 $k_1=0,k_2-k_1=0,k_1+k_2=0$,得 $k_1=k_2=0$,矛盾. 故 $(2y_1-y_2-y_3)$ 与 (y_2-y_3) 线性无关. 本题主要考查二阶线性非齐次方程与对应齐次方程的解的关系.

129 【答案】 C

【分析】 $y_1=x^2e^x$ 是常系数齐次线性微分方程的一个解,知 1 至少是 3 重特征根. $y_2=e^{2x}(3\cos 3x-2\sin 3x)$ 是常系数齐次线性微分方程的一个解,知 $2\pm 3i$ 是特征方程的根.

故特征方程至少是 5 次方程,因而最小的 n 为 5,答案选(C).

130 【答案】 A

【分析】 特征方程 $\lambda^2+b\lambda+1=0$ 的根为 $\lambda_{1,2}=\frac{-b\pm\sqrt{b^2-4}}{2}=-\frac{b\mp\sqrt{b^2-4}}{2}$.

当 $b^2-4>0$ 时,微分方程的通解为 $y(x)=C_1e^{-\frac{b+\sqrt{b^2-4}}{2}x}+C_2e^{-\frac{b-\sqrt{b^2-4}}{2}x}$,
要使解 $y(x)$ 在 $(0,+\infty)$ 上有界,当且仅当 $b\pm\sqrt{b^2-4}\geqslant 0$,即 $b>2$;

当 $b^2-4<0$ 时,微分方程的通解为 $y(x)=e^{-\frac{b}{2}x}\left(C_1\cos\frac{\sqrt{4-b^2}}{2}x+C_2\sin\frac{\sqrt{4-b^2}}{2}x\right)$,

要使解 $y(x)$ 在 $(0,+\infty)$ 上有界，当且仅当 $0\leqslant b<2$；

当 $b=2$ 时，解 $y(x)=(C_1+C_2x)e^{-x}$ 在区间 $(0,+\infty)$ 上有界；

当 $b=-2$ 时，解 $y(x)=(C_1+C_2x)e^{x}$ 在区间 $(0,+\infty)$ 上无界.

综上所述，当且仅当 $b\geqslant 0$ 时，微分方程 $y''+by'+y=0$ 的每一个解 $y(x)$ 都在区间 $(0,+\infty)$ 上有界，故选(A).

131 【答案】 A

【分析】 原方程变为 $$\frac{dy}{dx}=\frac{y}{x+y}=\frac{\frac{y}{x}}{1+\frac{y}{x}}.$$

令 $u=\frac{y}{x}$，$y=ux$，则 $dy=udx+xdu$，代入得 $\frac{udx+xdu}{dx}=\frac{u}{1+u}$，整理有

$$\frac{1+u}{u^2}du=-\frac{dx}{x},$$

两边积分得到 $$-\frac{1}{u}+\ln|u|=-\ln|x|+C_1,$$

所以 $ux=Ce^{\frac{1}{u}}$，$y=Ce^{\frac{x}{y}}$，选择(A).

132 【答案】 D

【分析】 由题意知 $-1+i$ 为特征方程 $\lambda^2+a\lambda+b=0$ 的根，所以

$$(i-1)^2+a(i-1)+b=0,$$

实部和虚部对应相等得到 $a=2,b=2$. 选择 (D).

133 【答案】 C

【分析】 微分方程 $y''-6y'+9y=e^{3x}$ 对应的齐次方程的特征根为 $\lambda_1=\lambda_2=3$.

因此齐次方程的通解为 $y_0(x)=(C_1+C_2x)e^{3x}$.

设该非齐次方程的特解为 $y^*=Ax^2e^{3x}$，代入 $y''-6y'+9y=e^{3x}$ 可求得 $A=\frac{1}{2}$，所以原微分方程的通解为 $y(x)=(C_1+C_2x)e^{3x}+\frac{1}{2}x^2e^{3x}$.

已知曲面 $y=y(x)$ 经过原点，所以 $C_1=0$.

又因为在原点的切线平行于直线 $2x-y-5=0$，所以 $y'(0)=2$，则有 $C_2=2$.

故通解为 $y(x)=2xe^{3x}+\frac{1}{2}x^2e^{3x}=\frac{x}{2}(x+4)e^{3x}$，选择(C).

134 【答案】 D

【分析】 齐次方程对应的特征方程的特征根为 $\lambda_1=1,\lambda_2=-1,\lambda_{3,4}=\pm i$，故特征方程为 $(\lambda-1)(\lambda+1)(\lambda+i)(\lambda-i)=0$，即 $\lambda^4-1=0$.

所求微分方程为 $y^{(4)}-y=0$，答案选(D).

135 【答案】 A

【分析】 特征方程 $\lambda^4-1=0$ 的根为 $\lambda_1=1,\lambda_2=-1,\lambda_3=i,\lambda_4=-i$，是互不相同的，

故所求的通解为

$$x = C_1 e^t + C_2 e^{-t} + C_3 \cos t + C_4 \sin t,$$

其中 $C_i(i = 1,2,3,4)$ 为任意常数.

解　答　题

136 【解】 (1) 令 $f(x) = \ln(1+x) - x$.

$f'(x) = \frac{1}{1+x} - 1$. 当 $x > 0$ 时，$f'(x) < 0$，故 $f(x)$ 在 $[0, +\infty)$ 上单调减少. 又由于 $f(0) = 0$，故 $f(x) < f(0) = 0$，即 $\ln(1+x) < x$.

令 $g(x) = \ln(1+x) - \frac{x}{1+x} = \ln(1+x) - 1 + \frac{1}{1+x}$.

$$g'(x) = \frac{1}{1+x} - \frac{1}{(1+x)^2} = \frac{x}{(1+x)^2}.$$

当 $x > 0$ 时，$g'(x) > 0$，故 $g(x)$ 在 $[0, +\infty)$ 上单调增加. 又由于 $g(0) = 0$，故 $g(x) > g(0) = 0$，即 $\frac{x}{1+x} < \ln(1+x)$.

综上所述，当 $x > 0$ 时，$\frac{x}{1+x} < \ln(1+x) < x$.

(2) 注意到 $n^2 - n + 1, n^2 - n + 3, \cdots, n^2 + n - 1$ 构成首项为 $n^2 - n + 1$，公差为 2 的等差数列，故 $x_n = \prod_{i=1}^{n}\left(1 + \frac{n^2 - n + 2i - 1}{n^3}\right)$，从而 $\ln x_n = \sum_{i=1}^{n} \ln\left(1 + \frac{n^2 - n + 2i - 1}{n^3}\right)$.

由第(1) 问的结论可得，

$$\frac{n^2 - n + 2i - 1}{n^3 + n^2 + n} \leqslant \frac{n^2 - n + 2i - 1}{n^3 + n^2 - n + 2i - 1} < \ln\left(1 + \frac{n^2 - n + 2i - 1}{n^3}\right) < \frac{n^2 - n + 2i - 1}{n^3}.$$

于是，

$$\sum_{i=1}^{n} \frac{n^2 - n + 2i - 1}{n^3 + n^2 + n} \leqslant \sum_{i=1}^{n} \ln\left(1 + \frac{n^2 - n + 2i - 1}{n^3}\right) \leqslant \sum_{i=1}^{n} \frac{n^2 - n + 2i - 1}{n^3}. \qquad ①$$

因为 $\sum_{i=1}^{n}(n^2 - n + 2i - 1) = \frac{n^2 - n + 1 + n^2 + n - 1}{2} \cdot n = n^3$，所以 ① 式化为

$$\frac{n^3}{n^3 + n^2 + n} \leqslant \sum_{i=1}^{n} \ln\left(1 + \frac{n^2 - n + 2i - 1}{n^3}\right) \leqslant \frac{n^3}{n^3} = 1.$$

令 $n \to \infty$，并由夹逼准则可得，$\lim\limits_{n\to\infty} \sum_{i=1}^{n} \ln\left(1 + \frac{n^2 - n + 2i - 1}{n^3}\right) = 1$，即 $\lim\limits_{n\to\infty} \ln x_n = 1$.

因此，$\lim\limits_{n\to\infty} x_n = e$.

137 【解】 由于 $0 < x_1 < \frac{\pi}{2}$，$0 < \sin x_1 < 1$，故 $0 < x_2 = \sqrt{\frac{\pi}{2} x_1 \sin x_1} < \frac{\pi}{2}$. 由数学归纳法可得，对所有的正整数 n，都有 $0 < x_n < \frac{\pi}{2}$. 因此，数列 $\{x_n\}$ 有界.

下面考虑数列的单调性. 根据递推式可得，

$$\frac{x_{n+1}}{x_n} = \sqrt{\frac{\pi}{2}} \cdot \sqrt{\frac{\sin x_n}{x_n}}. \qquad ①$$

令 $f(x)=\dfrac{\sin x}{x}, x\in\left(0,\dfrac{\pi}{2}\right)$，则 $f'(x)=\dfrac{x\cos x-\sin x}{x^2}$. 注意到 $f'(x)$ 的分母恒大于 0，故考虑分子的符号.

令 $g(x)=x\cos x-\sin x, x\in\left(0,\dfrac{\pi}{2}\right)$，则 $g'(x)=\cos x-x\sin x-\cos x=-x\sin x<0$. 于是，$g(x)$ 在 $\left(0,\dfrac{\pi}{2}\right)$ 内单调减少. 结合 $g(0)=0$，可得 $g(x)<0$，从而 $f'(x)$ 在 $\left(0,\dfrac{\pi}{2}\right)$ 内小于 0，$f(x)$ 在 $\left(0,\dfrac{\pi}{2}\right)$ 内单调减少. 因此，当 $x\in\left(0,\dfrac{\pi}{2}\right)$ 时，$f(x)>f\left(\dfrac{\pi}{2}\right)=\dfrac{2}{\pi}$，即 $\dfrac{\sin x}{x}>\dfrac{2}{\pi}$.

将 $\dfrac{\sin x}{x}>\dfrac{2}{\pi}$ 代入①式可得，$\dfrac{x_{n+1}}{x_n}>1$. 因此，$\{x_n\}$ 单调增加.

根据单调有界准则，知数列 $\{x_n\}$ 的极限存在. 记 $\lim\limits_{n\to\infty}x_n=a$，则 $0<x_1\leqslant a\leqslant\dfrac{\pi}{2}$. 对 $x_{n+1}=\sqrt{\dfrac{\pi}{2}x_n\sin x_n}$ 两端关于 n 求极限可得，$a=\sqrt{\dfrac{\pi}{2}a\sin a}$，即 $\dfrac{\sin a}{a}=\dfrac{2}{\pi}$. 由对 $f(x)$ 的分析可知，$a=\dfrac{\pi}{2}$.

因此，

$$\lim_{n\to\infty}\frac{\sec x_n-\tan x_n}{\dfrac{\pi}{2}-x_n}\xlongequal{y_n=\frac{\pi}{2}-x_n}\lim_{n\to\infty}\frac{\csc y_n-\cot y_n}{y_n}=\lim_{n\to\infty}\frac{1-\cos y_n}{y_n\sin y_n}=\lim_{y\to0^+}\frac{1-\cos y}{y\sin y}$$

$$=\lim_{y\to0^+}\frac{\dfrac{y^2}{2}}{y^2}=\frac{1}{2}.$$

138 【解】 (1) 利用洛必达法则.

$$\lim_{x\to+\infty}\frac{\arctan 2x-\arctan x}{\dfrac{\pi}{2}-\arctan x}=\lim_{x\to+\infty}\frac{\dfrac{2}{1+4x^2}-\dfrac{1}{1+x^2}}{-\dfrac{1}{1+x^2}}=\lim_{x\to+\infty}\left[-\frac{2(1+x^2)}{1+4x^2}+1\right]=\frac{1}{2}.$$

(2) 注意到

$$I=\lim_{x\to+\infty}\frac{\arctan 2x-\arctan x}{\dfrac{\pi}{2}-\arctan x}+b\lim_{x\to+\infty}\frac{\arctan x\cdot[1-f(x)]}{\dfrac{\pi}{2}-\arctan x}.$$

我们断言 $\lim\limits_{x\to+\infty}\dfrac{\arctan x\cdot[1-f(x)]}{\dfrac{\pi}{2}-\arctan x}$ 不存在. 否则，

$$\lim_{x\to+\infty}x[1-f(x)]=\lim_{x\to+\infty}\frac{\arctan x\cdot[1-f(x)]}{\dfrac{\pi}{2}-\arctan x}\cdot\frac{x\left(\dfrac{\pi}{2}-\arctan x\right)}{\arctan x}$$

$$=\frac{2}{\pi}\lim_{x\to+\infty}\frac{\arctan x\cdot[1-f(x)]}{\dfrac{\pi}{2}-\arctan x}\lim_{x\to+\infty}\frac{\dfrac{\pi}{2}-\arctan x}{\dfrac{1}{x}}$$

$$=\frac{2}{\pi}\lim_{x\to+\infty}\frac{\arctan x\cdot[1-f(x)]}{\dfrac{\pi}{2}-\arctan x}.$$

与 $\lim\limits_{x\to+\infty} x[1-f(x)]$不存在,矛盾.

因此,若 I 存在,只能 $b=0$. 此时,$I=\dfrac{1}{2}$.

139 【解】 由$\lim\limits_{x\to 0}\dfrac{f(x)}{x}=0$ 知,$f(0)=0,f'(0)=0$.

由题设知 $\alpha>0$.

$$\begin{aligned}\lim_{x\to 0^+}\frac{\int_0^x f(t)\mathrm{d}t}{x^\alpha-\sin x}&=\lim_{x\to 0^+}\frac{f(x)}{\alpha x^{\alpha-1}-\cos x}(\text{由题设知 }\alpha=1)\\&=\lim_{x\to 0^+}\frac{f(x)}{1-\cos x}=\lim_{x\to 0^+}\frac{f(x)}{\frac{1}{2}x^2}\\&=\lim_{x\to 0^+}\frac{f'(x)}{x}=f''(0)=\beta.\end{aligned}$$

140 【证明】 因为 $f(x)\xlongequal{u=\sqrt{t}}\int_1^{\sqrt{x}}\dfrac{2u}{2u-1}\mathrm{d}u=\int_1^{\sqrt{x}}\left(1+\dfrac{1}{2u-1}\right)\mathrm{d}u$

$$=\sqrt{x}-1+\frac{1}{2}\ln(2\sqrt{x}-1)(x\geqslant 1),$$

所以 $\lim\limits_{x\to 1^+}f(x)=0$, $\lim\limits_{x\to+\infty}f(x)=+\infty$.

由此可见,对任意给定的 $c>0$,

有$\begin{cases}\lim\limits_{x\to 1^+}f(x)=0 & \Rightarrow\quad \text{存在 } x_0>1,\text{使得 } f(x_0)<c,\\ \lim\limits_{x\to+\infty}f(x)=+\infty & \Rightarrow\quad \text{存在 } x_1>1,\text{使得 } f(x_1)>c.\end{cases}$

于是由连续函数的介值定理,知存在 $x_2\in(x_0,x_1)$使得 $f(x_2)=c$. 又因为 $f'(x)=\dfrac{1}{2\sqrt{x}-1}>0(x\geqslant 1)$,所以 $f(x)$ 在$[1,+\infty)$上严格单调增加,从而 $f(x)=c$ 在$[1,+\infty)$上有唯一解.

141 【解】 (1) 注意到$\int_0^1\sqrt{1+[f'(x)]^2}\mathrm{d}x$ 为曲线 $y=f(x)$ 在$[0,1]$上的长度.

由于两点之间的直线段长度最小,故当 $y=f(x)$ 为直线时,$\int_0^1\sqrt{1+[f'(x)]^2}\mathrm{d}x$ 最小,从而 $1+\dfrac{a}{\sqrt{2}}-\int_0^1\sqrt{1+[f'(x)]^2}\mathrm{d}x$ 最大.

此时,直线方程为 $y-1=(a-1)x$,即 $f(x)=(a-1)x+1$.

(2)$[0,1]$上的直线段长度即点$(0,f(0))$与点$(1,f(1))$之间的距离,即$\sqrt{(a-1)^2+1}$. 于是,$g(a)=1+\dfrac{a}{\sqrt{2}}-\sqrt{(a-1)^2+1}$.

$$g'(a)=\frac{1}{\sqrt{2}}-\frac{a-1}{\sqrt{(a-1)^2+1}}.$$

令 $g'(a)=0$,可得$\dfrac{a-1}{\sqrt{(a-1)^2+1}}=\dfrac{1}{\sqrt{2}}$,解得 $a=2$. 于是,$a=2$ 为 $g(a)$ 的唯一驻点.

$$g''(a)=-\frac{\sqrt{(a-1)^2+1}-(a-1)\cdot\dfrac{a-1}{\sqrt{(a-1)^2+1}}}{(a-1)^2+1}=-\frac{(a-1)^2-[(a-1)^2-1]}{[(a-1)^2+1]^{\frac{3}{2}}}<0.$$

因此，$a=2$ 为极大值点，也为最大值点.

当 $a=2$ 时，$g(a)$ 取得最大值，最大值为 $g(2)=1$.

142 【分析】 注意要证明 $f'(\xi)+g(\xi)f(\xi)=0$ 需构造辅助函数

$$F(x)=f(x)e^{\int_a^x g(t)\mathrm{d}t},$$

则本题应构造辅助函数 $F(x)=f(x)e^{\int_a^x f(t)\mathrm{d}t}$.

【证明】 令 $F(x)=f(x)e^{\int_a^x f(t)\mathrm{d}t}$，由题设可知 $F(x)$ 在 $[a,b]$ 上满足罗尔定理的条件，由罗尔定理知，存在 $\xi\in(a,b)$，使 $F'(\xi)=0$，即

$$f'(\xi)e^{\int_a^\xi f(t)\mathrm{d}t}+f^2(\xi)e^{\int_a^\xi f(t)\mathrm{d}t}=0,$$

而 $e^{\int_a^\xi f(t)\mathrm{d}t}\neq 0$，则 $f'(\xi)+f^2(\xi)=0$. 本题得证.

143 【解】 曲线 $y=f(x)$ 在点 $P(x,f(x))$ 处的切线方程为

$$Y-f(x)=f'(x)(X-x).$$

$$\lim_{x\to 0}u=\lim_{x\to 0}\left[x-\frac{f(x)}{f'(x)}\right]=-\lim_{x\to 0}\frac{\dfrac{f(x)-f(0)}{x}}{\dfrac{f'(x)-f'(0)}{x}}=-\frac{f'(0)}{f''(0)}=0.$$

由 $f(x)$ 在 $x=0$ 处的二阶泰勒公式

$$f(x)=f(0)+f'(0)x+\frac{f''(0)}{2}x^2+o(x^2)=\frac{f''(0)}{2}x^2+o(x^2),$$

可得

$$\lim_{x\to 0}\frac{u}{x}=1-\lim_{x\to 0}\frac{f(x)}{xf'(x)}=1-\lim_{x\to 0}\frac{\dfrac{f''(0)}{2}x^2+o(x^2)}{xf'(x)}=1-\frac{1}{2}\lim_{x\to 0}\frac{f''(0)+o(1)}{\dfrac{f'(x)-f'(0)}{x}}$$

$$=1-\frac{1}{2}\cdot\frac{f''(0)}{f''(0)}=\frac{1}{2},$$

于是 $\lim\limits_{x\to 0}\dfrac{x^3f(u)}{f(x)\sin^3u}=\lim\limits_{x\to 0}\dfrac{x^3\left[\dfrac{f''(0)}{2}u^2+o(u^2)\right]}{u^3\left[\dfrac{f''(0)}{2}x^2+o(x^2)\right]}=\lim\limits_{x\to 0}\dfrac{x}{u}=2.$

144 【解】 (1) $F(x)=\int_{-a}^{x}(x-t)f(t)\mathrm{d}t+\int_{x}^{a}(t-x)f(t)\mathrm{d}t$，则

$$F'(x)=\int_{-a}^{x}f(t)\mathrm{d}t+\int_{x}^{a}[-f(t)]\mathrm{d}t$$

$$=\int_{-a}^{0}f(t)\mathrm{d}t+\int_{0}^{x}f(t)\mathrm{d}t-\int_{x}^{0}f(t)\mathrm{d}t-\int_{0}^{a}f(t)\mathrm{d}t.$$

令 $t=-u$，则 $\int_{-a}^{0}f(t)\mathrm{d}t=-\int_{a}^{0}f(-u)\mathrm{d}u=\int_{0}^{a}f(u)\mathrm{d}u$，故

$$F'(x)=2\int_0^x f(t)\mathrm{d}t, F''(x)=2f(x)>0.$$

因此，$F'(x)$ 单调增加.

(2) 令 $F'(x)=0$，得 $x=0$（由于 $f(x)>0$），所以 $x=0$ 是 $F(x)$ 的唯一驻点. 又 $F''(0)=2f(0)>0$，故 $x=0$ 时，$F(0)=\int_{-a}^{a}|t|f(t)\mathrm{d}t=2\int_0^a tf(t)\mathrm{d}t$ 为最小值.

(3) 令 $2\int_0^a tf(t)\mathrm{d}t=f(a)-a^2-1$，两边对 a 求导，得

$$2af(a)=f'(a)-2a.$$

令 $a=0$ 可得 $f(0)=1$，这表明 $f(t)$ 是微分方程

$$y'-2ty=2t$$

满足 $y(0)=1$ 的解，容易解出

$$y=f(t)=2\mathrm{e}^{t^2}-1.$$

145 【证明】 (1) 令 $\varphi(x)=x-\arctan x$，则 $\varphi(x)$ 在 $[0,+\infty)$ 上连续，$\varphi(0)=0$，且 $x>0$ 时，$\varphi'(x)=1-\frac{1}{1+x^2}=\frac{x^2}{1+x^2}>0$. 于是，$\varphi(x)$ 在 $[0,+\infty)$ 上单调增加，当 $x>0$ 时，$\varphi(x)>\varphi(0)=0$，即 $\arctan x<x$.

令 $\psi(x)=\arctan x-x+\frac{1}{3}x^3$，则 $\psi(x)$ 在 $[0,+\infty)$ 上连续，$\psi(0)=0$，

且 $x>0$ 时，$\psi'(x)=\frac{1}{1+x^2}-1+x^2=\frac{x^4}{1+x^2}>0$. 于是，$\psi(x)$ 在 $[0,+\infty)$ 上单调增加，

当 $x>0$ 时，$\psi(x)>\psi(0)=0$，即 $\arctan x>x-\frac{1}{3}x^3$.

因此，当 $x>0$ 时，$x-\frac{1}{3}x^3<\arctan x<x$.

(2) 由第(1)问可知，

$$\sum_{k=1}^{n}\arctan\frac{n}{n^2+k^2}<\sum_{k=1}^{n}\frac{n}{n^2+k^2}.$$

$$\sum_{k=1}^{n}\arctan\frac{n}{n^2+k^2}>\sum_{k=1}^{n}\frac{n}{n^2+k^2}-\frac{1}{3}\sum_{k=1}^{n}\left(\frac{n}{n^2+k^2}\right)^3>\sum_{k=1}^{n}\frac{n}{n^2+k^2}-\frac{1}{3}\sum_{k=1}^{n}\frac{1}{n^3}.$$

因此，

$$\lim_{n\to\infty}\left(\sum_{k=1}^{n}\frac{n}{n^2+k^2}-\frac{1}{3}\sum_{k=1}^{n}\frac{1}{n^3}\right)\leqslant\lim_{n\to\infty}\sum_{k=1}^{n}\arctan\frac{n}{n^2+k^2}\leqslant\lim_{n\to\infty}\sum_{k=1}^{n}\frac{n}{n^2+k^2}.$$

注意到

$$\lim_{n\to\infty}\sum_{k=1}^{n}\frac{1}{n^3}=\lim_{n\to\infty}\frac{1}{n^3}\sum_{k=1}^{n}1=\lim_{n\to\infty}\frac{n}{n^3}=0,$$

故 $\lim\limits_{n\to\infty}\left(\sum_{k=1}^{n}\frac{n}{n^2+k^2}-\frac{1}{3}\sum_{k=1}^{n}\frac{1}{n^3}\right)=\lim\limits_{n\to\infty}\sum_{k=1}^{n}\frac{n}{n^2+k^2}$.

又因为

$$\lim_{n\to\infty}\sum_{k=1}^{n}\frac{n}{n^2+k^2}=\lim_{n\to\infty}\frac{1}{n}\sum_{k=1}^{n}\frac{1}{1+\left(\frac{k}{n}\right)^2}=\int_0^1\frac{1}{1+x^2}\mathrm{d}x=\arctan x\Big|_0^1=\frac{\pi}{4},$$

所以由夹逼准则可知，$\lim\limits_{n\to\infty}\sum_{k=1}^{n}\arctan\frac{n}{n^2+k^2}=\frac{\pi}{4}$.

146 【证明】 **证法一**：令

$$\varphi(x)=(x^2-1)\ln x-(x-1)^2,$$

易知 $\varphi(1)=0$，由于 $\varphi'(x)=2x\ln x-x+2-\dfrac{1}{x}$，易见 $\varphi'(1)=0$.

因为 $\varphi''(x)=2\ln x+1+\dfrac{1}{x^2}$，$\varphi''(1)=2>0$，所以 $\varphi(x)$ 在 $x=1$ 处取得极小值.

又 $\varphi'''(x)=\dfrac{2(x^2-1)}{x^3}$，当 $0<x<1$ 时，$\varphi'''(x)<0$；当 $1<x<+\infty$ 时，$\varphi'''(x)>0$，且 $\varphi''(1)=2>0$. 从而推知当 $x\in(0,+\infty)$ 时 $\varphi''(x)\geqslant 2$（仅在 $x=1$ 时等于2）. 所以曲线 $y=\varphi(x)$ 是凹的. 所以 $\varphi(x)\geqslant\varphi(1)=0$ 仅在 $x=1$ 处等号成立.

证法二：由证法一知 $\varphi(1)=0$，$\varphi'(1)=0$，$\varphi''(1)=2$.

当 $0<x<1$ 时，$\varphi'''(x)<0$，当 $1<x<+\infty$ 时，$\varphi'''(x)>0$.

将 $\varphi(x)$ 在 $x=1$ 处展开成泰勒公式

$$\begin{aligned}\varphi(x)&=\varphi(1)+\varphi'(1)(x-1)+\frac{1}{2!}\varphi''(1)(x-1)^2+\frac{\varphi'''(\xi)}{3!}(x-1)^3\\&=(x-1)^2+\frac{1}{6}\varphi'''(\xi)(x-1)^3,\end{aligned}$$

当 $0<x<1$ 时，$x<\xi<1$；当 $1<x<+\infty$ 时，$1<\xi<x$. 所以当 $x>0$ 时，$\varphi(x)\geqslant 0$.

证法三：设 $\varphi(x)=\ln x-\dfrac{x-1}{x+1}$，所以

$$\varphi'(x)=\frac{1}{x}-\frac{2}{(x+1)^2}=\frac{x^2+1}{x(x+1)^2}>0(x>0),$$

$\varphi(1)=0$，所以当 $0<x<1$ 时，$\varphi(x)<0$；当 $1<x<+\infty$ 时，$\varphi(x)>0$.

于是当 $x>0$ 时，$(x^2-1)\varphi(x)=(x^2-1)\ln x-(x-1)^2\geqslant 0$，即 $(x^2-1)\ln x\geqslant(x-1)^2$.

147 【解】 由于 $(t-2t^3)e^{-t^2}$ 是奇函数，则 $f(x)=\int_0^x(t-2t^3)e^{-t^2}dt$ 是偶函数，显然 $f(0)=0$，所以只需确定 $f(x)$ 在区间 $(0,+\infty)$ 上零点的个数.

令

$$f'(x)=(x-2x^3)e^{-x^2}=0,x\in(0,+\infty),$$

得 $x=\dfrac{1}{\sqrt{2}}$，则

当 $x\in\left(0,\dfrac{1}{\sqrt{2}}\right)$ 时，$f'(x)>0$，$f(x)$ 单调增；

当 $x\in\left(\dfrac{1}{\sqrt{2}},+\infty\right)$ 时，$f'(x)<0$，$f(x)$ 单调减，

则 $f(x)$ 在 $\left(0,\dfrac{1}{\sqrt{2}}\right)$ 内无零点，且 $f\left(\dfrac{1}{\sqrt{2}}\right)>0$，又

$$\begin{aligned}\lim_{x\to+\infty}f(x)&=\int_0^{+\infty}(t-2t^3)e^{-t^2}dt=\int_0^{+\infty}te^{-t^2}dt+\int_0^{+\infty}t^2d(e^{-t^2})\\&=\int_0^{+\infty}te^{-t^2}dt+t^2e^{-t^2}\Big|_0^{+\infty}-2\int_0^{+\infty}te^{-t^2}dt=-\int_0^{+\infty}te^{-t^2}dt<0,\end{aligned}$$

则 $f(x)$ 在 $\left(\dfrac{1}{\sqrt{2}},+\infty\right)$ 内有且仅有一个零点，故方程 $f(x)=0$ 共有三个实根.

148 【证明】 (1) 设 $f'(0)=a>0$. 由拉格朗日型余项泰勒公式有

$$f(x)=f(0)+f'(0)x+\frac{1}{2}f''(\xi)x^2>f(0)+ax(x\neq 0),$$

于是当 $x>-\dfrac{f(0)}{a}$ 时 $f(x)>0$,所以在区间 $(0,+\infty)$ 上至少有 1 个零点.

又因 $x>0$ 时 $f'(x)>f'(0)=a>0$,所以在 $(0,+\infty)$ 上正好有 1 个零点.

同理可证,若 $a<0$,则在 $(-\infty,0)$ 上 $f(x)$ 正好有 1 个零点.

若 $f'(0)=a=0$,则必存在 $\delta>0$,当 $x\in[0,\delta]$ 时 $f(x)<0$ 且 $f'(\delta)>0$. 在 $x=\delta$ 处按上述对 $x=0$ 讨论的办法,可知 $f(x)$ 在区间 $(\delta,+\infty)$ 上正好有 1 个零点,从而在区间 $(0,+\infty)$ 上正好有 1 个零点. 类似可知当 $a=0$ 时,在 $(-\infty,0)$ 上 $f(x)$ 也正好有 1 个零点.

又因 $f''(x)>0$,无论 a 是什么情形,所以在 $(-\infty,+\infty)$ 上 $f(x)$ 至多有 2 个零点,证毕.

(2) 上面已证不论 a 是哪种情形,$f(x)$ 在 $(0,+\infty)$ 上或 $(-\infty,0)$ 上正好有 1 个零点. 于是若 $f(x)$ 有 2 个零点,则此 2 个零点必反号.

149 【解】 $y'=4kx(x^2-3)$,$y''=12k(x^2-1)$.

令 $y''=0$,得 $x=\pm 1$. 而 $y'(\pm 1)=\mp 8k$,$y(\pm 1)=4k$.

无论 k 是正数还是负数,$(\pm 1,4k)$ 都是曲线 $y=f(x)$ 的拐点,所以,过拐点 $(\pm 1,4k)$ 的法线方程为

$$y-4k=\pm\frac{1}{8k}(x\mp 1).$$

又法线通过原点,故 $-4k=-\dfrac{1}{8k}$,得 $k=\pm\dfrac{\sqrt{2}}{8}$.

【评注】 曲线 $y=f(x)$ 过点 $(x_0,f(x_0))$ 的切线方程为

$$y-f(x_0)=f'(x_0)(x-x_0).$$

法线方程为

$$y-f(x_0)=-\frac{1}{f'(x_0)}(x-x_0),f'(x_0)\neq 0.$$

150 【证明】 设在 $[0,1]$ 上 $f(x)$ 恒为某常数,即 $f(x)$ 恒为 0,结论显然成立.

设在 $[0,1]$ 上 $f(x)\neq 0$,则在 $(0,1)$ 上 $|f(x)|$ 存在最大值. 设 $x_0\in(0,1)$ 有 $|f(x_0)|=M=\max\limits_{0\leqslant x\leqslant 1}|f(x)|$,所以 $f(x_0)$ 是 $f(x)$ 的最值,所以 $f'(x_0)=0$. 将 $f(x)$ 在 x_0 处按泰勒公式展开:

$$0=f(0)=f(x_0)+f'(x_0)(-x_0)+\frac{1}{2}f''(\xi_1)x_0^2=f(x_0)+\frac{1}{2}f''(\xi_1)x_0^2(0<\xi_1<x_0),$$

$$0=f(1)=f(x_0)+f'(x_0)(1-x_0)+\frac{1}{2}f''(\xi_2)(1-x_0)^2=f(x_0)+\frac{1}{2}f''(\xi_2)(1-x_0)^2(x_0<\xi_2<1),$$

所以有 $|f''(\xi_1)|=\dfrac{2M}{x_0^2}$ 及 $|f''(\xi_2)|=\dfrac{2M}{(1-x_0)^2}$.

若 $x_0\in\left(0,\dfrac{1}{2}\right)$,则存在 $\xi=\xi_1\in\left(0,\dfrac{1}{2}\right)$ 使 $|f''(\xi)|>8M$,

若 $x_0\in\left[\dfrac{1}{2},1\right)$,则存在 $\xi=\xi_2\in\left[\dfrac{1}{2},1\right)$ 使 $|f''(\xi)|\geqslant 8M$.

总之，至少存在一点 $\xi\in(0,1)$ 使 $|f''(\xi)|\geqslant 8M=8\max\limits_{0\leqslant x\leqslant 1}|f(x)|$.

151 【解】 $I=\int_{-\pi}^{\pi}\frac{x\sin x\cdot\arctan e^x}{1+\cos^2 x}dx$

$$=\int_{-\pi}^{0}\frac{x\sin x\cdot\arctan e^x}{1+\cos^2 x}dx+\int_{0}^{\pi}\frac{x\sin x\cdot\arctan e^x}{1+\cos^2 x}dx$$

$$=\int_{0}^{\pi}\frac{x\sin x\cdot\arctan e^{-x}}{1+\cos^2 x}dx+\int_{0}^{\pi}\frac{x\sin x\cdot\arctan e^x}{1+\cos^2 x}dx$$

$$=\int_{0}^{\pi}\frac{x\sin x}{1+\cos^2 x}\cdot(\arctan e^{-x}+\arctan e^x)dx=\frac{\pi}{2}\int_{0}^{\pi}\frac{x\sin x}{1+\cos^2 x}dx$$

$$=\left(\frac{\pi}{2}\right)^2\int_{0}^{\pi}\frac{\sin x}{1+\cos^2 x}dx=-\left(\frac{\pi}{2}\right)^2\arctan\cos x\Big|_0^{\pi}=\frac{\pi^3}{8}.$$

152 【证明】 因为 $|x-t|=\begin{cases}x-t, & -1\leqslant t\leqslant x,\\ t-x, & x<t\leqslant 1,\end{cases}$ 所以

$$y=\int_{-1}^{x}(x-t)f(t)dt+\int_{x}^{1}(t-x)f(t)dt$$

$$=x\int_{-1}^{x}f(t)dt-\int_{-1}^{x}tf(t)dt+\int_{x}^{1}tf(t)dt-x\int_{x}^{1}f(t)dt.$$

于是 $y'=xf(x)+\int_{-1}^{x}f(t)dt-xf(x)-xf(x)-\int_{x}^{1}f(t)dt+xf(x)$

$$=\int_{-1}^{x}f(t)dt-\int_{x}^{1}f(t)dt,$$

$y''=2f(x)>0$.

所以曲线是凹的.

153 【解】 为使面积 S_1 存在，抛物线与 y 轴的正半轴应相交，故 $\alpha\beta>0$.

(1) 如图 1 所示，当 $\alpha>0$ 时，$\beta>\alpha>0$，由题意，两面积 S_1 与 S_2 相等，但一个图形在 x 轴上方，另一个图形在 x 轴下方，从而有 $\int_0^{\beta}y\,dx=0$，即

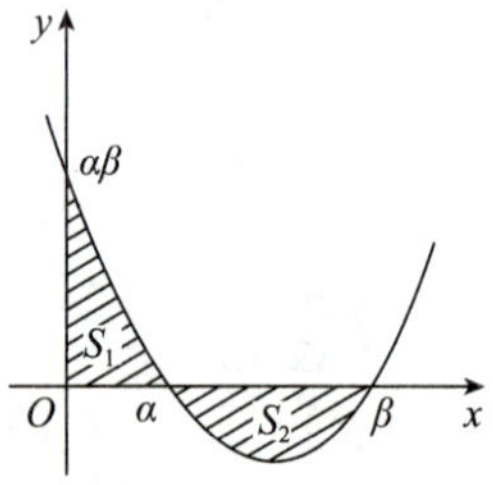

图 1

$$\int_0^{\beta}[x^2-(\alpha+\beta)x+\alpha\beta]dx=\left[\frac{1}{3}x^3-\frac{1}{2}(\alpha+\beta)x^2+\alpha\beta x\right]\Big|_0^{\beta}$$

$$=\frac{1}{3}\beta^3-\frac{1}{2}(\alpha+\beta)\beta^2+\alpha\beta^2=\frac{\beta^2}{6}(3\alpha-\beta)$$

$$=0,$$

所以，$\beta=3\alpha$.

(2) 如图 2 所示，当 $\alpha<0$ 时，$\alpha<\beta<0$，类似(1)，由图形可知

$$\int_{\alpha}^{0}y\,dx=0,$$

即 $\int_{\alpha}^{0}[x^2-(\alpha+\beta)x+\alpha\beta]dx=\frac{\alpha^2}{6}(\alpha-3\beta)=0$.

所以，$\alpha=3\beta$.

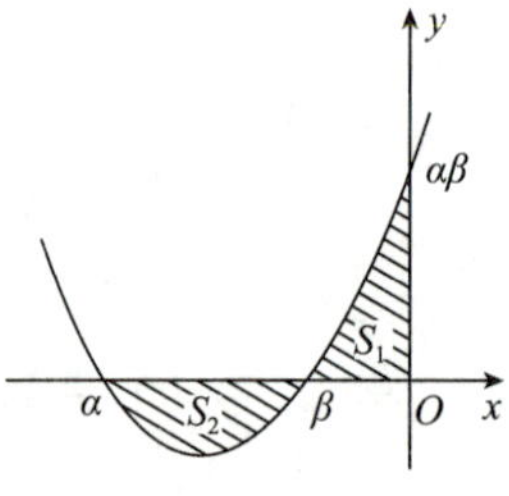

图 2

综上所述，$\alpha\neq 0$，且 $\alpha>0$ 时，$\alpha=\frac{1}{3}\beta$；$\alpha<0$ 时，$\alpha=3\beta$.

154 【证明】 因为在区间$[a,b]$上，$f'(x)$可积，所以

$$\int_a^b f'(x)\mathrm{d}x=\int_a^x f'(t)\mathrm{d}t+\int_x^b f'(t)\mathrm{d}t,$$

而
$$f(x)=\int_a^x f'(t)\mathrm{d}t,\ -f(x)=\int_x^b f'(t)\mathrm{d}t,$$

于是
$$f(x)=\frac{1}{2}\left[\int_a^x f'(t)\mathrm{d}t-\int_x^b f'(t)\mathrm{d}t\right],$$

$$|f(x)|\leqslant\frac{1}{2}\left[\int_a^x |f'(t)|\mathrm{d}t+\int_x^b |f'(t)|\mathrm{d}t\right]=\frac{1}{2}\int_a^b |f'(t)|\mathrm{d}t.$$

155 【分析】 对于充分性，令$u=ax+by,v=y$，得$x=\dfrac{u-bv}{a}$，$y=v$，转化为证明函数$z=f\left(\dfrac{u-bv}{a},v\right)$与$v$无关，只是$u$的函数，即证明$\dfrac{\partial z}{\partial v}=0$.

【证明】 必要性. 由$f(x,y)=g(ax+by)$，得

$$\frac{\partial z}{\partial x}=ag',\frac{\partial z}{\partial y}=bg',$$

所以，有
$$b\frac{\partial z}{\partial x}=a\frac{\partial z}{\partial y}.$$

充分性. 令$u=ax+by,v=y$，得$x=\dfrac{u-bv}{a}$，$y=v$，

$$z=f(x,y)=f\left(\frac{u-bv}{a},v\right),\frac{\partial z}{\partial v}=-\frac{b}{a}f'_x+f'_y=\frac{1}{a}\left(-b\frac{\partial z}{\partial x}+a\frac{\partial z}{\partial y}\right)=0.$$

所以$z=f(x,y)=f\left(\dfrac{u-bv}{a},v\right)$与$v$无关，只是$u$的函数，即存在可微函数$g(u)$，使$f(x,y)=g(ax+by)$.

156 【证明】 由于极限$\lim\limits_{\substack{x\to0\\y\to0}}f(x,y)$存在，设$\lim\limits_{\substack{x\to0\\y\to0}}f(x,y)=c$，则$f(x,y)=c+\alpha(x,y)$，其中$\lim\limits_{\substack{x\to0\\y\to0}}\alpha(x,y)=0$.

又$g(x,y)$在点$(0,0)$处可微，且$g(0,0)=0$，则

$$g(x,y)-g(0,0)=g(x,y)=ax+by+o(\rho).$$

因此

$$\begin{aligned}z(x,y)-z(0,0)&=f(x,y)g(x,y)-f(0,0)g(0,0)\\&=f(x,y)g(x,y)\\&=[c+\alpha(x,y)][ax+by+o(\rho)]\\&=acx+bcy+\{\alpha(x,y)[ax+by+o(\rho)]+c\cdot o(\rho)\}.\end{aligned}$$

又$\left|\dfrac{\alpha(x,y)(ax+by)}{\rho}\right|\leqslant|\alpha(x,y)|(|a|+|b|)$，则

$$\lim_{\substack{x\to0\\y\to0}}\frac{\alpha(x,y)(ax+by)}{\rho}=0.$$

从而$\lim\limits_{\substack{x\to0\\y\to0}}\dfrac{\alpha(x,y)[ax+by+o(\rho)]+c\cdot o(\rho)}{\rho}=0$，即

$$z(x,y)-z(0,0)=acx+bcy+o(\rho)$$

$$= Ax + By + o(\rho),$$

则 $z = f(x,y)g(x,y)$ 在(0,0)处可微.

157 【分析】 利用可微的定义，如：$g(x,y) - g(0,0) = g'_x(0,0)x + g'_y(0,0)y + o(\sqrt{x^2+y^2})$.

【证明】 由 $\mathrm{d}g(0,0) = 0$，可得 $g'_x(0,0) = g'_y(0,0) = 0$，因而

$$g(x,y) - g(0,0) = g'_x(0,0)x + g'_y(0,0)y + o(\sqrt{x^2+y^2}),$$

即

$$g(x,y) = o(\sqrt{x^2+y^2}).$$

用偏导数的定义

$$f'_x(0,0) = \lim_{x\to 0}\frac{f(x,0)-f(0,0)}{x} = \lim_{x\to 0}\frac{g(x,0)}{x}\sin\frac{1}{\sqrt{x^2}}$$

$$= \lim_{x\to 0}\frac{o(\sqrt{x^2})}{x}\sin\frac{1}{\sqrt{x^2}} = \lim_{x\to 0}\frac{o(\sqrt{x^2})}{\sqrt{x^2}}\cdot\frac{\sqrt{x^2}}{x}\sin\frac{1}{\sqrt{x^2}} = 0,$$

同理

$$f'_y(0,0) = 0,$$

由于 $\lim\limits_{\rho\to 0}\dfrac{f(x,y)-f(0,0)-[f'_x(0,0)\cdot x + f'_y(0,0)\cdot y]}{\rho} = \lim\limits_{\rho\to 0}\dfrac{g(x,y)}{\rho}\sin\dfrac{1}{\sqrt{x^2+y^2}} = 0$，

其中 $\rho = \sqrt{x^2+y^2}$. 故 $f(x,y)$ 在点(0,0)处可微，且 $\mathrm{d}f(0,0) = 0$.

158 【解】 $\dfrac{\partial u}{\partial x} = f'_1 + y\mathrm{e}^{x^2y^2}f'_3$，

$$\frac{\partial^2 u}{\partial x\partial y} = f''_{12} + x\mathrm{e}^{x^2y^2}f''_{13} + \mathrm{e}^{x^2y^2}f'_3 + 2x^2y^2\mathrm{e}^{x^2y^2}f'_3 + y\mathrm{e}^{x^2y^2}(f''_{32} + x\mathrm{e}^{x^2y^2}f''_{33}).$$

159 【解】 由 $w = z\mathrm{e}^y$ 得 $z = \mathrm{e}^{-y}w$，因为 $z = z(x,y)$ 二阶偏导连续，所以 $w = w(u,v)$ 二阶偏导连续.

$$\frac{\partial z}{\partial x} = \mathrm{e}^{-y}\left(\frac{1}{2}\frac{\partial w}{\partial u} + \frac{1}{2}\frac{\partial w}{\partial v}\right),$$

$$\frac{\partial^2 z}{\partial x^2} = \mathrm{e}^{-y}\left(\frac{1}{4}\frac{\partial^2 w}{\partial u^2} + \frac{1}{4}\frac{\partial^2 w}{\partial u\partial v} + \frac{1}{4}\frac{\partial^2 w}{\partial v\partial u} + \frac{1}{4}\frac{\partial^2 w}{\partial v^2}\right),$$

$$\frac{\partial^2 z}{\partial x\partial y} = -\mathrm{e}^{-y}\left(\frac{1}{2}\frac{\partial w}{\partial u} + \frac{1}{2}\frac{\partial w}{\partial v}\right) + \mathrm{e}^{-y}\left(\frac{1}{4}\frac{\partial^2 w}{\partial u^2} - \frac{1}{4}\frac{\partial^2 w}{\partial u\partial v} + \frac{1}{4}\frac{\partial^2 w}{\partial v\partial u} - \frac{1}{4}\frac{\partial^2 w}{\partial v^2}\right),$$

代入 $\dfrac{\partial^2 z}{\partial x^2} + \dfrac{\partial^2 z}{\partial x\partial y} + \dfrac{\partial z}{\partial x} = z$ 得 $\dfrac{\partial^2 w}{\partial u^2} + \dfrac{\partial^2 w}{\partial v\partial u} = 2w$.

160 【分析】 由题设知 $g(x,y)$ 有二阶连续偏导数，$g(0,0) = f(1,0)$.

通过计算 $g'_x(0,0)$，$g'_y(0,0)$ 来说明 $g(0,0)$ 可能是极值，再通过计算 $A = g''_{xx}(0,0)$，$B = g''_{xy}(0,0)$，$C = g''_{yy}(0,0)$ 来判断 $g(0,0)$ 是极值.

【解】 由于 $f(x,y) = -(x-1) - y + o(\sqrt{(x-1)^2+y^2})$，由全微分的定义知

$$f(1,0) = 0, f'_1(1,0) = f'_2(1,0) = -1.$$

又 $g'_x = f'_1\cdot\mathrm{e}^{xy}y + f'_2\cdot 2x$，$g'_y = f'_1\cdot\mathrm{e}^{xy}x + f'_2\cdot 2y$，从而

$$g'_x(0,0) = 0, g'_y(0,0) = 0.$$

$$g''_{xx} = (f''_{11}\cdot\mathrm{e}^{xy}y + f''_{12}\cdot 2x)\mathrm{e}^{xy}y + f'_1\cdot\mathrm{e}^{xy}y^2 + (f''_{21}\cdot\mathrm{e}^{xy}y + f''_{22}\cdot 2x)2x + 2f'_2,$$

$g''_{xy}=(f''_{11}\cdot e^{xy}x+f''_{12}\cdot 2y)e^{xy}y+f'_1\cdot(e^{xy}xy+e^{xy})+(f''_{21}\cdot e^{xy}x+f''_{22}\cdot 2y)2x,$

$g''_{yy}=(f''_{11}\cdot e^{xy}x+f''_{12}\cdot 2y)e^{xy}x+f'_1\cdot e^{xy}x^2+(f''_{21}\cdot e^{xy}x+f''_{22}\cdot 2y)2y+2f'_2,$

$A=g''_{xx}(0,0)=2f'_2(1,0)=-2,B=g''_{xy}(0,0)=f'_1(1,0)=-1,$

$C=g''_{yy}(0,0)=2f'_2(1,0)=-2,$

$AC-B^2=3>0$，且 $A<0$，故 $g(0,0)=f(1,0)=0$ 是极大值.

【评注】 求 $A=g''_{xx}(0,0),B=g''_{xy}(0,0),C=g''_{yy}(0,0)$ 有更简单的方法.

由 $g'_x=f'_1\cdot e^{xy}y+f'_2\cdot 2x$ 知，$g'_x(x,0)=2xf'_2(1,x^2)$，则

$g''_{xx}(x,0)=2f'_2(1,x^2)+4x^2f''_{22}(1,x^2).$

$g''_{xx}(0,0)=2f'_2(1,0)=-2.$

同理 $g''_{yy}(0,0)=-2,g''_{xy}(0,0)=-1.$

161 **【解】** 由 $\begin{cases}\dfrac{\partial z}{\partial x}=2x-4=0,\\ \dfrac{\partial z}{\partial y}=-2y=0\end{cases}$ 得区域内部可能的最值点为 $\begin{cases}x=2,\\ y=0.\end{cases}$

再考虑其在边界曲线 $x^2+y^2=9$ 上的情形. 令拉格朗日函数为

$$F(x,y,\lambda)=x^2-y^2-4x+6+\lambda(x^2+y^2-9),$$

解方程组

$$\begin{cases}F'_x=2x-4+2\lambda x=0,\\ F'_y=-2y+2\lambda y=0,\\ F'_\lambda=x^2+y^2-9=0,\end{cases}$$

得可能极值点 $x=\pm 3,y=0;x=1,y=\pm 2\sqrt{2}$.

代入 $f(x,y)$ 得 $f(2,0)=2,f(3,0)=3,\ f(-3,0)=27,f(1,\pm 2\sqrt{2})=-5$，可见 $z=f(x,y)$ 在区域 D 上的最大值为 27，最小值为 -5.

【评注】 本题在计算区域边界上的最值时，可把 $y^2=9-x^2$ 代入变为无条件极值.

162 **【分析】** 本题是求三元函数在区域 $D=\{(x,y,z)\mid x,y,z\geqslant 0,x+y+z=\pi\}$ 上的最值. 显然三元函数 $f(x,y,z)$ 在有界闭区域 D 上连续，一定能取到最大值和最小值，需求 D 内部的驻点及边界上的最值进行比较. 可看出在 D 的内部 $\{(x,y,z)\mid x,y,z>0,x+y+z=\pi\}$，$x,y,z$ 恰为三角形的三个内角.

【解】 在 D 的内部，利用拉格朗日乘数法.

令 $$F(x,y,z)=2\cos x+3\cos y+4\cos z+\lambda(x+y+z-\pi),$$

由 $\begin{cases}\dfrac{\partial F}{\partial x}=-2\sin x+\lambda=0,\\ \dfrac{\partial F}{\partial y}=-3\sin y+\lambda=0,\\ \dfrac{\partial F}{\partial z}=-4\sin z+\lambda=0,\\ \dfrac{\partial F}{\partial \lambda}=x+y+z-\pi=0,\end{cases}$ 得 $\sin x:\sin y:\sin z=\dfrac{1}{2}:\dfrac{1}{3}:\dfrac{1}{4}=6:4:3$，

而 x,y,z 恰为三角形的三个内角，用正弦定理：设三角形的三边为 a,b,c 有

$$a:b:c=\sin x:\sin y:\sin z=6:4:3.$$

再用余弦定理：$a^2=b^2+c^2-2bc\cos x$，有 $36=16+9-24\cos x$，计算得 $\cos x=-\dfrac{11}{24}$，同理 $\cos y=\dfrac{29}{36}$，$\cos z=\dfrac{43}{48}$，此时，$f(x,y,z)=2\cos x+3\cos y+4\cos z=\dfrac{61}{12}$，这是 D 的内部可能取得的最值.

在 D 的边界 $z=0,x+y=\pi$ 上，

$f(x,y,z)=2\cos x+3\cos(\pi-x)+4=4-\cos x(0\leqslant x\leqslant\pi)$，最小值为 3，最大值为 5；

在 D 的边界 $y=0,x+z=\pi$ 上，

$f(x,y,z)=2\cos x+4\cos(\pi-x)+3=3-2\cos x(0\leqslant x\leqslant\pi)$，最小值为 1，最大值为 5；

在 D 的边界 $x=0,y+z=\pi$ 上，

$f(x,y,z)=2+3\cos y+4\cos(\pi-y)=2-\cos y(0\leqslant y\leqslant\pi)$，最小值为 1，最大值为 3.

综上所述，所求函数的最小值为 1，最大值为 $\dfrac{61}{12}$.

【评注】 1. 根据题目的特殊性，本题借助于三角形求出了 $\cos x=-\dfrac{11}{24}$，$\cos y=\dfrac{29}{36}$，$\cos z=\dfrac{43}{48}$，其实也可解方程组求得.

由 $\begin{cases}\dfrac{\partial F}{\partial x}=-2\sin x+\lambda=0,\\ \dfrac{\partial F}{\partial y}=-3\sin y+\lambda=0,\\ \dfrac{\partial F}{\partial z}=-4\sin z+\lambda=0,\\ \dfrac{\partial F}{\partial \lambda}=x+y+z-\pi=0,\end{cases}$ 得 $\begin{cases}2\sin x=3\sin y,\\ \sin x=2\sin(x+y),\end{cases}$

即

$$\begin{cases}2\sin x=3\sin y, & ①\\ \sin x=2\sin x\cos y+2\cos x\sin y, & ②\end{cases}$$

① 代入 ② 得

$\sin x=2\sin x\cos y+\dfrac{4}{3}\cos x\sin x$，亦有 $2\cos y=1-\dfrac{4}{3}\cos x(\sin x\neq 0)$，进而

$$4\cos^2 y=1-\frac{8}{3}\cos x+\frac{16}{9}\cos^2 x, \quad ③$$

由 ① 知 $\cos^2 y=1-\dfrac{4}{9}\sin^2 x=\dfrac{5}{9}+\dfrac{4}{9}\cos^2 x$，代入 ③ 得 $\cos x=-\dfrac{11}{24}$.

进一步可求得 $\cos y=\dfrac{29}{36}$，$\cos z=\dfrac{43}{48}$.

2. 题目还可转化为二元函数 $g(x,y)=2\cos x+3\cos y-4\cos(x+y)$ 在平面有界闭区域 $D=\{(x,y)\mid 0\leqslant x+y\leqslant\pi,0\leqslant x,y\leqslant\pi\}$ 的最值问题.

163 **【解】** D 关于 y 轴对称，故 $\iint\limits_D x^5\sin^2 y\,d\sigma=0$.

设区域 $D_1=\left\{(r,\theta)\,\middle|\,0\leqslant\theta\leqslant\dfrac{\pi}{6},0\leqslant r\leqslant 2\sin\theta\right\}$，

$$D_2=\left\{(r,\theta)\left|\frac{\pi}{6}\leqslant\theta\leqslant\frac{\pi}{2},0\leqslant r\leqslant 1\right.\right\},$$

则 D_1+D_2 为区域 D 在 y 轴右边的区域. 由对称性，

$$\begin{aligned}I&=2\iint\limits_{D_1+D_2}\sqrt{4-x^2-y^2}\,\mathrm{d}\sigma\\&=2\left(\iint\limits_{D_1}\sqrt{4-x^2-y^2}\,\mathrm{d}\sigma+\iint\limits_{D_2}\sqrt{4-x^2-y^2}\,\mathrm{d}\sigma\right)\\&=2\left(\int_0^{\frac{\pi}{6}}\mathrm{d}\theta\int_0^{2\sin\theta}\sqrt{4-r^2}\,r\mathrm{d}r+\int_{\frac{\pi}{6}}^{\frac{\pi}{2}}\mathrm{d}\theta\int_0^1\sqrt{4-r^2}\,r\mathrm{d}r\right)\\&=\frac{2}{3}(4-\sqrt{3})\pi-\frac{22}{9}.\end{aligned}$$

164 【解】 $\iint\limits_D\sqrt{x^2+y^2}\,\mathrm{d}x\mathrm{d}y=\int_0^{\frac{\pi}{4}}\mathrm{d}\theta\int_0^{2\cos\theta}r^2\mathrm{d}r=\frac{10\sqrt{2}}{9}.$

165 【分析】 需把形式上的二次积分化为

$$I=-\int_0^1\mathrm{d}y\int_y^1(\mathrm{e}^{-x^2}+\mathrm{e}^x\sin x)\mathrm{d}x,$$

其中 $\int_0^1\mathrm{d}y\int_y^1(\mathrm{e}^{-x^2}+\mathrm{e}^x\sin x)\mathrm{d}x$ 是积分区域 $D=\{(x,y)\mid 0\leqslant y\leqslant 1,y\leqslant x\leqslant 1\}$ 上的二次积分,再交换积分次序计算.

【解】 交换积分次序

$$\begin{aligned}I&=-\int_0^1\mathrm{d}y\int_y^1(\mathrm{e}^{-x^2}+\mathrm{e}^x\sin x)\mathrm{d}x=-\int_0^1\mathrm{d}x\int_0^x(\mathrm{e}^{-x^2}+\mathrm{e}^x\sin x)\mathrm{d}y\\&=-\int_0^1x(\mathrm{e}^{-x^2}+\mathrm{e}^x\sin x)\mathrm{d}x=-\int_0^1x\mathrm{e}^{-x^2}\mathrm{d}x-\int_0^1x\mathrm{e}^x\sin x\mathrm{d}x,\end{aligned}$$

而
$$\int_0^1x\mathrm{e}^{-x^2}\mathrm{d}x=-\frac{1}{2}\mathrm{e}^{-x^2}\Big|_0^1=\frac{1}{2}(1-\mathrm{e}^{-1}),$$

$$\begin{aligned}\int_0^1x\mathrm{e}^x\sin x\mathrm{d}x&=\frac{1}{2}\int_0^1x\mathrm{d}[\mathrm{e}^x(\sin x-\cos x)]\\&=\frac{1}{2}x\mathrm{e}^x(\sin x-\cos x)\Big|_0^1-\frac{1}{2}\int_0^1\mathrm{e}^x(\sin x-\cos x)\mathrm{d}x\\&=\frac{1}{2}\mathrm{e}(\sin 1-\cos 1)-\frac{1}{2}\int_0^1\mathrm{e}^x(\sin x-\cos x)\mathrm{d}x\\&=\frac{1}{2}\mathrm{e}(\sin 1-\cos 1)+\frac{1}{2}\mathrm{e}^x\cos x\Big|_0^1=\frac{1}{2}\mathrm{e}\sin 1-\frac{1}{2}.\end{aligned}$$

所以 $I=\int_0^1\mathrm{d}y\int_1^y(\mathrm{e}^{-x^2}+\mathrm{e}^x\sin x)\mathrm{d}x=\frac{1}{2}\mathrm{e}^{-1}-\frac{1}{2}\mathrm{e}\sin 1.$

【评注】 解答中用到了如下不定积分的结果

$$\int\mathrm{e}^x\sin x\mathrm{d}x=\frac{1}{2}\mathrm{e}^x(\sin x-\cos x)+C,\int\mathrm{e}^x\cos x\mathrm{d}x=\frac{1}{2}\mathrm{e}^x(\sin x+\cos x)+C.$$

166 【解】 $\iint\limits_D\frac{\sqrt{x^2+y^2}}{\sqrt{4a^2-x^2-y^2}}\mathrm{d}x\mathrm{d}y=\int_{-\frac{\pi}{4}}^0\mathrm{d}\theta\int_0^{-2a\sin\theta}\frac{r^2}{\sqrt{4a^2-r^2}}\mathrm{d}r=\left(\frac{\pi^2}{16}-\frac{1}{2}\right)a^2.$

167 【解】 积分域如右图所示，

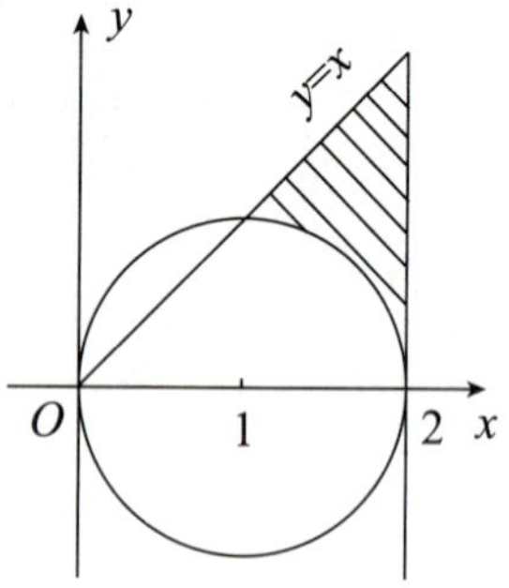

$$\iint_D f(x,y)\mathrm{d}x\mathrm{d}y = \int_1^2 \mathrm{d}x\int_{\sqrt{2x-x^2}}^{x} x^2 y\mathrm{d}y$$
$$= \frac{1}{2}\int_1^2 [x^4 - x^2(2x-x^2)]\mathrm{d}x$$
$$= \frac{49}{20}.$$

168 【分析】 证明部分和 $\sum_{k=1}^{n} a_k$ 有界即可.

【证明】 因为 $\sum_{k=1}^{n}(a_k - a_n)$ 有界，所以存在 $M>0$，使得 $\sum_{k=1}^{n}(a_k - a_n) \leqslant M$.

对任意 n，取 $m>n$，$\sum_{k=1}^{n} a_k - na_m = \sum_{k=1}^{n}(a_k - a_m) \leqslant \sum_{k=1}^{m}(a_k - a_m) \leqslant M$.

进而有 $\lim\limits_{m\to\infty}\left(\sum_{k=1}^{n} a_k - na_m\right) = \sum_{k=1}^{n} a_k - n\lim\limits_{m\to\infty} a_m = \sum_{k=1}^{n} a_k \leqslant M$，即部分和 $\sum_{k=1}^{n} a_k$ 有界，利用正项级数收敛的充要条件可知级数 $\sum_{n=1}^{\infty} a_n$ 收敛.

169 【解】 (1) $$\frac{1}{x^2} = -\left(\frac{1}{x}\right)' = -\left[\frac{1}{1+(x-1)}\right]'$$
$$= -\left[\sum_{n=0}^{\infty}(-1)^n(x-1)^n\right]'$$
$$= \sum_{n=1}^{\infty} n(-1)^{n+1}(x-1)^{n-1},\ x\in(0,2).$$

(2) $$2^x = 2\cdot 2^{x-1} = 2\mathrm{e}^{(x-1)\ln 2} = 2\sum_{n=0}^{\infty}\frac{(\ln 2)^n(x-1)^n}{n!},\ x\in(-\infty,+\infty).$$

(3) $$\ln\frac{1}{2+2x+x^2} = -\ln[1+(x+1)^2] = \sum_{n=1}^{\infty}\frac{(-1)^n(x+1)^{2n}}{n},\ x\in[-2,0].$$

170 【解】 (1) $$\sum_{n=0}^{\infty}(2n+1)x^n = \sum_{n=0}^{\infty}2nx^n + \sum_{n=0}^{\infty}x^n = 2x\sum_{n=1}^{\infty}nx^{n-1} + \frac{1}{1-x}$$
$$= 2x\left(\sum_{n=0}^{\infty}x^n\right)' + \frac{1}{1-x} = 2x\left(\frac{1}{1-x}\right)' + \frac{1}{1-x}$$
$$= \frac{2x}{(1-x)^2} + \frac{1}{1-x} = \frac{1+x}{(1-x)^2},\ x\in(-1,1).$$

(2) 注意到 $\sum_{n=1}^{\infty}\frac{x^n}{n} = -\ln(1-x)$. 令 $S(x) = \sum_{n=1}^{\infty}\frac{x^{n-1}}{n2^{n-1}}$，$x\in[-2,2)$，

$$S(x) = \sum_{n=1}^{\infty}\frac{x^{n-1}}{n2^{n-1}} = \frac{2}{x}\sum_{n=1}^{\infty}\frac{\left(\frac{x}{2}\right)^n}{n} = -\frac{2}{x}\ln\left(1-\frac{x}{2}\right)(x\neq 0),$$
$$S(0) = 1,$$

则 $S(x)=\begin{cases}-\dfrac{2}{x}\ln\left(1-\dfrac{x}{2}\right), & -2\leqslant x<0 \text{ 或 } 0<x<2,\\ 1, & x=0.\end{cases}$

(3) 因为 $$\lim_{n\to\infty}\frac{(n+1)(2n+1)+1}{(n+1)(2n+1)}\cdot\frac{n(2n-1)}{n(2n-1)+1}=1,$$
所以当 $x^2<1$ 时，原级数绝对收敛，当 $x^2>1$ 时，原级数发散，因此原幂级数的收敛半径为 1，收敛区间为 $(-1,1)$.

记 $S(x)=\sum_{n=1}^{\infty}\dfrac{(-1)^{n-1}}{2n(2n-1)}x^{2n}, x\in(-1,1)$，则

$$S'(x)=\sum_{n=1}^{\infty}\frac{(-1)^{n-1}}{2n-1}x^{2n-1}, x\in(-1,1),$$

$$S''(x)=\sum_{n=1}^{\infty}(-1)^{n-1}x^{2n-2}=\frac{1}{1+x^2}, x\in(-1,1).$$

由于 $S(0)=0, S'(0)=0$. 所以

$$S'(x)=\int_0^x S''(t)\mathrm{d}t=\int_0^x\frac{\mathrm{d}t}{1+t^2}=\arctan x,$$

$$S(x)=\int_0^x S'(t)\mathrm{d}t=\int_0^x \arctan t\mathrm{d}t=x\arctan x-\frac{1}{2}\ln(1+x^2).$$

又 $\sum_{n=1}^{\infty}(-1)^{n-1}x^{2n}=\dfrac{x^2}{1+x^2}, x\in(-1,1)$，从而

$$f(x)=2S(x)+\frac{x^2}{1+x^2}=2x\arctan x-\ln(1+x^2)+\frac{x^2}{1+x^2}, x\in(-1,1).$$

(4) 易求得该幂级数的收敛半径为 1，且当 $x=-1$ 时收敛，当 $x=1$ 时发散.

$$\begin{aligned}\sum_{n=2}^{\infty}\frac{n}{n^2-1}x^n&=\sum_{n=2}^{\infty}\frac{n}{(n-1)(n+1)}x^n=\frac{1}{2}\left(\sum_{n=2}^{\infty}\frac{x^n}{n+1}+\sum_{n=2}^{\infty}\frac{x^n}{n-1}\right)\\&=\frac{1}{2}\left(\frac{1}{x}\sum_{n=2}^{\infty}\frac{x^{n+1}}{n+1}+x\sum_{n=2}^{\infty}\frac{x^{n-1}}{n-1}\right)\quad x\neq 0\\&=\frac{1}{2}\left\{\frac{1}{x}\left[-\ln(1-x)-x-\frac{x^2}{2}\right]-x\ln(1-x)\right\},\end{aligned}$$

则 $S(x)=\begin{cases}-\dfrac{x}{2}\ln(1-x)-\dfrac{x}{4}-\dfrac{\ln(1-x)}{2x}-\dfrac{1}{2}, & -1\leqslant x<0 \text{ 或 } 0<x<1,\\ 0, & x=0.\end{cases}$

171 【证明】 由于 $a_n>0$，即 $\{a_n\}$ 下有界，且单调减知，$\lim\limits_{n\to\infty}a_n$ 存在，设 $\lim\limits_{n\to\infty}a_n=a$. 由 $\sum_{n=1}^{\infty}(-1)^n a_n$ 发散知，$a>0$，则 $a_n\geqslant a>0$，

$$S_n=\sum_{k=1}^{n}\left(1-\frac{a_{k+1}}{a_k}\right)=\sum_{k=1}^{n}\frac{a_k-a_{k+1}}{a_k}\leqslant\sum_{k=1}^{n}\frac{a_k-a_{k+1}}{a}=\frac{1}{a}(a_1-a_{n+1})<\frac{a_1}{a},$$

即 S_n 上有界，而级数 $\sum_{n=1}^{\infty}\left(1-\dfrac{a_{n+1}}{a_n}\right)$ 为正项级数，则 $\sum_{n=1}^{\infty}\left(1-\dfrac{a_{n+1}}{a_n}\right)$ 收敛.

172 【证明】 (1) 当 $q>1$ 时，取 r，使 $1<r<q$，由于 $\lim\limits_{n\to\infty}\dfrac{\ln\frac{1}{a_n}}{\ln n}=q$，

则当 n 充分大时，$\dfrac{\ln\frac{1}{a_n}}{\ln n}>r$，由此可得 $a_n<\dfrac{1}{n^r}$，则 $\sum\limits_{n=1}^{\infty}a_n$ 收敛.

(2) 当 $q<1$ 时，取 r，使 $q<r<1$，由于 $\lim\limits_{n\to\infty}\dfrac{\ln\frac{1}{a_n}}{\ln n}=q$，

则当 n 充分大时，$\dfrac{\ln\frac{1}{a_n}}{\ln n}<r$，由此可得 $a_n>\dfrac{1}{n^r}$，故 $\sum\limits_{n=1}^{\infty}a_n$ 发散.

173 【证明】 由于 $f(x)$ 是 $x=0$ 某邻域内二阶可导的偶函数，则 $f'(x)$ 为奇函数，$f'(0)=0$. 由泰勒公式得

$$f\left(\frac{1}{n}\right)=f(0)+f'(0)\frac{1}{n}+\frac{f''(0)}{2!}\frac{1}{n^2}+o\left(\frac{1}{n^2}\right)=1+\frac{1}{n^2}+o\left(\frac{1}{n^2}\right),$$

即 $f\left(\dfrac{1}{n}\right)-1=\dfrac{1}{n^2}+o\left(\dfrac{1}{n^2}\right)$.

$\lim\limits_{n\to\infty}\dfrac{\left|f\left(\frac{1}{n}\right)-1\right|}{\frac{1}{n^2}}=1$，故 $\sum\limits_{n=1}^{\infty}\left[f\left(\dfrac{1}{n}\right)-1\right]$ 绝对收敛.

174 【分析】 利用 $f(x)$ 的幂级数展开式求出 $f^{(n)}(0)$，然后证明级数 $\sum\limits_{n=0}^{\infty}\dfrac{n!}{f^{(n)}(0)}$ 绝对收敛.

【证明】 $f(x)=\dfrac{1}{1+2x-2x^2}=\dfrac{1}{3}\left(\dfrac{1}{1-x}+\dfrac{2}{1+2x}\right)$

$$=\frac{1}{3}\left[\sum_{n=0}^{\infty}x^n+2\sum_{n=0}^{\infty}(-1)^n(2x)^n\right]\left(|x|<\frac{1}{2}\right)$$

$$=\sum_{n=0}^{\infty}\frac{1+(-1)^n2^{n+1}}{3}x^n\left(|x|<\frac{1}{2}\right).$$

由幂级数展开式的唯一性，$\dfrac{f^{(n)}(0)}{n!}=\dfrac{1+(-1)^n2^{n+1}}{3}(n=0,1,2,\cdots)$，有

$$\sum_{n=0}^{\infty}\frac{n!}{f^{(n)}(0)}=\sum_{n=0}^{\infty}\frac{3}{1+(-1)^n2^{n+1}}.$$

由于
$$\left|\frac{3}{1+(-1)^n2^{n+1}}\right|\leqslant\frac{3}{2^n},$$

而正项级数 $\sum\limits_{n=0}^{\infty}\dfrac{3}{2^n}$ 收敛，所以级数 $\sum\limits_{n=0}^{\infty}\dfrac{n!}{f^{(n)}(0)}$ 绝对收敛.

175 【解】 该微分方程的特征方程为 $\lambda^2+a^2=0$，得 $\lambda_{1,2}=\pm ai$，故该微分方程对应的齐次方程的通解为 $Y=C_1\cos ax+C_2\sin ax$.

当 $a\neq 1$ 时，设特解 $y^*=A\cos x+B\sin x$，代入原方程可得 $A=0,B=\frac{1}{a^2-1}$，于是此时方程的通解 $y=C_1\cos ax+C_2\sin ax+\frac{1}{a^2-1}\sin x$，其中 C_1、C_2 为任意常数.

当 $a=1$ 时，设特解 $y^*=Cx\cos x+Dx\sin x$，代入原方程可得 $C=-\frac{1}{2},D=0$. 于是此时方程的通解 $y=C_1\cos x+C_2\sin x-\frac{1}{2}x\cos x$，其中 C_1、C_2 为任意常数.

176 【解】 将题设方程两边对 x 求导，得

$$f'(x)g[f(x)]+f(x)=(2x+x^2)e^x,$$

因 $g(x)$ 为 $f(x)$ 在 $[0,+\infty)$ 上的反函数，所以 $g[f(x)]=x$，代入方程得

$$xf'(x)+f(x)=(2x+x^2)e^x,$$

将 $x=0$ 代入上述等式左、右两边，得 $f(0)=0$.

又从上述方程可以看出

$$[xf(x)]'=(2x+x^2)e^x,$$

从而

$$xf(x)=\int(2x+x^2)e^x dx+C=x^2e^x+C,$$

$$f(x)=xe^x+\frac{C}{x},$$

题设 $f(x)$ 在 $x=0$ 处连续，所以 $C=0$. 故 $f(x)=xe^x$.

177 【解】 由题设有 $f(0)=-1$，

$$\begin{aligned}
f(x)&=-1+x+2\int_0^x(x-t)f(t)f'(t)dt\\
&=-1+x+2x\int_0^x f(t)f'(t)dt-2\int_0^x tf(t)f'(t)dt\\
&=-1+x+x\int_0^x d[f^2(t)]-\int_0^x td[f^2(t)]\\
&=-1+x+x\left[f^2(x)-f^2(0)\right]-\left[tf^2(t)\Big|_0^x-\int_0^x f^2(t)dt\right]\\
&=-1+x+xf^2(x)-x-xf^2(x)+\int_0^x f^2(t)dt\\
&=-1+\int_0^x f^2(t)dt.
\end{aligned}$$

将上述等式左、右两边对 x 求导，得 $f'(x)=f^2(x)$.

记 $y=f(x)$，得 $\frac{dy}{dx}=y^2$. 分离变量解得 $-\frac{1}{y}=x+C$.

将 $x=0,y=-1$ 代入，得 $C=1$，于是 $y=-\frac{1}{x+1}$，即 $f(x)=-\frac{1}{x+1}$.

178 【分析】 根据已知条件得到关于 $f(x)$ 或 $g(x)$ 的二阶常系数微分方程，求出 $f(x)$ 及 $g(x)$，再计算定积分. 实际上，可看到

$$\int_0^{\frac{\pi}{2}}\left[\frac{g(x)}{1+x}-\frac{f(x)}{(1+x)^2}\right]dx=\int_0^{\frac{\pi}{2}}\frac{(1+x)f'(x)-f(x)}{(1+x)^2}dx=\frac{f(x)}{1+x}\Bigg|_0^{\frac{\pi}{2}}.$$

故只需求出 $f(x)$ 即可.

【解】 由条件 $f'(x)=g(x)$，得 $f''(x)=g'(x)=4e^x-f(x)$，求解二阶常系数微分方程

$$\begin{cases} f''(x)+f(x)=4e^x, \\ f(0)=0, f'(0)=g(0)=0. \end{cases}$$

对应齐次微分方程的特征方程为 $\lambda^2+1=0$，解得 $\lambda=\pm i$，通解为

$$\bar{f}(x)=C_1\cos x+C_2\sin x,$$

其中 C_1,C_2 为任意常数.

非齐次微分方程的特解可设为 $f^*(x)=Ae^x$，用待定系数得 $A=2$.

于是，非齐次微分方程的通解为 $f(x)=C_1\cos x+C_2\sin x+2e^x$，

由 $f(0)=f'(0)=0$，得 $C_1=C_2=-2$，故 $f(x)=-2\sin x-2\cos x+2e^x$，从而

$$I=\int_0^{\frac{\pi}{2}}\left[\frac{g(x)}{1+x}-\frac{f(x)}{(1+x)^2}\right]dx=\int_0^{\frac{\pi}{2}}\frac{(1+x)f'(x)-f(x)}{(1+x)^2}dx=\frac{f(x)}{1+x}\Bigg|_0^{\frac{\pi}{2}}$$

$$=\frac{f(\frac{\pi}{2})}{1+\frac{\pi}{2}}-\frac{f(0)}{1+0}=\frac{4(e^{\frac{\pi}{2}}-1)}{2+\pi}.$$

179 **【分析】** 利用反函数的求导法则与复合函数的求导法则求出 $\frac{dx}{dy},\frac{d^2x}{dy^2}$ 的表达式. 代入原微分方程，即得所求的微分方程. 然后再求此方程满足初始条件的解.

【解】 (1) 由反函数的求导法则，知 $\frac{dx}{dy}=\frac{1}{y'}$，即 $y'\frac{dx}{dy}=1$.

在上式两边同时对变量 x 求导，得 $y''\frac{dx}{dy}+\frac{d^2x}{dy^2}(y')^2=0$，即 $\frac{d^2x}{dy^2}=-\frac{y''}{(y')^3}$. 代入原微分方程，得 $y''-y=\sin x$.

(2) 对应的齐次微分方程 $y''-y=0$ 的通解为 $\bar{y}=C_1e^x+C_2e^{-x}$，其中 C_1,C_2 为任意常数.

非齐次微分方程的特解可设为 $y^*=A\cos x+B\sin x$，代入到微分方程中，得 $A=0,B=-\frac{1}{2}$，故有 $y^*=-\frac{1}{2}\sin x$，从而微分方程的通解为 $y=C_1e^x+C_2e^{-x}-\frac{1}{2}\sin x$，其中 C_1,C_2 为任意常数.

由条件 $y(0)=0,y'(0)=\frac{1}{2}$ 得 $C_1=\frac{1}{2},C_2=-\frac{1}{2}$.

因此，所求初值问题的解为 $y=\frac{1}{2}e^x-\frac{1}{2}e^{-x}-\frac{1}{2}\sin x$.

180 **【证明】** 因为对任意 $x,y\in(-\infty,+\infty)$，恒有 $f(x+y)=f(x)f(y)$，取 $x=y=0$，有 $f(0)=f^2(0)$，又 $f(x)\neq 0$，可得 $f(0)=1$. 于是

$$f'(x)=\lim_{\Delta x\to 0}\frac{f(x+\Delta x)-f(x)}{\Delta x}=\lim_{\Delta x\to 0}\frac{f(x)\cdot f(\Delta x)-f(x)}{\Delta x}$$

$$=\lim_{\Delta x\to 0}\left[f(x)\frac{f(\Delta x)-1}{\Delta x}\right]=\lim_{\Delta x\to 0}\left[f(x)\frac{f(\Delta x)-f(0)}{\Delta x}\right]=f(x)f'(0).$$

因为 $f'(0)$ 存在，所以 $f'(x)$ 存在.

$f'(x)=f'(0)f(x)$. 又 $f'(0)=a$，故有 $f'(x)-af(x)=0$，于是可得解 $f(x)=Ce^{ax}$，由 $f(0)=1$ 可求得 $C=1$，所以 $f(x)=e^{ax}$.

线性代数

填 空 题

181 【答案】 -3

【分析】 由行列式的定义知含有 x^3 的有两项，一项为 $a_{14}a_{23}a_{32}a_{41}=x^3(x-2)=x^4-2x^3$，符号为正，另一项为 $a_{13}a_{24}a_{32}a_{41}=x^2(x-2)=x^3-2x^2$，符号为负，从而 x^3 的系数为 -3.

本题也可以利用行列式的性质与展开定理计算出四阶行列式的值，再得出结果.

182 【答案】 20

【分析】 由行列式性质，找出 $|\boldsymbol{A}|$ 和 $|\boldsymbol{B}|$ 的联系.

$$\begin{aligned}|\boldsymbol{B}|&=|\boldsymbol{\alpha}_1-3\boldsymbol{\alpha}_2+2\boldsymbol{\alpha}_3,\boldsymbol{\alpha}_2-2\boldsymbol{\alpha}_3,2\boldsymbol{\alpha}_2+\boldsymbol{\alpha}_3|\\&=|\boldsymbol{\alpha}_1-2\boldsymbol{\alpha}_2,\boldsymbol{\alpha}_2-2\boldsymbol{\alpha}_3,5\boldsymbol{\alpha}_3|\\&=5|\boldsymbol{\alpha}_1-2\boldsymbol{\alpha}_2,\boldsymbol{\alpha}_2,\boldsymbol{\alpha}_3|\\&=5|\boldsymbol{\alpha}_1,\boldsymbol{\alpha}_2,\boldsymbol{\alpha}_3|=20.\end{aligned}$$

或者利用分块矩阵乘法

$$\begin{aligned}\boldsymbol{B}&=[\boldsymbol{\alpha}_1-3\boldsymbol{\alpha}_2+2\boldsymbol{\alpha}_3,\boldsymbol{\alpha}_2-2\boldsymbol{\alpha}_3,2\boldsymbol{\alpha}_2+\boldsymbol{\alpha}_3]\\&=[\boldsymbol{\alpha}_1,\boldsymbol{\alpha}_2,\boldsymbol{\alpha}_3]\begin{bmatrix}1&0&0\\-3&1&2\\2&-2&1\end{bmatrix},\end{aligned}$$

有
$$|\boldsymbol{B}|=|\boldsymbol{A}|\cdot\begin{vmatrix}1&0&0\\-3&1&2\\2&-2&1\end{vmatrix}=4\begin{vmatrix}1&2\\-2&1\end{vmatrix}=20.$$

183 【答案】 $-\dfrac{1}{2}$

【分析】 由 $\boldsymbol{BA}=\boldsymbol{B}+2\boldsymbol{E}$ 有 $\boldsymbol{B}(\boldsymbol{A}-\boldsymbol{E})=2\boldsymbol{E}$. 故

$$|\boldsymbol{B}|\cdot|\boldsymbol{A}-\boldsymbol{E}|=|2\boldsymbol{E}|=2^3|\boldsymbol{E}|=8.$$

又 $|\boldsymbol{A}-\boldsymbol{E}|=\begin{vmatrix}0&-2&0\\2&0&3\\0&1&1\end{vmatrix}=4$，得 $|\boldsymbol{B}|=2$.

所以 $\left|\left(\dfrac{1}{3}\boldsymbol{B}\right)^{-1}-2\boldsymbol{B}^*\right|=|3\boldsymbol{B}^{-1}-2|\boldsymbol{B}|\boldsymbol{B}^{-1}|=|-\boldsymbol{B}^{-1}|=(-1)^3|\boldsymbol{B}^{-1}|=-\dfrac{1}{2}$.

184 【答案】 192

【分析】 由 $|\boldsymbol{A}|=\prod\lambda_i$ 知 $|\boldsymbol{A}|=-2$，又 $|\boldsymbol{A}^*|=|\boldsymbol{A}|^{n-1}$，有 $|\boldsymbol{A}^*|=(-2)^2=4$.

又 $\boldsymbol{B}=\boldsymbol{A}^2(\boldsymbol{A}+2\boldsymbol{E})$，因 $\boldsymbol{A}$ 的特征值是 $1,2,-1$，知 $\boldsymbol{A}+2\boldsymbol{E}$ 的特征值是 $3,4,1$，从而

$$|\boldsymbol{B}|=|\boldsymbol{A}|^2|\boldsymbol{A}+2\boldsymbol{E}|=4\cdot12=48,$$

或者，由 $A\alpha=\lambda\alpha$ 有 $A^n\alpha=\lambda^n\alpha$，于是 $B\alpha=(A^3+2A^2)\alpha=(\lambda^3+2\lambda^2)\alpha$，得 B 的特征值是 3，16，1．亦有 $|B|=48$．

所以 $|A^*B^T|=|A^*|\cdot|B^T|=|A^*|\cdot|B|=192$．

185 【答案】 $\begin{bmatrix}1 & 2\times2^{10} & 3\\7 & 8\times2^{10} & 9\\4 & 5\times2^{10} & 6\end{bmatrix}$

【分析】 $\begin{bmatrix}1&0&0\\0&0&1\\0&1&0\end{bmatrix}$ 和 $\begin{bmatrix}1&0&0\\0&2&0\\0&0&1\end{bmatrix}$ 都是初等矩阵．

$$\begin{bmatrix}1&0&0\\0&0&1\\0&1&0\end{bmatrix}^9=\begin{bmatrix}1&0&0\\0&0&1\\0&1&0\end{bmatrix},\quad \begin{bmatrix}1&0&0\\0&2&0\\0&0&1\end{bmatrix}^{10}=\begin{bmatrix}1&0&0\\0&2^{10}&0\\0&0&1\end{bmatrix},$$

故 $$A=\begin{bmatrix}1&0&0\\0&0&1\\0&1&0\end{bmatrix}\begin{bmatrix}1&2&3\\4&5&6\\7&8&9\end{bmatrix}\begin{bmatrix}1&0&0\\0&2^{10}&0\\0&0&1\end{bmatrix}=\begin{bmatrix}1&2&3\\7&8&9\\4&5&6\end{bmatrix}\begin{bmatrix}1&0&0\\0&2^{10}&0\\0&0&1\end{bmatrix}$$
$$=\begin{bmatrix}1 & 2\times2^{10} & 3\\7 & 8\times2^{10} & 9\\4 & 5\times2^{10} & 6\end{bmatrix}.$$

186 【答案】 $\neq-2$

【分析】 $A\cong B\Leftrightarrow r(A)=r(B)$．

$$|A|=\begin{vmatrix}1&-2&-2\\1&a&a\\a&4&a\end{vmatrix}=(a-4)(a+2),\ |B|=\begin{vmatrix}1&2&8\\2&3&a\\1&2&2a\end{vmatrix}=8-2a.$$

当 $a=4$ 时，$r(A)=r(B)=2$，当 $a\neq4$ 且 $a\neq-2$ 时，$r(A)=r(B)=3$，仅 $a=-2$ 时，$r(A)=2$，$r(B)=3$，故 $a\neq-2$ 时矩阵 A 和 B 等价．

187 【答案】 $\begin{bmatrix}1&0&-3+3\cdot2^4\\0&1&-2+2\cdot2^4\\0&0&2^4\end{bmatrix}$

【分析】 由 $X(A-2E)=(A-2E)B$，

又 $A-2E=\begin{bmatrix}1&2&3\\0&-1&2\\0&0&1\end{bmatrix}$ 可逆，于是 $X=(A-2E)B(A-2E)^{-1}$．

$$X^4=(A-2E)B^4(A-2E)^{-1}$$
$$=\begin{bmatrix}1&2&3\\0&-1&2\\0&0&1\end{bmatrix}\begin{bmatrix}1&0&0\\0&1&0\\0&0&2^4\end{bmatrix}\begin{bmatrix}1&2&-7\\0&-1&2\\0&0&1\end{bmatrix}$$
$$=\begin{bmatrix}1&0&-3+3\cdot2^4\\0&1&-2+2\cdot2^4\\0&0&2^4\end{bmatrix}.$$

188 【答案】 $\begin{bmatrix}-2k_1 & k_1 & k_1\\ -2k_2 & k_2 & k_2\\ -2k_3 & k_3 & k_3\end{bmatrix}$，$k_1,k_2,k_3$ 不全为 0

【分析】 由 $\boldsymbol{BA}=\boldsymbol{O}$，有 $r(\boldsymbol{A})+r(\boldsymbol{B})\leqslant 3$. 又 $\boldsymbol{B}\neq\boldsymbol{O}$，有 $r(\boldsymbol{B})\geqslant 1$.

$\boldsymbol{A}$ 中有 2 阶子式非零，$r(\boldsymbol{A})\geqslant 2$，从而 $r(\boldsymbol{A})=2$，$r(\boldsymbol{B})=1$.

于是 $|\boldsymbol{A}|=\begin{vmatrix}1 & 2 & 1\\ 0 & 2 & a\\ 2 & a & 0\end{vmatrix}=-(a-2)^2=0$，即 $a=2$.

因 $\boldsymbol{A}^{\mathrm{T}}\boldsymbol{B}^{\mathrm{T}}=\boldsymbol{O}$，$\boldsymbol{B}^{\mathrm{T}}$ 的列向量是 $\boldsymbol{A}^{\mathrm{T}}\boldsymbol{x}=\boldsymbol{0}$ 的解.

$$\boldsymbol{A}^{\mathrm{T}}=\begin{bmatrix}1 & 0 & 2\\ 2 & 2 & 2\\ 1 & 2 & 0\end{bmatrix}\to\begin{bmatrix}1 & 0 & 2\\ 0 & 1 & -1\\ 0 & 0 & 0\end{bmatrix},$$

$\boldsymbol{A}^{\mathrm{T}}\boldsymbol{x}=\boldsymbol{0}$ 的通解：$k(-2,1,1)^{\mathrm{T}}$，k 为任意常数.

从而 $\boldsymbol{B}=\begin{bmatrix}-2k_1 & k_1 & k_1\\ -2k_2 & k_2 & k_2\\ -2k_3 & k_3 & k_3\end{bmatrix}$，$k_i(i=1,2,3)$ 不全为 0.

189 【答案】 $abc=0$

【分析】 n 个 n 维向量 $\boldsymbol{\alpha}_1,\boldsymbol{\alpha}_2,\cdots,\boldsymbol{\alpha}_n$ 线性相关 $\Leftrightarrow|\boldsymbol{\alpha}_1,\boldsymbol{\alpha}_2,\cdots,\boldsymbol{\alpha}_n|=0$.

$$|\boldsymbol{\alpha}_1,\boldsymbol{\alpha}_2,\boldsymbol{\alpha}_3|=\begin{vmatrix}a & 0 & c\\ 0 & a & b\\ b & c & 0\end{vmatrix}=-abc-abc=-2abc.$$

190 【答案】 $-\dfrac{1}{3}$

【分析】 $\boldsymbol{\beta}+\boldsymbol{\alpha}_1,\boldsymbol{\beta}+\boldsymbol{\alpha}_2,a\boldsymbol{\beta}+\boldsymbol{\alpha}_3$ 线性相关，存在不全为零的数 k_1,k_2,k_3，使得

$$k_1(\boldsymbol{\beta}+\boldsymbol{\alpha}_1)+k_2(\boldsymbol{\beta}+\boldsymbol{\alpha}_2)+k_3(a\boldsymbol{\beta}+\boldsymbol{\alpha}_3)=\boldsymbol{0},$$

整理有
$$(k_1+k_2+k_3a)\boldsymbol{\beta}+(k_1\boldsymbol{\alpha}_1+k_2\boldsymbol{\alpha}_2+k_3\boldsymbol{\alpha}_3)=\boldsymbol{0}.$$

因已知 $2\boldsymbol{\alpha}_1-\boldsymbol{\alpha}_2+3\boldsymbol{\alpha}_3=\boldsymbol{0}$，且 $\boldsymbol{\beta}$ 是任意向量，故上式成立只需取 $k_1=2,k_2=-1,k_3=3$，则有 $2\boldsymbol{\alpha}_1-\boldsymbol{\alpha}_2+3\boldsymbol{\alpha}_3=\boldsymbol{0}$，且令 $\boldsymbol{\beta}$ 的系数为 0，即

$$k_1+k_2+ak_3=2-1+3a=0,$$

亦即 $a=-\dfrac{1}{3}$.

191 【答案】 8

【分析】 $\forall t$，$\boldsymbol{\alpha}_1$ 与 $\boldsymbol{\alpha}_2$ 的坐标一定不成比例，即 $\boldsymbol{\alpha}_1,\boldsymbol{\alpha}_2$ 必线性无关，那么 $\boldsymbol{\alpha}_1,\boldsymbol{\alpha}_2$ 是向量组 $\boldsymbol{\alpha}_1,\boldsymbol{\alpha}_2,\boldsymbol{\alpha}_3,\boldsymbol{\alpha}_4$ 的极大线性无关组，可以推出 $\boldsymbol{\alpha}_3,\boldsymbol{\alpha}_4$ 都可由 $\boldsymbol{\alpha}_1,\boldsymbol{\alpha}_2$ 线性表示.

$$[\boldsymbol{\alpha}_1,\boldsymbol{\alpha}_2\,\vdots\,\boldsymbol{\alpha}_3,\boldsymbol{\alpha}_4]=\left[\begin{array}{cc:cc}1 & 2 & 2 & t\\ 1 & 4 & 6 & 14\\ -1 & t-6 & 6 & t-4\end{array}\right]\to\left[\begin{array}{cc:cc}1 & 2 & 2 & t\\ 0 & 2 & 4 & 14-t\\ 0 & t-4 & 8 & 2t-4\end{array}\right]$$

$$\to\left[\begin{array}{cc:cc}1 & 2 & 2 & t\\ 0 & 2 & 4 & 14-t\\ 0 & 0 & 32-4t & t^2-14t+48\end{array}\right],$$

仅 $t=8$ 时，$\boldsymbol{\alpha}_3,\boldsymbol{\alpha}_4$ 都可由 $\boldsymbol{\alpha}_1,\boldsymbol{\alpha}_2$ 线性表示，故 $t=8$.

192 【答案】 $k_1(0,-1,1,0)^{\mathrm{T}}+k_2(-1,0,0,1)^{\mathrm{T}}$，$k_1,k_2$ 为任意常数

【分析】 对矩阵 $\boldsymbol{A}$ 分块，记

$$\boldsymbol{A}=\left[\begin{array}{cc:cc}1&0&0&1\\0&1&1&0\\ \hdashline 0&1&1&0\\1&0&0&1\end{array}\right]=\begin{bmatrix}\boldsymbol{E}&\boldsymbol{G}\\\boldsymbol{G}&\boldsymbol{E}\end{bmatrix}.$$

由于

$$\boldsymbol{G}^2=\begin{bmatrix}0&1\\1&0\end{bmatrix}\begin{bmatrix}0&1\\1&0\end{bmatrix}=\begin{bmatrix}1&0\\0&1\end{bmatrix}=\boldsymbol{E},\boldsymbol{A}^2=\begin{bmatrix}\boldsymbol{E}&\boldsymbol{G}\\\boldsymbol{G}&\boldsymbol{E}\end{bmatrix}\begin{bmatrix}\boldsymbol{E}&\boldsymbol{G}\\\boldsymbol{G}&\boldsymbol{E}\end{bmatrix}=\begin{bmatrix}2\boldsymbol{E}&2\boldsymbol{G}\\2\boldsymbol{G}&2\boldsymbol{E}\end{bmatrix}=2\boldsymbol{A},$$

可以推出

$$\boldsymbol{A}^n=2^{n-1}\boldsymbol{A}.$$

所以 $\boldsymbol{A}^n\boldsymbol{x}=\mathbf{0}$ 与 $\boldsymbol{A}\boldsymbol{x}=\mathbf{0}$ 同解. 而

$$\boldsymbol{A}\to\begin{bmatrix}1&0&0&1\\0&1&1&0\\0&0&0&0\\0&0&0&0\end{bmatrix},$$

故通解为 $k_1(0,-1,1,0)^{\mathrm{T}}+k_2(-1,0,0,1)^{\mathrm{T}}$，$k_1,k_2$ 为任意常数.

193 【答案】 $k_1(-3,1,1,1)^{\mathrm{T}}+k_2(1,-3,1,1)^{\mathrm{T}}+k_3(1,1,-3,1)^{\mathrm{T}}$，$k_1,k_2,k_3$ 是任意常数

【分析】 因 $\boldsymbol{\alpha}$ 是 $\boldsymbol{A}\boldsymbol{x}=\mathbf{0}$ 的基础解系，知 $n-r(\boldsymbol{A})=1$，于是 $r(\boldsymbol{A})=3$.

又 $|\boldsymbol{A}|=(a+3)(a-1)^3$，若 $a=1$ 有 $r(\boldsymbol{A})=1$，故 $a=-3$.

由 $r(\boldsymbol{A})=3$ 知 $r(\boldsymbol{A}^*)=1$，$n-r(\boldsymbol{A}^*)=3$.

因 $\boldsymbol{A}^*\boldsymbol{A}=|\boldsymbol{A}|\boldsymbol{E}=\boldsymbol{O}$，知 $\boldsymbol{A}$ 的列向量是 $\boldsymbol{A}^*\boldsymbol{x}=\mathbf{0}$ 的解.

因 $\begin{vmatrix}-3&1&1\\1&-3&1\\1&1&-3\end{vmatrix}\neq0$，$\begin{bmatrix}-3\\1\\1\end{bmatrix}$，$\begin{bmatrix}1\\-3\\1\end{bmatrix}$，$\begin{bmatrix}1\\1\\-3\end{bmatrix}$ 线性无关.

从而 $\boldsymbol{\alpha}_1=(-3,1,1,1)^{\mathrm{T}}$，$\boldsymbol{\alpha}_2=(1,-3,1,1)^{\mathrm{T}}$，$\boldsymbol{\alpha}_3=(1,1,-3,1)^{\mathrm{T}}$ 必线性无关.

那么 $\boldsymbol{\alpha}_1,\boldsymbol{\alpha}_2,\boldsymbol{\alpha}_3$ 是 $\boldsymbol{A}^*\boldsymbol{x}=\mathbf{0}$ 的基础解系.

194 【答案】 $k(3,-2,1)^{\mathrm{T}}$，$k\in\mathbf{R}$

【分析】 $\boldsymbol{A}$ 是实对称矩阵，$\boldsymbol{\alpha}_1$ 和 $\boldsymbol{\alpha}_2$ 是不同特征值的特征向量，相互正交，则

$\boldsymbol{\alpha}_1^{\mathrm{T}}\boldsymbol{\alpha}_2=1+4a-5=0$，得 $a=1$.

由矩阵 $\boldsymbol{A}$ 不可逆，知 $|\boldsymbol{A}|=0$，故 $\lambda=0$ 是 $\boldsymbol{A}$ 的特征值.

设 $\boldsymbol{\alpha}=(x_1,x_2,x_3)^{\mathrm{T}}$ 是 $\lambda=0$ 的特征向量. 于是

$$\begin{cases}\boldsymbol{\alpha}^{\mathrm{T}}\boldsymbol{\alpha}_1=x_1+x_2-x_3=0,\\\boldsymbol{\alpha}^{\mathrm{T}}\boldsymbol{\alpha}_2=x_1+4x_2+5x_3=0,\end{cases}$$

得基础解系 $(3,-2,1)^{\mathrm{T}}$，从而 $\boldsymbol{A}\boldsymbol{x}=\mathbf{0}$ 的通解为 $k(3,-2,1)^{\mathrm{T}}$，$k\in\mathbf{R}$.

注意，$\boldsymbol{A}\boldsymbol{\alpha}=0\boldsymbol{\alpha}=\mathbf{0}$，即 $\lambda=0$ 的特征向量就是 $\boldsymbol{A}\boldsymbol{x}=\mathbf{0}$ 的解. 又 $\boldsymbol{A}\sim\begin{bmatrix}1&&\\&2&\\&&0\end{bmatrix}=\boldsymbol{\Lambda}$，有 $r(\boldsymbol{A})=$

$r(\boldsymbol{A}) = 2, n - r(\boldsymbol{A}) = 3 - 2 = 1$,从而 $\boldsymbol{\alpha}$ 是 $\boldsymbol{Ax} = \mathbf{0}$ 的基础解系.

195 【答案】 1

【分析】 所谓两个方程组(Ⅰ)与(Ⅱ)同解,即(Ⅰ)的解全是(Ⅱ)的解,(Ⅱ)的解也全是(Ⅰ)的解.对(Ⅰ)求出其通解是

$$(3,2,0)^T + k(3,-1,1)^T = (3k+3, 2-k, k)^T.$$

把 $x_1 = 3+3k, x_2 = 2-k, x_3 = k$ 代入方程组(Ⅱ),有

$$\begin{cases} a(3+3k) + 4(2-k) + k = 11, \\ 2(3+3k) + 5(2-k) - ak = 16, \end{cases}$$

整理为

$$\begin{cases} (k+1)(a-1) = 0, \\ k(1-a) = 0. \end{cases}$$

因 k 为任意常数,故 $a = 1$.此时方程组(Ⅰ)的解全是方程组(Ⅱ)的解.

当 $a = 1$ 时,方程组(Ⅱ)为

$$\begin{cases} x_1 + 4x_2 + x_3 = 11, \\ 2x_1 + 5x_2 - x_3 = 16. \end{cases}$$

故其系数矩阵的秩为2,从解的结构知(Ⅱ)的通解形式为 $\boldsymbol{\alpha} + k\boldsymbol{\eta}$,和(Ⅰ)的相同,(Ⅰ)的通解已满足(Ⅱ),也是(Ⅱ)的通解,故(Ⅰ)(Ⅱ)同解.

或者易于验算 $\boldsymbol{\alpha} = (3,2,0)^T$ 是(Ⅱ)的解,$\eta = (3,-1,1)^T$ 是(Ⅱ)的导出组的解.所以,(Ⅰ)与(Ⅱ)同解.

196 【答案】 $a-1, a, a+2$

【分析】 特征多项式

$$|\lambda \boldsymbol{E} - \boldsymbol{A}| = \begin{vmatrix} \lambda - a & 0 & 1 \\ 0 & \lambda - a & -1 \\ 1 & -1 & \lambda - a - 1 \end{vmatrix} = \begin{vmatrix} 0 & \lambda - a & 1-(\lambda-a-1)(\lambda-a) \\ 0 & \lambda - a & -1 \\ 1 & -1 & \lambda - a - 1 \end{vmatrix}$$

$$= \begin{vmatrix} \lambda - a & 1-(\lambda-a-1)(\lambda-a) \\ \lambda - a & -1 \end{vmatrix} = (\lambda - a)(\lambda - a - 2)(\lambda - a + 1).$$

197 【答案】 6,3,2

【分析】 由 $\boldsymbol{A}^{-1}\boldsymbol{BA} = 6\boldsymbol{A} + \boldsymbol{BA} \Rightarrow \boldsymbol{A}^{-1}\boldsymbol{B} = 6\boldsymbol{E} + \boldsymbol{B} \Rightarrow (\boldsymbol{A}^{-1} - \boldsymbol{E})\boldsymbol{B} = 6\boldsymbol{E}$,可知

$$\boldsymbol{B} = 6(\boldsymbol{A}^{-1} - \boldsymbol{E})^{-1}.$$

因为 $\boldsymbol{A}$ 的特征值是$\frac{1}{2}, \frac{1}{3}, \frac{1}{4} \Rightarrow \boldsymbol{A}^{-1}$ 的特征值是 2,3,4 $\Rightarrow \boldsymbol{A}^{-1} - \boldsymbol{E}$ 的特征值是 1,2,3 $\Rightarrow$ $(\boldsymbol{A}^{-1} - \boldsymbol{E})^{-1}$ 的特征值是 $1, \frac{1}{2}, \frac{1}{3}$,所以矩阵 $\boldsymbol{B}$ 的特征值是 6,3,2.

198 【答案】 0

【分析】 $\boldsymbol{A} \sim \boldsymbol{\Lambda} \Leftrightarrow \boldsymbol{A}$ 有 n 个线性无关的特征向量.

由 $|\lambda \boldsymbol{E} - \boldsymbol{A}| = \begin{vmatrix} \lambda - 3 & -2 & 2 \\ k & \lambda + 1 & -k \\ -4 & -2 & \lambda + 3 \end{vmatrix} = \begin{vmatrix} \lambda - 1 & -2 & 2 \\ 0 & \lambda + 1 & -k \\ \lambda - 1 & -2 & \lambda + 3 \end{vmatrix}$

$$= \begin{vmatrix} \lambda-1 & -2 & 2 \\ 0 & \lambda+1 & -k \\ 0 & 0 & \lambda+1 \end{vmatrix}$$

$$= (\lambda-1)(\lambda+1)^2.$$

矩阵 $\boldsymbol{A}$ 的特征值：$1,-1,-1$.

因 $\boldsymbol{A} \sim \boldsymbol{\Lambda}$，故 $\lambda=-1$ 必有 2 个线性无关的特征向量，从而秩 $r(-\boldsymbol{E}-\boldsymbol{A})=1$.

$$-\boldsymbol{E}-\boldsymbol{A}=\begin{bmatrix} -4 & -2 & 2 \\ k & 0 & -k \\ -4 & -2 & 2 \end{bmatrix} \to \begin{bmatrix} 2 & 1 & -1 \\ k & 0 & -k \\ 0 & 0 & 0 \end{bmatrix},$$

所以 $k=0$.

199 【答案】 $\begin{bmatrix} 0 & 0 & 0 \\ 0 & 1 & 0 \\ 0 & 0 & -1 \end{bmatrix}$

【分析】 $\boldsymbol{\xi},\boldsymbol{\alpha},\boldsymbol{\beta}$ 线性无关，都是非零向量，$\boldsymbol{Ax}=\boldsymbol{0}$ 有解 $\boldsymbol{\xi}$，即 $\boldsymbol{A\xi}=\boldsymbol{0}=0\boldsymbol{\xi}$，故 $\boldsymbol{A}$ 有特征值 $\lambda_1=0$（对应的特征向量为 $\boldsymbol{\xi}$）. 又 $\boldsymbol{Ax}=\boldsymbol{\beta}$ 有解 $\boldsymbol{\alpha}$，即 $\boldsymbol{A\alpha}=\boldsymbol{\beta}$；$\boldsymbol{Ax}=\boldsymbol{\alpha}$ 有解 $\boldsymbol{\beta}$，即 $\boldsymbol{A\beta}=\boldsymbol{\alpha}$，故 $\boldsymbol{A}(-\boldsymbol{\beta})=-\boldsymbol{\alpha}$. 从而有

$$\boldsymbol{A}(\boldsymbol{\alpha}+\boldsymbol{\beta})=\boldsymbol{\beta}+\boldsymbol{\alpha}=(\boldsymbol{\alpha}+\boldsymbol{\beta}),$$

$$\boldsymbol{A}(\boldsymbol{\alpha}-\boldsymbol{\beta})=\boldsymbol{\beta}-\boldsymbol{\alpha}=-(\boldsymbol{\alpha}-\boldsymbol{\beta}),$$

故知 $\boldsymbol{A}$ 有特征值 $\lambda_2=1,\lambda_3=-1$（$\boldsymbol{\alpha}+\boldsymbol{\beta},\boldsymbol{\alpha}-\boldsymbol{\beta}$ 均是非零向量，是对应的特征向量），三阶矩阵 $\boldsymbol{A}$ 有三个不同的特征值 $0,1,-1$. 因此

$$\boldsymbol{A} \sim \begin{bmatrix} 0 & 0 & 0 \\ 0 & 1 & 0 \\ 0 & 0 & -1 \end{bmatrix}.$$

200 【答案】 $\begin{bmatrix} 3 & & \\ & 3 & \\ & & -1 \end{bmatrix}$

【分析】 设 $\boldsymbol{A\alpha}=\lambda\boldsymbol{\alpha},\boldsymbol{\alpha}\neq\boldsymbol{0}$. 由 $\boldsymbol{A}^2-2\boldsymbol{A}=3\boldsymbol{E}$，有

$$(\lambda^2-2\lambda-3)\boldsymbol{\alpha}=\boldsymbol{0},$$

即

$$\lambda^2-2\lambda-3=0.$$

所以矩阵 $\boldsymbol{A}$ 的特征值为 3 或 -1. 因为 $\boldsymbol{A}$ 是实对称矩阵，且 $r(\boldsymbol{A}+\boldsymbol{E})=2$，所以

$$\boldsymbol{A} \sim \begin{bmatrix} 3 & & \\ & 3 & \\ & & -1 \end{bmatrix}.$$

201 【答案】 1

【分析】 二次型的矩阵 $\boldsymbol{A}=\begin{bmatrix} 1 & a & 1 \\ a & -5 & b \\ 1 & b & 1 \end{bmatrix}$，由题设 $\boldsymbol{A\alpha}=\lambda\boldsymbol{\alpha}$，即 $\begin{bmatrix} 1 & a & 1 \\ a & -5 & b \\ 1 & b & 1 \end{bmatrix}\begin{bmatrix} 2 \\ 1 \\ 2 \end{bmatrix}=\lambda\begin{bmatrix} 2 \\ 1 \\ 2 \end{bmatrix}$，

于是 $\begin{cases} 2+a+2=2\lambda, \\ 2a-5+2b=\lambda, \\ 2+b+2=2\lambda, \end{cases}$ 解得 $a=b=2,\lambda=3$，于是 $\boldsymbol{A}=\begin{bmatrix} 1 & 2 & 1 \\ 2 & -5 & 2 \\ 1 & 2 & 1 \end{bmatrix}$.

$$|\lambda \boldsymbol{E} - \boldsymbol{A}| = \begin{vmatrix} \lambda-1 & -2 & -1 \\ -2 & \lambda+5 & -2 \\ -1 & -2 & \lambda-1 \end{vmatrix} = \begin{vmatrix} \lambda & 0 & -\lambda \\ -2 & \lambda+5 & -2 \\ -1 & -2 & \lambda-1 \end{vmatrix} = \begin{vmatrix} \lambda & 0 & 0 \\ -2 & \lambda+5 & -4 \\ -1 & -2 & \lambda-2 \end{vmatrix}$$
$$= \lambda(\lambda+6)(\lambda-3).$$

所以矩阵 $\boldsymbol{A}$ 的特征值为 $-6,0,3$，正惯性指数为 1.

求出 $a=b=2$ 后，也可以用配方法求出正惯性指数.

$$\begin{aligned} \boldsymbol{x}^{\mathrm{T}}\boldsymbol{A}\boldsymbol{x} &= x_1^2-5x_2^2+x_3^2+4x_1x_2+2x_1x_3+4x_2x_3 \\ &= x_1^2+2x_1(2x_2+x_3)+(2x_2+x_3)^2-(2x_2+x_3)^2-5x_2^2+x_3^2+4x_2x_3 \\ &= (x_1+2x_2+x_3)^2-9x_2^2. \end{aligned}$$

202 【答案】 $-1<a<2$

【分析】 由特征多项式

$$|\lambda \boldsymbol{E} - \boldsymbol{A}| = \begin{vmatrix} \lambda-a & -1 & -1 \\ -1 & \lambda-a & 1 \\ -1 & 1 & \lambda-a \end{vmatrix} = \begin{vmatrix} \lambda-a-1 & \lambda-a-1 & 0 \\ -1 & \lambda-a & 1 \\ -1 & 1 & \lambda-a \end{vmatrix}$$
$$= \begin{vmatrix} \lambda-a-1 & 0 & 0 \\ -1 & \lambda-a+1 & 1 \\ -1 & 2 & \lambda-a \end{vmatrix}$$
$$= (\lambda-a-1)^2(\lambda-a+2).$$

$\boldsymbol{A}$ 的特征值：$a+1,a+1,a-2$.

因规范形是 $y_1^2+y_2^2-y_3^2$，故特征值符号应是 $+,+,-$.

即 $\begin{cases} a+1>0, \\ a-2<0, \end{cases}$ 所以 $-1<a<2$.

203 【答案】 $a<0$

【分析】 矩阵 $\boldsymbol{A}$ 与 $\boldsymbol{B}$ 合同 $\Leftrightarrow \boldsymbol{x}^{\mathrm{T}}\boldsymbol{A}\boldsymbol{x}$ 与 $\boldsymbol{x}^{\mathrm{T}}\boldsymbol{B}\boldsymbol{x}$ 有相同的正、负惯性指数.

$$|\lambda \boldsymbol{E} - \boldsymbol{A}| = \begin{vmatrix} \lambda-1 & -1 & 2 \\ -1 & \lambda+2 & -1 \\ 2 & -1 & \lambda-1 \end{vmatrix} = \lambda(\lambda-3)(\lambda+3).$$

可见 $p_{\boldsymbol{A}}=1, q_{\boldsymbol{A}}=1$. 因此 $\boldsymbol{x}^{\mathrm{T}}\boldsymbol{B}\boldsymbol{x}=3x_1^2+ax_2^2$ 的 $p_{\boldsymbol{B}}=1, q_{\boldsymbol{B}}=1$ 时，矩阵 $\boldsymbol{A}$ 和 $\boldsymbol{B}$ 合同. 所以 $a<0$ 即可.

【评注】 不要误以为 $a=-3$. 当 $a=-3$ 时，矩阵 $\boldsymbol{A}$ 和 $\boldsymbol{B}$ 不仅合同而且相似.

204 【答案】 $\sqrt{5}y_1^2-\sqrt{5}y_2^2$

【分析】 二次型矩阵 $\boldsymbol{A}=\begin{bmatrix} 0 & 1 & 2 \\ 1 & 0 & 0 \\ 2 & 0 & 0 \end{bmatrix}$，则

$$|\lambda \boldsymbol{E} - \boldsymbol{A}| = \begin{vmatrix} \lambda & -1 & -2 \\ -1 & \lambda & 0 \\ -2 & 0 & \lambda \end{vmatrix} = \begin{vmatrix} \lambda & -1 & -2 \\ -1 & \lambda & 0 \\ 0 & -2\lambda & \lambda \end{vmatrix} = \begin{vmatrix} \lambda & -5 & -2 \\ -1 & \lambda & 0 \\ 0 & 0 & \lambda \end{vmatrix} = \lambda(\lambda^2-5),$$

矩阵 $\boldsymbol{A}$ 的特征值是 $\sqrt{5},-\sqrt{5},0$，故正交变换下的标准形为 $\sqrt{5}y_1^2-\sqrt{5}y_2^2$.

205 【答案】 $t \neq 1$

【分析】 由于 $\boldsymbol{x}^{\mathrm{T}}(\boldsymbol{A}^{\mathrm{T}}\boldsymbol{A})\boldsymbol{x} = (\boldsymbol{A}\boldsymbol{x})^{\mathrm{T}}(\boldsymbol{A}\boldsymbol{x}) \geqslant 0$，所以二次型 $f(x_1, x_2, x_3)$ 正定 $\Leftrightarrow$ 对任意向量 $\boldsymbol{x} \neq \boldsymbol{0}$ 均有 $\boldsymbol{A}\boldsymbol{x} \neq \boldsymbol{0} \Leftrightarrow r(\boldsymbol{A}) = 3$.

$$\boldsymbol{A} = \begin{bmatrix} 1 & 1 & 2 \\ 1 & 0 & 1 \\ 0 & 1 & t \end{bmatrix} \to \begin{bmatrix} 1 & 1 & 2 \\ 0 & -1 & -1 \\ 0 & 1 & t \end{bmatrix} \to \begin{bmatrix} 1 & 1 & 2 \\ 0 & -1 & -1 \\ 0 & 0 & t-1 \end{bmatrix},$$

故 t 满足的条件为 $t \neq 1$.

本题也可以通过计算 $\boldsymbol{A}^{\mathrm{T}}\boldsymbol{A}$ 的顺序主子式求解，但计算量较大.

选　择　题

206 【答案】 A

【分析】 用倍加性质化简行列式，把第 1 列的 -1 倍分别加至其他各列，然后把第 2 列的 $-2, -3$ 倍分别加到第 3 列和第 4 列，有

$$D = \begin{vmatrix} a^2 & 2a+1 & 4a+4 & 6a+9 \\ b^2 & 2b+1 & 4b+4 & 6b+9 \\ c^2 & 2c+1 & 4c+4 & 6c+9 \\ d^2 & 2d+1 & 4d+4 & 6d+9 \end{vmatrix} = \begin{vmatrix} a^2 & 2a+1 & 2 & 6 \\ b^2 & 2b+1 & 2 & 6 \\ c^2 & 2c+1 & 2 & 6 \\ d^2 & 2d+1 & 2 & 6 \end{vmatrix} = 0.$$

207 【答案】 D

【分析】 由拉普拉斯展开式，得

$$\begin{vmatrix} \boldsymbol{A} & -2\boldsymbol{A} \\ \boldsymbol{B} & \boldsymbol{O} \end{vmatrix} = (-1)^{3\times3} \mid -2\boldsymbol{A} \mid \cdot \mid \boldsymbol{B} \mid = -(-2)^3 \mid \boldsymbol{A} \mid \cdot \mid \boldsymbol{B} \mid = -16.$$

208 【答案】 B

【分析】 设 λ 是 $\boldsymbol{A}$ 的任一特征值，$\boldsymbol{\alpha}$ 是相应的特征向量，即

$$\boldsymbol{A}\boldsymbol{\alpha} = \lambda\boldsymbol{\alpha}, \boldsymbol{\alpha} \neq \boldsymbol{0},$$

那么由

$$\boldsymbol{A}^2 + 2\boldsymbol{A} = \boldsymbol{O},$$

有

$$(\lambda^2 + 2\lambda)\boldsymbol{\alpha} = \boldsymbol{0}, \boldsymbol{\alpha} \neq \boldsymbol{0},$$

故 $\lambda^2 + 2\lambda = 0$，λ 为 0 或 -2.

于是 $\boldsymbol{A} + 3\boldsymbol{E}$ 的特征值为 3 或 1.

现 $\mid \boldsymbol{A} + 3\boldsymbol{E} \mid = 3$，那么 $\boldsymbol{A}$ 的特征值只能是 $0, -2, -2$.

则 $2\boldsymbol{A} + \boldsymbol{E}$ 的特征值：$1, -3, -3$.

209 【答案】 D

【分析】 (A) 注意 $(\boldsymbol{A}+\boldsymbol{E})(\boldsymbol{A}-\boldsymbol{E})$ 与 $(\boldsymbol{A}-\boldsymbol{E})(\boldsymbol{A}+\boldsymbol{E})$ 均为 $\boldsymbol{A}^2 - \boldsymbol{E}$，故(A) 正确.

(B) 由 $(\boldsymbol{A}+\boldsymbol{E})(\boldsymbol{A}-2\boldsymbol{E}) + 2\boldsymbol{E} = \boldsymbol{A}^2 - \boldsymbol{A} = \boldsymbol{O}$，即 $(\boldsymbol{A}+\boldsymbol{E}) \cdot \frac{1}{2}(2\boldsymbol{E}-\boldsymbol{A}) = \boldsymbol{E}$，故(B) 正确.

或 $\boldsymbol{A}$ 的特征值只能是 0 或 1. 于是 $\boldsymbol{A}+\boldsymbol{E}$ 的特征值只能是 1 或 2.

(C) 选项，$\boldsymbol{A}^{\mathrm{T}}\boldsymbol{B}$ 与 $\boldsymbol{B}^{\mathrm{T}}\boldsymbol{A}$ 均是 1×1 矩阵，其转置就是自身，于是 $\boldsymbol{A}^{\mathrm{T}}\boldsymbol{B} = (\boldsymbol{A}^{\mathrm{T}}\boldsymbol{B})^{\mathrm{T}} = \boldsymbol{B}^{\mathrm{T}}(\boldsymbol{A}^{\mathrm{T}})^{\mathrm{T}}$

$=B^{\mathrm{T}}A$，即(C) 正确.

关于(D)，由 $AB=O$ 不能保证必有 $BA=O$.

例如 $\begin{bmatrix}1&1\\1&1\end{bmatrix}\begin{bmatrix}1&1\\-1&-1\end{bmatrix}=O$，但 $\begin{bmatrix}1&1\\-1&-1\end{bmatrix}\begin{bmatrix}1&1\\1&1\end{bmatrix}=\begin{bmatrix}2&2\\-2&-2\end{bmatrix}$.

210 【答案】 C

【分析】 **方法一** $(E+BA^{-1})^{-1}=(AA^{-1}+BA^{-1})^{-1}=[(A+B)A^{-1}]^{-1}$
$=(A^{-1})^{-1}(A+B)^{-1}=A(A+B)$.

注意，因为 $(A+B)^2=E$，即 $(A+B)(A+B)=E$，按可逆定义知 $(A+B)^{-1}=(A+B)$.

方法二 逐个验算，对于(C)，因 $(E+BA^{-1})A(A+B)=(A+B)(A+B)\overset{*}{=\!=}E$（* 是已知条件），故 $(E+BA^{-1})^{-1}=A(A+B)$，应选(C).

【评注】 转置有性质 $(A+B)^{\mathrm{T}}=A^{\mathrm{T}}+B^{\mathrm{T}}$，而可逆 $(A+B)^{-1}$ 没有这种运算法则，一般情况下 $(A+B)^{-1}\neq A^{-1}+B^{-1}$，因此对于 $(A+B)^{-1}$ 通常要用单位矩阵恒等变形的技巧.

计算型的选择题.一般有两个思路，(1) 如方法一，计算出结果，作出选择；(2) 逐个验算如方法二.

211 【答案】 B

【分析】 据已知条件 $P_1A=B$，其中 $P_1=\begin{bmatrix}1&0&0\\0&0&1\\0&1&0\end{bmatrix}$；$BP_2=E$，其中

$$P_2=\begin{bmatrix}1&-3&0\\0&1&0\\0&0&1\end{bmatrix}.$$

于是

$$P_1AP_2=E.$$

故

$$A=P_1^{-1}P_2^{-1}=\begin{bmatrix}1&0&0\\0&0&1\\0&1&0\end{bmatrix}\begin{bmatrix}1&3&0\\0&1&0\\0&0&1\end{bmatrix}=\begin{bmatrix}1&3&0\\0&0&1\\0&1&0\end{bmatrix}.$$

那么

$$A^*=|A|A^{-1}=\begin{bmatrix}-1&0&3\\0&0&-1\\0&-1&0\end{bmatrix}.$$

212 【答案】 D

【分析】 观察 P,Q 的下标，P 经三次列变换，得到 Q.

$$Q=P\begin{bmatrix}1&0&0\\1&1&0\\0&0&1\end{bmatrix}\begin{bmatrix}1&&\\&-1&\\&&1\end{bmatrix}\begin{bmatrix}1&0&0\\0&1&0\\0&0&2\end{bmatrix}=P\begin{bmatrix}1&0&0\\1&-1&0\\0&0&2\end{bmatrix},$$

$$Q^{\mathrm{T}}AQ=\begin{bmatrix}1&1&0\\0&-1&0\\0&0&2\end{bmatrix}P^{\mathrm{T}}AP\begin{bmatrix}1&0&0\\1&-1&0\\0&0&2\end{bmatrix}$$

$$=\begin{bmatrix}1&1&0\\0&-1&0\\0&0&2\end{bmatrix}\begin{bmatrix}1&&\\&2&\\&&3\end{bmatrix}\begin{bmatrix}1&0&0\\1&-1&0\\0&0&2\end{bmatrix}=\begin{bmatrix}3&-2&0\\-2&2&0\\0&0&12\end{bmatrix}.$$

213 【答案】 D

【分析】 $\boldsymbol{A}$ 为 4×5 矩阵，那么 $\boldsymbol{A}^{\mathrm{T}}$ 为 5×4 矩阵. $\boldsymbol{A}^{\mathrm{T}}\boldsymbol{x}=\boldsymbol{0}$ 是有 5 个方程 4 个未知数的齐次方程组，其基础解系为 3 个解向量. 即

$$n-r(\boldsymbol{A}^{\mathrm{T}})=4-r(\boldsymbol{A}^{\mathrm{T}})=3,$$

所以 $r(\boldsymbol{A}^{\mathrm{T}})=1$，亦即 $r(\boldsymbol{A})=1$.

214 【答案】 C

【分析】 由 $|\boldsymbol{A}|=\begin{vmatrix}2&4&2\\1&a&-2\\2&3&a+2\end{vmatrix}=2(a+1)(a-3)$，

若 $a=1$，则 $|\boldsymbol{A}|\neq0$. $\boldsymbol{A}$ 是可逆矩阵，由 $\boldsymbol{AB}=\boldsymbol{O}$，有 $\boldsymbol{B}=\boldsymbol{O}$，与 $\boldsymbol{B}\neq\boldsymbol{O}$ 矛盾，于是(A)(B)均不可能.

当 $a=3$ 或 $a=-1$ 时，都有 $r(\boldsymbol{A})=2$. 由 $\boldsymbol{AB}=\boldsymbol{O}$ 有 $r(\boldsymbol{A})+r(\boldsymbol{B})\leqslant3$，$r(\boldsymbol{B})\leqslant1$.

又因 $\boldsymbol{B}\neq\boldsymbol{O}$，从而 $r(\boldsymbol{B})=1$，所以应选(C).

215 【答案】 C

【分析】 由伴随矩阵 $\boldsymbol{A}^*$ 秩的公式

$$r(\boldsymbol{A}^*)=\begin{cases}n, & r(\boldsymbol{A})=n,\\1, & r(\boldsymbol{A})=n-1,\\0, & r(\boldsymbol{A})<n-1,\end{cases}$$

知
$$r(\boldsymbol{A}^*)=1\Leftrightarrow r(\boldsymbol{A})=2.$$

若 $a=b$，易见 $r(\boldsymbol{A})\leqslant1$，可排除(A) 和(B).

当 $a\neq b$ 时，$\boldsymbol{A}$ 中有 2 阶子式 $\begin{vmatrix}a&b\\b&a\end{vmatrix}\neq0$，从而 $r(\boldsymbol{A})=2\Leftrightarrow|\boldsymbol{A}|=0$. 而

$$|\boldsymbol{A}|=\begin{vmatrix}a&b&b\\b&a&b\\b&b&a\end{vmatrix}=(a+2b)(a-b)^2.$$

所以选(C).

216 【答案】 B

【分析】 经初等变换矩阵的秩不变，

$$\boldsymbol{A}=\begin{bmatrix}1-a&a&0&-a\\-3&6&3&-3\\2-a&a-2&-1&1-a\end{bmatrix}\to\begin{bmatrix}1-a&a&0&-a\\1&-2&-1&1\\1&-2&-1&1\end{bmatrix}$$

$$\to\begin{bmatrix}1-a&a&0&-a\\1&-2&-1&1\\0&0&0&0\end{bmatrix},$$

由于二阶子式 $\begin{vmatrix} 1-a & 0 \\ 1 & -1 \end{vmatrix} = a-1$，$\begin{vmatrix} a & 0 \\ -2 & -1 \end{vmatrix} = -a$，不可能同时为 0.

故对 $\forall a$，必有 $r(\boldsymbol{A}) = 2$.

217 【答案】 C

【分析】 因为 $\boldsymbol{AB} = \boldsymbol{E}$ 是 m 阶矩阵，所以 $r(\boldsymbol{AB}) = m$. 而

$$r(\boldsymbol{A}) \geqslant r(\boldsymbol{AB}) = m,$$

又因 $r(\boldsymbol{A}) \leqslant m$，故 $r(\boldsymbol{A}) = m$.

于是 $\boldsymbol{A}$ 的行秩 $= r(\boldsymbol{A}) = m$，所以 $\boldsymbol{A}$ 的行向量组线性无关.

同理，$\boldsymbol{B}$ 的列秩 $= r(\boldsymbol{B}) = m$，所以 $\boldsymbol{B}$ 的列向量组线性无关.

【评注】 要会用秩来判断抽象向量组的线性相关性.

218 【答案】 A

【分析】 因向量组 Ⅰ 可由 Ⅱ 线性表示，故

$$r(\text{Ⅰ}) \leqslant r(\text{Ⅱ}) = r(\boldsymbol{\beta}_1, \boldsymbol{\beta}_2, \cdots, \boldsymbol{\beta}_s) \leqslant s.$$

当 Ⅰ：$\boldsymbol{\alpha}_1, \boldsymbol{\alpha}_2, \cdots, \boldsymbol{\alpha}_r$ 线性无关时，有 $r(\text{Ⅰ}) = r$，故必有 $r \leqslant s$，即(A) 正确.

设
$$\boldsymbol{\alpha}_1 = \begin{pmatrix} 1 \\ 0 \\ 0 \end{pmatrix}, \boldsymbol{\alpha}_2 = \begin{pmatrix} 2 \\ 0 \\ 0 \end{pmatrix}, \boldsymbol{\beta}_1 = \begin{pmatrix} 1 \\ 0 \\ 0 \end{pmatrix}, \boldsymbol{\beta}_2 = \begin{pmatrix} 0 \\ 1 \\ 0 \end{pmatrix},$$

Ⅰ 可由 Ⅱ 线性表示，且 Ⅰ 线性相关，但不满足 $r > s$，即(B) 不正确.

又如

$$\boldsymbol{\alpha}_1 = \begin{pmatrix} 1 \\ 0 \\ 0 \end{pmatrix}, \boldsymbol{\alpha}_2 = \begin{pmatrix} 2 \\ 0 \\ 0 \end{pmatrix}, \boldsymbol{\alpha}_3 = \begin{pmatrix} 3 \\ 0 \\ 0 \end{pmatrix}, \boldsymbol{\beta}_1 = \begin{pmatrix} 1 \\ 0 \\ 0 \end{pmatrix}, \boldsymbol{\beta}_2 = \begin{pmatrix} 0 \\ 1 \\ 0 \end{pmatrix},$$

可看出(C) 不正确.

关于(D) 的反例，请同学们自己构造.

219 【答案】 C

【分析】 因为 $\boldsymbol{\alpha}_1, \boldsymbol{\alpha}_2, \boldsymbol{\alpha}_3, \boldsymbol{\alpha}_4$ 是 4 个 3 维向量，所以知 $\boldsymbol{\alpha}_1, \boldsymbol{\alpha}_2, \boldsymbol{\alpha}_3, \boldsymbol{\alpha}_4$ 一定线性相关.

若 $\boldsymbol{\alpha}_1, \boldsymbol{\alpha}_2, \boldsymbol{\alpha}_3$ 线性无关，而 $\boldsymbol{\alpha}_1, \boldsymbol{\alpha}_2, \boldsymbol{\alpha}_3, \boldsymbol{\alpha}_4$ 线性相关，则 $\boldsymbol{\alpha}_4$ 必可由 $\boldsymbol{\alpha}_1, \boldsymbol{\alpha}_2, \boldsymbol{\alpha}_3$ 线性表示. 现(C) 中 $\boldsymbol{\alpha}_4$ 不能由 $\boldsymbol{\alpha}_1, \boldsymbol{\alpha}_2, \boldsymbol{\alpha}_3$ 线性表示，那么 $\boldsymbol{\alpha}_1, \boldsymbol{\alpha}_2, \boldsymbol{\alpha}_3$ 肯定线性相关，故(C) 一定成立.

而当 $\boldsymbol{\alpha}_4$ 可由 $\boldsymbol{\alpha}_1, \boldsymbol{\alpha}_2, \boldsymbol{\alpha}_3$ 线性表出时，$\boldsymbol{\alpha}_1, \boldsymbol{\alpha}_2, \boldsymbol{\alpha}_3$ 既可能线性相关，也可能线性无关，故(D) 不正确. 例如

$$\boldsymbol{\alpha}_1 = (1,0,0)^{\mathrm{T}}, \boldsymbol{\alpha}_2 = (0,1,0)^{\mathrm{T}}, \boldsymbol{\alpha}_3 = (2,0,0)^{\mathrm{T}}, \boldsymbol{\alpha}_4 = (1,1,0)^{\mathrm{T}},$$

有 $\boldsymbol{\alpha}_4 = \boldsymbol{\alpha}_1 + \boldsymbol{\alpha}_2$，但 $\boldsymbol{\alpha}_1, \boldsymbol{\alpha}_2, \boldsymbol{\alpha}_3$ 线性相关.

关于(A)，若

$$\boldsymbol{\alpha}_1 = (1,0,0)^{\mathrm{T}}, \boldsymbol{\alpha}_2 = (2,0,0)^{\mathrm{T}}, \boldsymbol{\alpha}_3 = (0,1,0)^{\mathrm{T}}, \boldsymbol{\alpha}_4 = (0,3,0)^{\mathrm{T}},$$

则有 $\boldsymbol{\alpha}_1, \boldsymbol{\alpha}_2$ 线性相关，$\boldsymbol{\alpha}_3, \boldsymbol{\alpha}_4$ 线性相关，但 $\boldsymbol{\alpha}_1 + \boldsymbol{\alpha}_3 = (1,1,0)^{\mathrm{T}}, \boldsymbol{\alpha}_2 + \boldsymbol{\alpha}_4 = (2,3,0)^{\mathrm{T}}$ 线性无关，故(A) 不正确.

如 $\boldsymbol{\alpha}_4 = -\boldsymbol{\alpha}_1$，可知(B) 不正确.

220 【答案】 D

【分析】 易见

$$\begin{vmatrix} 1 & 1 & 0 \\ 0 & 2 & 2 \\ 0 & 0 & 3 \end{vmatrix} \neq 0,$$

即三维向量$(1,0,0)^T,(1,2,0)^T,(0,2,3)^T$线性无关，那么$\boldsymbol{\alpha}_1,\boldsymbol{\alpha}_2,\boldsymbol{\alpha}_3$必线性无关.因此

$$r(\boldsymbol{\alpha}_1,\boldsymbol{\alpha}_2,\boldsymbol{\alpha}_3,\boldsymbol{\alpha}_4)=3 \Leftrightarrow |\boldsymbol{\alpha}_1,\boldsymbol{\alpha}_2,\boldsymbol{\alpha}_3,\boldsymbol{\alpha}_4|=0,$$

即
$$\begin{vmatrix} 1 & 1 & 0 & 0 \\ 0 & 2 & 2 & 0 \\ 0 & 0 & 3 & 3 \\ 4 & 0 & 0 & a \end{vmatrix} = 1\times\begin{vmatrix} 2 & 2 & 0 \\ 0 & 3 & 3 \\ 0 & 0 & a \end{vmatrix} + 4(-1)^{4+1}\begin{vmatrix} 1 & 0 & 0 \\ 2 & 2 & 0 \\ 0 & 3 & 3 \end{vmatrix} = 6a-24=0,$$

知必有$a=4$.

221 【答案】 C

【分析】 将表出关系合并成矩阵形式有

$$[\boldsymbol{\beta}_1,\boldsymbol{\beta}_2,\boldsymbol{\beta}_3,\boldsymbol{\beta}_4,\boldsymbol{\beta}_5]=[\boldsymbol{\alpha}_1,\boldsymbol{\alpha}_2,\boldsymbol{\alpha}_3,\boldsymbol{\alpha}_4]\begin{bmatrix} 1 & 0 & 0 & 0 & 2 \\ 0 & 1 & 0 & 1 & 1 \\ 1 & 0 & 1 & 1 & 1 \\ 1 & -1 & 1 & 0 & 0 \end{bmatrix} \xlongequal{\text{记}} [\boldsymbol{\alpha}_1,\boldsymbol{\alpha}_2,\boldsymbol{\alpha}_3,\boldsymbol{\alpha}_4]\boldsymbol{C}$$
$$=\boldsymbol{AC}.$$

因四个四维向量$\boldsymbol{\alpha}_1,\boldsymbol{\alpha}_2,\boldsymbol{\alpha}_3,\boldsymbol{\alpha}_4$线性无关，故$|\boldsymbol{\alpha}_1,\boldsymbol{\alpha}_2,\boldsymbol{\alpha}_3,\boldsymbol{\alpha}_4|\neq 0$. $\boldsymbol{A}=[\boldsymbol{\alpha}_1,\boldsymbol{\alpha}_2,\boldsymbol{\alpha}_3,\boldsymbol{\alpha}_4]$是可逆矩阵，故有

$$r(\boldsymbol{C})=r(\boldsymbol{AC})=r(\boldsymbol{\beta}_1,\boldsymbol{\beta}_2,\boldsymbol{\beta}_3,\boldsymbol{\beta}_4,\boldsymbol{\beta}_5).$$

$$\boldsymbol{C}=\begin{bmatrix} 1 & 0 & 0 & 0 & 2 \\ 0 & 1 & 0 & 1 & 1 \\ 1 & 0 & 1 & 1 & 1 \\ 1 & -1 & 1 & 0 & 0 \end{bmatrix} \to \begin{bmatrix} 1 & 0 & 0 & 0 & 2 \\ 0 & 1 & 0 & 1 & 1 \\ 0 & 0 & 1 & 1 & -1 \\ 0 & -1 & 1 & 0 & -2 \end{bmatrix} \to \begin{bmatrix} 1 & 0 & 0 & 0 & 2 \\ 0 & 1 & 0 & 1 & 1 \\ 0 & 0 & 1 & 1 & -1 \\ 0 & 0 & 1 & 1 & -1 \end{bmatrix}$$
$$\to \begin{bmatrix} 1 & 0 & 0 & 0 & 2 \\ 0 & 1 & 0 & 1 & 1 \\ 0 & 0 & 1 & 1 & -1 \\ 0 & 0 & 0 & 0 & 0 \end{bmatrix}.$$

可知$r(\boldsymbol{\beta}_1,\boldsymbol{\beta}_2,\boldsymbol{\beta}_3,\boldsymbol{\beta}_4,\boldsymbol{\beta}_5)=r(\boldsymbol{C})=3$，故应选(C).

222 【答案】 A

【分析】 由$\boldsymbol{\eta}_1,\boldsymbol{\eta}_2$是$\boldsymbol{Ax}=\boldsymbol{0}$的基础解系，知$n-r(\boldsymbol{A})=2$，有

$$r(\boldsymbol{\alpha}_1,\boldsymbol{\alpha}_2,\boldsymbol{\alpha}_3,\boldsymbol{\alpha}_4)=r(\boldsymbol{A})=2.$$

又$\boldsymbol{A\eta}_1=\boldsymbol{0},\boldsymbol{A\eta}_2=\boldsymbol{0}$，有

$$\begin{cases} 3\boldsymbol{\alpha}_1+\boldsymbol{\alpha}_2-2\boldsymbol{\alpha}_3+2\boldsymbol{\alpha}_4=\boldsymbol{0}, & (1) \\ \quad -\boldsymbol{\alpha}_2+2\boldsymbol{\alpha}_3+\boldsymbol{\alpha}_4=\boldsymbol{0}, & (2) \end{cases}$$

(1)+(2)得
$$\boldsymbol{\alpha}_1=-\boldsymbol{\alpha}_4,$$

代入(1)得
$$\boldsymbol{\alpha}_1+\boldsymbol{\alpha}_2-2\boldsymbol{\alpha}_3=\boldsymbol{0}, \qquad (3)$$

故①正确.

如 $\boldsymbol{\alpha}_1,\boldsymbol{\alpha}_3$ 线性相关,不妨设 $\boldsymbol{\alpha}_1=k\boldsymbol{\alpha}_3$,由(3)有 $\boldsymbol{\alpha}_2=(2-k)\boldsymbol{\alpha}_3$.

那么 $r(\boldsymbol{\alpha}_1,\boldsymbol{\alpha}_2,\boldsymbol{\alpha}_3,\boldsymbol{\alpha}_4)=r(k\boldsymbol{\alpha}_3,(2-k)\boldsymbol{\alpha}_3,\boldsymbol{\alpha}_3,-k\boldsymbol{\alpha}_3)\neq 2$,矛盾.

从而 $\boldsymbol{\alpha}_1,\boldsymbol{\alpha}_3$ 必线性无关,② 正确.类似知 ④ 正确.

至于 ③$[\boldsymbol{\alpha}_1,\boldsymbol{\alpha}_1+\boldsymbol{\alpha}_2,\boldsymbol{\alpha}_3-\boldsymbol{\alpha}_4]\to[\boldsymbol{\alpha}_1,\boldsymbol{\alpha}_2,\boldsymbol{\alpha}_3]$.因为 $r(\boldsymbol{\alpha}_1,\boldsymbol{\alpha}_2,\boldsymbol{\alpha}_3)=2$,故 ③ 正确.

223 【答案】 D

【分析】 $\boldsymbol{A}$ 是 $m\times n$ 矩阵.

$\boldsymbol{Ax}=\boldsymbol{0}$ 只有零解 $\Leftrightarrow r(\boldsymbol{A})=n$.

$\boldsymbol{Ax}=\boldsymbol{b}$ 有唯一解 $\Leftrightarrow r(\boldsymbol{A})=r(\boldsymbol{A},\boldsymbol{b})=n$.

那么当 $r(\boldsymbol{A})=n$ 时,能否保证 $r(\boldsymbol{A},\boldsymbol{b})=n$?若 $\boldsymbol{A}$ 是 n 阶矩阵,结论肯定正确,现在 $\boldsymbol{A}$ 是 $m\times n$ 矩阵且 $m\neq n$.考查下面的例子:

$$\begin{cases}x_1+x_2=0,\\x_1-x_2=0,\\2x_1+2x_2=0.\end{cases}\begin{cases}x_1+x_2=1,\\x_1-x_2=2,\\2x_1+2x_2=3.\end{cases}\begin{cases}x_1+x_2=1,\\x_1-x_2=3,\\2x_1+2x_2=2.\end{cases}$$

显然 $\boldsymbol{Ax}=\boldsymbol{0}$ 只有零解,但 $\boldsymbol{Ax}=\boldsymbol{b}$ 可能无解也可能有唯一解,所以(A)不正确.

类似地,$\boldsymbol{Ax}=\boldsymbol{0}$ 有非零解 $\Leftrightarrow r(\boldsymbol{A})<n$.

$$r(\boldsymbol{A})<n\not\Rightarrow r(\boldsymbol{A})=r(\boldsymbol{A},\boldsymbol{b})<n.$$

例如

$$\begin{cases}x_1+x_2+x_3=0,\\2x_1+2x_2+2x_3=0.\end{cases}\begin{cases}x_1+x_2+x_3=1,\\2x_1+2x_2+2x_3=3.\end{cases}\begin{cases}x_1+x_2+x_3=1,\\2x_1+2x_2+2x_3=2.\end{cases}$$

当 $\boldsymbol{Ax}=\boldsymbol{0}$ 有非零解时,$\boldsymbol{Ax}=\boldsymbol{b}$ 可能无解,也可能有无穷多个解,所以(B)不正确.

方程组 $\boldsymbol{Ax}=\boldsymbol{b}$ 有无穷多个解 $\Leftrightarrow r(\boldsymbol{A})=r(\boldsymbol{A},\boldsymbol{b})<n$,故 $r(\boldsymbol{A})<n$,故 $\boldsymbol{Ax}=\boldsymbol{0}$ 必有非零解,即(D)正确.

复习数学要注意学习举反例.

224 【答案】 A

【分析】 $\boldsymbol{A}$ 是 $m\times n$ 矩阵,$r(\boldsymbol{A})=r$.若 $r=m$,则

$$m=r(\boldsymbol{A})\leqslant r(\boldsymbol{A},\boldsymbol{b})\leqslant m.$$

于是 $r(\boldsymbol{A})=r(\boldsymbol{A},\boldsymbol{b})$,故方程组 $\boldsymbol{Ax}=\boldsymbol{b}$ 有解,即(A)正确.

或者,由 $r(\boldsymbol{A})=m$,$\boldsymbol{A}$ 为 $m\times n$ 矩阵,知 $\boldsymbol{A}$ 的行秩为 m,即 $\boldsymbol{A}$ 的行向量组线性无关,那么其延伸组(即 $(\boldsymbol{A},\boldsymbol{b})$ 的行向量)必线性无关,即 $(\boldsymbol{A},\boldsymbol{b})$ 的行秩为 m,亦得到 $r(\boldsymbol{A})=r(\boldsymbol{A},\boldsymbol{b})$,从而方程组 $\boldsymbol{Ax}=\boldsymbol{b}$ 有解.

关于(B)和(D)不正确的原因,请回看上题(1991,4).

至于(C),$\boldsymbol{A}$ 为 n 阶矩阵,由克拉默法则知 $\boldsymbol{Ax}=\boldsymbol{b}$ 有唯一解 $\Leftrightarrow r(\boldsymbol{A})=n$.而现在的条件为 $r(\boldsymbol{A})=r$,r 和 n 之间没有任何信息.

225 【答案】 D

【分析】 $\boldsymbol{A}$ 中有个 3 阶子式 $\begin{vmatrix}1&-1&2\\1&1&4\\1&1&1\end{vmatrix}\neq 0$,于是 $r(\boldsymbol{A})=3$.

$\boldsymbol{A}^{\mathrm{T}}$ 为 4×3 矩阵,$r(\boldsymbol{A}^{\mathrm{T}})=r(\boldsymbol{A})=3$,故 $\boldsymbol{A}^{\mathrm{T}}\boldsymbol{x}=\boldsymbol{0}$ 只有零解.

$\boldsymbol{A}$ 为 3×4 矩阵,$r(\boldsymbol{A})=3<4$,$\boldsymbol{Ax}=\boldsymbol{0}$ 必有非零解,从而可构造非零矩阵 $\boldsymbol{B}$,使 $\boldsymbol{AB}=\boldsymbol{O}$.

由 $r(\boldsymbol{A}^{\mathrm{T}}\boldsymbol{A}) = r(\boldsymbol{A}\boldsymbol{A}^{\mathrm{T}}) = r(\boldsymbol{A}) = 3$，$\boldsymbol{A}^{\mathrm{T}}\boldsymbol{A}$ 是四阶矩阵，$\boldsymbol{A}\boldsymbol{A}^{\mathrm{T}}$ 是三阶矩阵，故(D) 错误.

226 【答案】 A

【分析】 若 $\boldsymbol{A}^n\boldsymbol{\alpha} = \boldsymbol{0}$，则

$$\boldsymbol{A}^{n+1}\boldsymbol{\alpha} = \boldsymbol{A}(\boldsymbol{A}^n\boldsymbol{\alpha}) = \boldsymbol{A}\boldsymbol{0} = \boldsymbol{0},$$

即若 $\boldsymbol{\alpha}$ 是(Ⅰ) 的解，则 $\boldsymbol{\alpha}$ 必是(Ⅱ) 的解，可见命题 ① 正确.

下面的问题是选(A) 还是选(B)，即 ② 与 ④ 哪一个命题正确.

如果 $\boldsymbol{A}^{n+1}\boldsymbol{\alpha} = \boldsymbol{0}$，而 $\boldsymbol{A}^n\boldsymbol{\alpha} \neq \boldsymbol{0}$，那么对于向量组 $\boldsymbol{\alpha}, \boldsymbol{A}\boldsymbol{\alpha}, \boldsymbol{A}^2\boldsymbol{\alpha}, \cdots, \boldsymbol{A}^n\boldsymbol{\alpha}$，一方面，若

$$k\boldsymbol{\alpha} + k_1\boldsymbol{A}\boldsymbol{\alpha} + k_2\boldsymbol{A}^2\boldsymbol{\alpha} + \cdots + k_n\boldsymbol{A}^n\boldsymbol{\alpha} = \boldsymbol{0},$$

用 $\boldsymbol{A}^n$ 左乘上式的两边，并把 $\boldsymbol{A}^{n+1}\boldsymbol{\alpha} = \boldsymbol{0}, \boldsymbol{A}^{n+2}\boldsymbol{\alpha} = \boldsymbol{0}, \cdots$ 代入，得

$$k\boldsymbol{A}^n\boldsymbol{\alpha} = \boldsymbol{0}.$$

由于 $\boldsymbol{A}^n\boldsymbol{\alpha} \neq \boldsymbol{0}$，而知必有 $k = 0$. 类似地用 $\boldsymbol{A}^{n-1}$ 左乘可得 $k_1 = 0, \cdots$，因此，$\boldsymbol{\alpha}, \boldsymbol{A}\boldsymbol{\alpha}, \boldsymbol{A}^2\boldsymbol{\alpha}, \cdots, \boldsymbol{A}^n\boldsymbol{\alpha}$ 线性无关.

但另一方面，这是 $n+1$ 个 n 维向量，它们必然线性相关，两者矛盾. 因此，$\boldsymbol{A}^{n+1}\boldsymbol{\alpha} = \boldsymbol{0}$ 时，必有 $\boldsymbol{A}^n\boldsymbol{\alpha} = \boldsymbol{0}$，即(Ⅱ) 的解必是(Ⅰ) 的解，故命题 ② 正确.

所以，命题 ①② 正确，即 $\boldsymbol{A}^n\boldsymbol{x} = \boldsymbol{0}$ 和 $\boldsymbol{A}^{n+1}\boldsymbol{x} = \boldsymbol{0}$ 是同解方程，故应选(A).

227 【答案】 C

【分析】 观察下标知矩阵 $\boldsymbol{A}$ 经两次列变换得到矩阵 $\boldsymbol{BA}$. 即

$$\boldsymbol{BA} = \begin{bmatrix} a_{11} & a_{12} & a_{13} \\ a_{21} & a_{22} & a_{23} \\ a_{31} & a_{32} & a_{33} \end{bmatrix}\begin{bmatrix} 1 & 0 & 0 \\ 0 & 0 & 1 \\ 0 & 1 & 0 \end{bmatrix}\begin{bmatrix} 1 & 0 & 0 \\ 0 & 4 & 0 \\ 0 & 0 & 1 \end{bmatrix} = \boldsymbol{A}\begin{bmatrix} 1 & 0 & 0 \\ 0 & 0 & 1 \\ 0 & 4 & 0 \end{bmatrix},$$

又矩阵 $\boldsymbol{A}$ 可逆，有 $\boldsymbol{A}^{-1}\boldsymbol{BA} = \begin{bmatrix} 1 & 0 & 0 \\ 0 & 0 & 1 \\ 0 & 4 & 0 \end{bmatrix}$，即 $\boldsymbol{B} \sim \begin{bmatrix} 1 & 0 & 0 \\ 0 & 0 & 1 \\ 0 & 4 & 0 \end{bmatrix}$.

228 【答案】 D

【分析】 (A) 是下三角矩阵，主对角线元素就是矩阵的特征值，因而矩阵有三个不同的特征值，所以矩阵必可以相似对角化.

(B) 是实对称矩阵，实对称矩阵必可以相似对角化.

(C) 是秩为1的矩阵，由 $|\lambda\boldsymbol{E} - \boldsymbol{A}| = \lambda^3 + 4\lambda^2$，知矩阵的特征值是 $-4, 0, 0$. 对于二重根 $\lambda = 0$，由秩

$$r(0\boldsymbol{E} - \boldsymbol{A}) = r(\boldsymbol{A}) = 1$$

知齐次方程组 $(0\boldsymbol{E} - \boldsymbol{A})\boldsymbol{x} = \boldsymbol{0}$ 的基础解系有 $3 - 1 = 2$ 个线性无关的解向量，即 $\lambda = 0$ 有两个线性无关的特征向量. 从而矩阵必可以相似对角化.

(D) 是上三角矩阵，主对角线上的元素 $2, -1, 2$ 就是矩阵的特征值，对于二重特征值 $\lambda = 2$，由秩

$$r(2\boldsymbol{E} - \boldsymbol{A}) = r\begin{bmatrix} 0 & -1 & -2 \\ 0 & 3 & -3 \\ 0 & 0 & 0 \end{bmatrix} = 2$$

知齐次方程组 $(2\boldsymbol{E} - \boldsymbol{A})\boldsymbol{x} = \boldsymbol{0}$ 只有 $3 - 2 = 1$ 个线性无关的解，亦即 $\lambda = 2$ 只有一个线性无关的特征向量，故矩阵必不能相似对角化. 所以应当选(D).

【评注】(A)与(B)是矩阵相似对角化的充分条件.当特征值有重根时,有些矩阵能相似对角化,有些矩阵不能相似对角化,这时关键是检查秩,以便查清矩阵是否有 n 个线性无关的特征向量.

229 【答案】B

【分析】$\boldsymbol{A}\sim\boldsymbol{C}$,即存在可逆阵 $\boldsymbol{P}$,使 $\boldsymbol{P}^{-1}\boldsymbol{AP}=\boldsymbol{C}$. $\boldsymbol{B}\sim\boldsymbol{D}$,即存在可逆阵 $\boldsymbol{Q}$,使 $\boldsymbol{Q}^{-1}\boldsymbol{BQ}=\boldsymbol{D}$,故存在可逆阵 $\begin{bmatrix}\boldsymbol{P}&\boldsymbol{O}\\\boldsymbol{O}&\boldsymbol{Q}\end{bmatrix}$,使得

$$\begin{bmatrix}\boldsymbol{P}&\boldsymbol{O}\\\boldsymbol{O}&\boldsymbol{Q}\end{bmatrix}^{-1}\begin{bmatrix}\boldsymbol{A}&\boldsymbol{O}\\\boldsymbol{O}&\boldsymbol{B}\end{bmatrix}\begin{bmatrix}\boldsymbol{P}&\boldsymbol{O}\\\boldsymbol{O}&\boldsymbol{Q}\end{bmatrix}=\begin{bmatrix}\boldsymbol{P}^{-1}&\boldsymbol{O}\\\boldsymbol{O}&\boldsymbol{Q}^{-1}\end{bmatrix}\begin{bmatrix}\boldsymbol{A}&\boldsymbol{O}\\\boldsymbol{O}&\boldsymbol{B}\end{bmatrix}\begin{bmatrix}\boldsymbol{P}&\boldsymbol{O}\\\boldsymbol{O}&\boldsymbol{Q}\end{bmatrix}=\begin{bmatrix}\boldsymbol{P}^{-1}\boldsymbol{AP}&\boldsymbol{O}\\\boldsymbol{O}&\boldsymbol{Q}^{-1}\boldsymbol{BQ}\end{bmatrix}=\begin{bmatrix}\boldsymbol{C}&\boldsymbol{O}\\\boldsymbol{O}&\boldsymbol{D}\end{bmatrix},$$

得 $\begin{bmatrix}\boldsymbol{A}&\boldsymbol{O}\\\boldsymbol{O}&\boldsymbol{B}\end{bmatrix}\sim\begin{bmatrix}\boldsymbol{C}&\boldsymbol{O}\\\boldsymbol{O}&\boldsymbol{D}\end{bmatrix}$,应选(B).

(A)(C)(D)显然不成立.若

$$\boldsymbol{A}=\begin{bmatrix}1&0\\0&2\end{bmatrix}\text{和}\boldsymbol{C}=\begin{bmatrix}2&0\\0&1\end{bmatrix},\boldsymbol{B}=\begin{bmatrix}1&1\\0&0\end{bmatrix}\text{和}\boldsymbol{D}=\begin{bmatrix}1&0\\0&0\end{bmatrix},$$

则有 $\boldsymbol{A}\sim\boldsymbol{C}$ 和 $\boldsymbol{B}\sim\boldsymbol{D}$.但是

$$\boldsymbol{A}+\boldsymbol{B}=\begin{bmatrix}2&1\\0&2\end{bmatrix}\text{和}\boldsymbol{C}+\boldsymbol{D}=\begin{bmatrix}3&0\\0&1\end{bmatrix}$$

不相似;

$$\boldsymbol{AB}=\begin{bmatrix}1&1\\0&0\end{bmatrix}\text{和}\boldsymbol{CD}=\begin{bmatrix}2&0\\0&0\end{bmatrix}$$

不相似.

关于(D),请说出 $\begin{bmatrix}0&0&1&0\\0&0&0&2\\1&1&0&0\\0&0&0&0\end{bmatrix}$ 和 $\begin{bmatrix}0&0&2&0\\0&0&0&1\\1&0&0&0\\0&0&0&0\end{bmatrix}$ 不相似的理由.

230 【答案】D

【分析】$\boldsymbol{\alpha\alpha}^{\mathrm{T}}$ 是秩为1的矩阵,因 $\boldsymbol{\alpha}^{\mathrm{T}}\boldsymbol{\alpha}=1$,故 $\boldsymbol{\alpha\alpha}^{\mathrm{T}}$ 的特征值是1,0,0,所以矩阵 $\boldsymbol{A}$ 的特征值为5,2,2.

又因 $\boldsymbol{A}$ 是实对称矩阵,必可相似对角化,故应选(D).你能否写出此时的可逆矩阵 $\boldsymbol{P}$,使得

$$\boldsymbol{P}^{-1}\boldsymbol{AP}=\begin{bmatrix}2&&\\&2&\\&&5\end{bmatrix}?$$

231 【答案】B

【分析】二次型 $\boldsymbol{x}^{\mathrm{T}}\boldsymbol{Ax}$ 经正交变换 $\boldsymbol{x}=\boldsymbol{Qy}$ 化为新的二次型 $\boldsymbol{y}^{\mathrm{T}}\boldsymbol{By}$.由于

$$\boldsymbol{x}^{\mathrm{T}}\boldsymbol{Ax}=(\boldsymbol{Qy})^{\mathrm{T}}\boldsymbol{A}(\boldsymbol{Qy})=\boldsymbol{y}^{\mathrm{T}}(\boldsymbol{Q}^{\mathrm{T}}\boldsymbol{AQ})\boldsymbol{y},$$

则有 $\boldsymbol{Q}^{\mathrm{T}}\boldsymbol{AQ}=\boldsymbol{B}$,即原二次型矩阵 $\boldsymbol{A}$ 和新二次型矩阵 $\boldsymbol{B}$ 合同.又因 $\boldsymbol{Q}$ 是正交矩阵,$\boldsymbol{Q}^{\mathrm{T}}=\boldsymbol{Q}^{-1}$,故

$$\boldsymbol{Q}^{\mathrm{T}}\boldsymbol{AQ}=\boldsymbol{Q}^{-1}\boldsymbol{AQ}=\boldsymbol{B},$$

因此在正交变换下,二次型矩阵 $\boldsymbol{A}$ 与 $\boldsymbol{B}$ 不仅合同而且相似.

因为两个实对称矩阵相似的充分必要条件是有相同的特征值,现在

$$|\lambda E - A| = \begin{vmatrix} \lambda-1 & -3 & 0 \\ -3 & \lambda-1 & 0 \\ 0 & 0 & \lambda-2 \end{vmatrix} = (\lambda-2)(\lambda-4)(\lambda+2),$$

知矩阵 $\boldsymbol{A}$ 的特征值是 $2,4,-2$. 所以，应当选(B).

【评注】 如果你选择的是(A)，看看是不是在用配方法. 用配方法得到的矩阵仅仅合同并不相似，这一点要理解清楚.(D) 是二次型 f 的规范形的矩阵，仍然是只合同不相似.

本题中，与矩阵 $\boldsymbol{A}$ 合同的矩阵是(A)(B)(D)，与 $\boldsymbol{A}$ 相似的是(B).

232 【答案】 C

【分析】 $\boldsymbol{x}^{\mathrm{T}}\boldsymbol{A}\boldsymbol{x} = 2x_1^2 + (x_2+x_3)^2$ 与 $\boldsymbol{y}^{\mathrm{T}}\boldsymbol{B}\boldsymbol{y} = y_1^2 + 3y_2^2$ 有相同的正、负惯性指数，$\boldsymbol{A}$ 与 $\boldsymbol{B}$ 一定合同.

又
$$|\lambda E - A| = \begin{vmatrix} \lambda-2 & 0 & 0 \\ 0 & \lambda-1 & -1 \\ 0 & -1 & \lambda-1 \end{vmatrix} = \lambda(\lambda-2)^2,$$

$\boldsymbol{A}$ 的特征值是 $2,2,0$，$\boldsymbol{B}$ 的特征值是 $1,3,0$，从而 $\boldsymbol{A}$ 和 $\boldsymbol{B}$ 不相似.

233 【答案】 C

【分析】 $\boldsymbol{A}$ 和 $\boldsymbol{B}$ 合同 $\Leftrightarrow$ 二次型 $\boldsymbol{x}^{\mathrm{T}}\boldsymbol{A}\boldsymbol{x}$ 和 $\boldsymbol{x}^{\mathrm{T}}\boldsymbol{B}\boldsymbol{x}$ 有相同的正、负惯性指数.

由 $\boldsymbol{A},\boldsymbol{B}$ 相似，知 $\boldsymbol{A}$ 和 $\boldsymbol{B}$ 有相同的特征值 $\Rightarrow$ 二次型 $\boldsymbol{x}^{\mathrm{T}}\boldsymbol{A}\boldsymbol{x}$ 和 $\boldsymbol{x}^{\mathrm{T}}\boldsymbol{B}\boldsymbol{x}$ 有相同的标准形 $\Rightarrow \boldsymbol{A}$ 和 $\boldsymbol{B}$ 合同.(A) 正确.

由 $\boldsymbol{A},\boldsymbol{B}$ 合同 $\Rightarrow \boldsymbol{A}$ 和 $\boldsymbol{B}$ 有相同的正、负惯性指数 $\Rightarrow \boldsymbol{A}$ 和 $\boldsymbol{B}$ 的特征值有相同的正、负号，而 $\boldsymbol{B}$ 和 $9\boldsymbol{B}$ 的特征值是 9 倍的关系，从而 $\boldsymbol{A}$ 和 $9\boldsymbol{B}$ 的特征值有相同的正、负号，故 $\boldsymbol{A}$ 和 $9\boldsymbol{B}$ 有相同的正、负惯性指数，(B) 正确.

因为 $\boldsymbol{A}$ 和 $\boldsymbol{A}+k\boldsymbol{E}$ 的正、负惯性指数不一定相同，从而 $\boldsymbol{A}+k\boldsymbol{E}$ 和 $\boldsymbol{B}+k\boldsymbol{E}$ 的正、负惯性指数可以不同. 例如

$$\boldsymbol{A} = \begin{bmatrix} 1 & \\ & 2 \end{bmatrix}, \boldsymbol{B} = \begin{bmatrix} 3 & \\ & 4 \end{bmatrix}; \boldsymbol{A}-\boldsymbol{E} = \begin{bmatrix} 0 & \\ & 1 \end{bmatrix}, \boldsymbol{B}-\boldsymbol{E} = \begin{bmatrix} 2 & \\ & 3 \end{bmatrix},$$

故(C) 不正确.

若 $\boldsymbol{A}$ 和 $\boldsymbol{B}$ 合同，则存在可逆矩阵 $\boldsymbol{C}$ 使 $\boldsymbol{C}^{\mathrm{T}}\boldsymbol{A}\boldsymbol{C} = \boldsymbol{B}$. 因为 $\boldsymbol{C}$ 可逆，所以

$$r(\boldsymbol{B}) = r(\boldsymbol{C}^{\mathrm{T}}\boldsymbol{A}\boldsymbol{C}) = r(\boldsymbol{A}\boldsymbol{C}) = r(\boldsymbol{A}),$$

即(D) 正确.

234 【答案】 D

【分析】 将初等行、列变换，用左、右乘初等阵表出. 由题设，有 $\boldsymbol{A}\boldsymbol{E}_{ij} = \boldsymbol{B}, \boldsymbol{E}_{ij}\boldsymbol{B} = \boldsymbol{C}$，得

$$\boldsymbol{C} = \boldsymbol{E}_{ij}\boldsymbol{B} = \boldsymbol{E}_{ij}\boldsymbol{A}\boldsymbol{E}_{ij}.$$

因 $\boldsymbol{E}_{ij} = \boldsymbol{E}_{ij}^{\mathrm{T}} = \boldsymbol{E}_{ij}^{-1}$，故

$$\boldsymbol{C} = \boldsymbol{E}_{ij}\boldsymbol{A}\boldsymbol{E}_{ij} = \boldsymbol{E}_{ij}^{-1}\boldsymbol{A}\boldsymbol{E}_{ij} = \boldsymbol{E}_{ij}^{\mathrm{T}}\boldsymbol{A}\boldsymbol{E}_{ij},$$

即 $\boldsymbol{C}$ 等价于 $\boldsymbol{A}$，$\boldsymbol{C}$ 相似于 $\boldsymbol{A}$，且 $\boldsymbol{C}$ 合同于 $\boldsymbol{A}$，故应选(D).

235 【答案】 B

【分析】 按定义，若存在可逆矩阵 $\boldsymbol{C}$ 使 $\boldsymbol{C}^{\mathrm{T}}\boldsymbol{A}\boldsymbol{C} = \boldsymbol{B}$，则称 $\boldsymbol{A}$ 与 $\boldsymbol{B}$ 合同. 因为矩阵 $\boldsymbol{C}$ 可逆，所

以

$$r(\boldsymbol{A})=r(\boldsymbol{C}^{\mathrm{T}}\boldsymbol{A}\boldsymbol{C})=r(\boldsymbol{B}),$$

即(B) 正确.

注意,若

$$\boldsymbol{A}=\begin{bmatrix}1&0\\0&1\end{bmatrix},\boldsymbol{B}=\begin{bmatrix}1&0\\0&4\end{bmatrix},\boldsymbol{C}=\begin{bmatrix}1&0\\0&2\end{bmatrix},$$

则有 $\boldsymbol{C}^{\mathrm{T}}\boldsymbol{A}\boldsymbol{C}=\boldsymbol{B}$,即 $\boldsymbol{A}$ 与 $\boldsymbol{B}$ 合同. 此时 $\boldsymbol{A}$ 的特征值是 1,1,$\boldsymbol{B}$ 的特征值是 1,4;$(3,2)^{\mathrm{T}}$ 是 $\boldsymbol{A}$ 的特征向量,但不是 $\boldsymbol{B}$ 的特征向量;$|\boldsymbol{A}|=1$,$|\boldsymbol{B}|=4$ 亦不相同. 这说明(A)(C)(D) 均不正确.

【评注】 实对称矩阵 $\boldsymbol{A}$ 与 $\boldsymbol{B}$ 合同的必要条件是 $r(\boldsymbol{A})=r(\boldsymbol{B})$,注意 $r(\boldsymbol{A})=r(\boldsymbol{B})$ 时,$\boldsymbol{A}$ 与 $\boldsymbol{B}$ 不一定合同,这些地方不要混淆. $\boldsymbol{A}$ 与 $\boldsymbol{B}$ 合同的充分条件是有相同的特征值.

解　答　题

236 **【解】** (1) 由 $\boldsymbol{AB}=\boldsymbol{A}+\boldsymbol{B}$ 有 $\boldsymbol{AB}-\boldsymbol{B}-\boldsymbol{A}+\boldsymbol{E}=\boldsymbol{E}$,即

$$(\boldsymbol{A}-\boldsymbol{E})\boldsymbol{B}-(\boldsymbol{A}-\boldsymbol{E})=\boldsymbol{E},$$

从而$(\boldsymbol{A}-\boldsymbol{E})(\boldsymbol{B}-\boldsymbol{E})=\boldsymbol{E}$. 故矩阵 $\boldsymbol{A}-\boldsymbol{E}$ 可逆.

(2) 因 $\boldsymbol{A}-\boldsymbol{E}$ 可逆且$(\boldsymbol{A}-\boldsymbol{E})^{-1}=\boldsymbol{B}-\boldsymbol{E}$,

有$(\boldsymbol{A}-\boldsymbol{E})(\boldsymbol{B}-\boldsymbol{E})=(\boldsymbol{B}-\boldsymbol{E})(\boldsymbol{A}-\boldsymbol{E})$,即有 $\boldsymbol{AB}=\boldsymbol{BA}$,于是

$$r(\boldsymbol{AB}-\boldsymbol{BA}+2\boldsymbol{E})=r(2\boldsymbol{E})=n.$$

(3) 由(1) 知$(\boldsymbol{B}-\boldsymbol{E})^{-1}=\boldsymbol{A}-\boldsymbol{E}$,那么

$$\boldsymbol{A}=\boldsymbol{E}+(\boldsymbol{B}-\boldsymbol{E})^{-1}=\begin{bmatrix}1&&\\&1&\\&&1\end{bmatrix}+\begin{bmatrix}0&1&0\\0&2&1\\1&0&0\end{bmatrix}^{-1}=\begin{bmatrix}1&0&1\\1&1&0\\-2&1&1\end{bmatrix}.$$

237 **【解】** 矩阵 $\boldsymbol{A},\boldsymbol{B}$ 等价 $\Leftrightarrow r(\boldsymbol{A})=r(\boldsymbol{B})$.

因 $|\boldsymbol{A}|=0$ 且 $r(\boldsymbol{A})=2$,故 $|\boldsymbol{B}|=0$,即 $a=0$,且 $a=0$ 时 $r(\boldsymbol{B})=2$.

$$\boldsymbol{A}=\begin{bmatrix}1&1&0\\0&1&-1\\1&0&1\end{bmatrix}\xrightarrow[\boldsymbol{P}_1]{\text{行}}\begin{bmatrix}1&1&0\\0&1&-1\\0&-1&1\end{bmatrix}\xrightarrow[\boldsymbol{P}_2]{\text{行}}\begin{bmatrix}1&1&0\\0&1&-1\\0&0&0\end{bmatrix}\xrightarrow[\boldsymbol{Q}_1]{\text{列}}\begin{bmatrix}1&0&0\\0&1&-1\\0&0&0\end{bmatrix}\xrightarrow[\boldsymbol{Q}_2]{\text{列}}\begin{bmatrix}1&0&0\\0&1&0\\0&0&0\end{bmatrix},$$

其中 $\boldsymbol{P}_1=\begin{bmatrix}1&0&0\\0&1&0\\-1&0&1\end{bmatrix},\boldsymbol{P}_2=\begin{bmatrix}1&0&0\\0&1&0\\0&1&1\end{bmatrix},\boldsymbol{Q}_1=\begin{bmatrix}1&-1&0\\0&1&0\\0&0&1\end{bmatrix},\boldsymbol{Q}_2=\begin{bmatrix}1&0&0\\0&1&1\\0&0&1\end{bmatrix}$.

$$\boldsymbol{B}=\begin{bmatrix}1&-2&0\\0&0&3\\0&0&1\end{bmatrix}\xrightarrow[\boldsymbol{Q}_3]{\text{列}}\begin{bmatrix}1&0&0\\0&0&3\\0&0&1\end{bmatrix}\xrightarrow[\boldsymbol{P}_3]{\text{行}}\begin{bmatrix}1&0&0\\0&0&0\\0&0&1\end{bmatrix}\xrightarrow[\boldsymbol{P}_4]{\text{行}}\begin{bmatrix}1&0&0\\0&0&1\\0&0&0\end{bmatrix}\xrightarrow[\boldsymbol{Q}_4]{\text{列}}\begin{bmatrix}1&0&0\\0&1&0\\0&0&0\end{bmatrix},$$

于是 $\boldsymbol{P}_2\boldsymbol{P}_1\boldsymbol{A}\boldsymbol{Q}_1\boldsymbol{Q}_2=\boldsymbol{P}_4\boldsymbol{P}_3\boldsymbol{B}\boldsymbol{Q}_3\boldsymbol{Q}_4$,$\boldsymbol{P}_3^{-1}\boldsymbol{P}_4^{-1}\boldsymbol{P}_2\boldsymbol{P}_1\boldsymbol{A}\boldsymbol{Q}_1\boldsymbol{Q}_2\boldsymbol{Q}_4^{-1}\boldsymbol{Q}_3^{-1}=\boldsymbol{B}$.

$$\text{故 }\boldsymbol{P}=\boldsymbol{P}_3^{-1}\boldsymbol{P}_4^{-1}\boldsymbol{P}_2\boldsymbol{P}_1=\begin{bmatrix}1&0&0\\0&1&-3\\0&0&1\end{bmatrix}^{-1}\begin{bmatrix}1&0&0\\0&0&1\\0&1&0\end{bmatrix}^{-1}\begin{bmatrix}1&0&0\\0&1&0\\0&1&1\end{bmatrix}\begin{bmatrix}1&0&0\\0&1&0\\-1&0&1\end{bmatrix}$$

$$=\begin{bmatrix}1&0&0\\-1&4&1\\0&1&0\end{bmatrix},$$

$$Q=Q_1Q_2Q_4^{-1}Q_3^{-1}=\begin{bmatrix}1&-3&-1\\0&1&1\\0&1&0\end{bmatrix}.$$

注意，矩阵 P,Q 不唯一.

238 【解】 (1) 由

$$|\boldsymbol{\alpha}_1,\boldsymbol{\alpha}_2,\boldsymbol{\alpha}_3,\boldsymbol{\alpha}_4|=\begin{vmatrix}1&2&0&3\\4&7&1&10\\0&1&-1&b\\2&3&a&4\end{vmatrix}=\begin{vmatrix}1&0&0&0\\4&-1&1&-2\\0&1&-1&b\\2&-1&a&-2\end{vmatrix}=(a-1)(b-2),$$

所以 $a=1$ 或 $b=2$ 时，向量组 $\boldsymbol{\alpha}_1,\boldsymbol{\alpha}_2,\boldsymbol{\alpha}_3,\boldsymbol{\alpha}_4$ 线性相关.

(2) 当 $b=2$ 时

$$[\boldsymbol{\alpha}_1,\boldsymbol{\alpha}_2,\boldsymbol{\alpha}_3\mid\boldsymbol{\alpha}_4]=\left[\begin{array}{ccc|c}1&2&0&3\\4&7&1&10\\0&1&-1&2\\2&3&a&4\end{array}\right]\to\left[\begin{array}{ccc|c}1&0&2&-1\\&1&-1&2\\&&a-1&0\\&&&0\end{array}\right].$$

$\forall a$，$\boldsymbol{\alpha}_4$ 均可由 $\boldsymbol{\alpha}_1,\boldsymbol{\alpha}_2,\boldsymbol{\alpha}_3$ 线性表示.

如 $a\neq1,b=2$，有 $\boldsymbol{\alpha}_4=-\boldsymbol{\alpha}_1+2\boldsymbol{\alpha}_2$；

如 $a=1,b=2$，有 $\boldsymbol{\alpha}_4=(-1-2t)\boldsymbol{\alpha}_1+(2+t)\boldsymbol{\alpha}_2+t\boldsymbol{\alpha}_3$，$t$ 为任意常数；

当 $a=1$ 时

$$[\boldsymbol{\alpha}_1,\boldsymbol{\alpha}_2,\boldsymbol{\alpha}_3\mid\boldsymbol{\alpha}_4]=\left[\begin{array}{ccc|c}1&2&0&3\\4&7&1&10\\0&1&-1&b\\2&3&1&4\end{array}\right]\to\left[\begin{array}{ccc|c}1&2&0&3\\&1&-1&b\\&&&b-2\\&&&0\end{array}\right].$$

如 $b\neq2$，$\boldsymbol{\alpha}_4$ 不能由 $\boldsymbol{\alpha}_1,\boldsymbol{\alpha}_2,\boldsymbol{\alpha}_3$ 线性表示.

若 $a=1,b=2$，$\boldsymbol{\alpha}_4$ 可由 $\boldsymbol{\alpha}_1,\boldsymbol{\alpha}_2,\boldsymbol{\alpha}_3$ 线性表示，表示法同上.

(3) 当 $a=1$ 且 $b=2$ 时，$r(\boldsymbol{\alpha}_1,\boldsymbol{\alpha}_2,\boldsymbol{\alpha}_3,\boldsymbol{\alpha}_4)=2$，极大无关组为 $\boldsymbol{\alpha}_1,\boldsymbol{\alpha}_2$；

当 $a=1$ 且 $b\neq2$ 时，$r(\boldsymbol{\alpha}_1,\boldsymbol{\alpha}_2,\boldsymbol{\alpha}_3,\boldsymbol{\alpha}_4)=3$，极大无关组为 $\boldsymbol{\alpha}_1,\boldsymbol{\alpha}_2,\boldsymbol{\alpha}_4$；

当 $a\neq1$ 且 $b=2$ 时，$r(\boldsymbol{\alpha}_1,\boldsymbol{\alpha}_2,\boldsymbol{\alpha}_3,\boldsymbol{\alpha}_4)=3$，极大无关组为 $\boldsymbol{\alpha}_1,\boldsymbol{\alpha}_2,\boldsymbol{\alpha}_3$.

239 【解】 (1) 由题设知 $r(\boldsymbol{A})=r(\boldsymbol{B})$，对矩阵 $\boldsymbol{A},\boldsymbol{B}$ 分别作初等行变换.

$$\boldsymbol{A}=\begin{bmatrix}1&0&2\\1&-1&0\\0&1&2\end{bmatrix}\to\begin{bmatrix}1&0&2\\0&-1&-2\\0&1&2\end{bmatrix}\to\begin{bmatrix}1&0&2\\0&1&2\\0&0&0\end{bmatrix},$$

$$\boldsymbol{B}=\begin{bmatrix}-1&2&2\\2&-1&2\\-2&2&a\end{bmatrix}\to\begin{bmatrix}1&-2&-2\\0&3&6\\0&-2&a-4\end{bmatrix}\to\begin{bmatrix}1&-2&-2\\0&1&2\\0&0&a\end{bmatrix},$$

所以 $a=0$.

(2) 由于 $\boldsymbol{PA}=\boldsymbol{B}\Leftrightarrow\boldsymbol{A}^{\mathrm{T}}\boldsymbol{P}^{\mathrm{T}}=\boldsymbol{B}^{\mathrm{T}}$，问题转化为求满足 $\boldsymbol{A}^{\mathrm{T}}\boldsymbol{P}^{\mathrm{T}}=\boldsymbol{B}^{\mathrm{T}}$ 的所有可逆矩阵 $\boldsymbol{P}$.

考虑矩阵方程 $\boldsymbol{A}^{\mathrm{T}}\boldsymbol{X}=\boldsymbol{B}^{\mathrm{T}}$，记 $\boldsymbol{X}=[\boldsymbol{x}_1,\boldsymbol{x}_2,\boldsymbol{x}_3]$，$\boldsymbol{B}^{\mathrm{T}}=[\boldsymbol{\beta}_1,\boldsymbol{\beta}_2,\boldsymbol{\beta}_3]$，则有

$$\boldsymbol{A}^{\mathrm{T}}[\boldsymbol{x}_1,\boldsymbol{x}_2,\boldsymbol{x}_3]=[\boldsymbol{A}^{\mathrm{T}}\boldsymbol{x}_1,\boldsymbol{A}^{\mathrm{T}}\boldsymbol{x}_2,\boldsymbol{A}^{\mathrm{T}}\boldsymbol{x}_3]=[\boldsymbol{\beta}_1,\boldsymbol{\beta}_2,\boldsymbol{\beta}_3],$$

所以求解 $\boldsymbol{A}^{\mathrm{T}}\boldsymbol{X}=\boldsymbol{B}^{\mathrm{T}}$ 可以转化为求解三个方程组 $\boldsymbol{A}^{\mathrm{T}}\boldsymbol{x}_i=\boldsymbol{\beta}_i(i=1,2,3)$. 对矩阵 $[\boldsymbol{A}^{\mathrm{T}}\mid\boldsymbol{B}^{\mathrm{T}}]$ 作初等行变换：

$$[\boldsymbol{A}^{\mathrm{T}} \mid \boldsymbol{B}^{\mathrm{T}}]=\left[\begin{array}{ccc:ccc}1&1&0&-1&2&-2\\0&-1&1&2&-1&2\\2&0&2&2&2&0\end{array}\right]\to\left[\begin{array}{ccc:ccc}1&1&0&-1&2&-2\\0&-1&1&2&-1&2\\0&0&0&0&0&0\end{array}\right]$$

$$\to\left[\begin{array}{ccc:ccc}1&0&1&1&1&0\\0&1&-1&-2&1&-2\\0&0&0&0&0&0\end{array}\right].$$

所以 $\boldsymbol{A}^{\mathrm{T}}\boldsymbol{x}=\boldsymbol{0}$ 的基础解系为 $\boldsymbol{\xi}=\begin{bmatrix}-1\\1\\1\end{bmatrix}$，

方程组 $\boldsymbol{A}^{\mathrm{T}}\boldsymbol{x}_1=\boldsymbol{\beta}_1$ 的通解为 $\boldsymbol{\eta}_1=k_1\begin{bmatrix}-1\\1\\1\end{bmatrix}+\begin{bmatrix}1\\-2\\0\end{bmatrix}=\begin{bmatrix}1-k_1\\-2+k_1\\k_1\end{bmatrix}$，$k_1$ 为任意常数，

方程组 $\boldsymbol{A}^{\mathrm{T}}\boldsymbol{x}_2=\boldsymbol{\beta}_2$ 的通解为 $\boldsymbol{\eta}_2=k_2\begin{bmatrix}-1\\1\\1\end{bmatrix}+\begin{bmatrix}1\\1\\0\end{bmatrix}=\begin{bmatrix}1-k_2\\1+k_2\\k_2\end{bmatrix}$，$k_2$ 为任意常数，

方程组 $\boldsymbol{A}^{\mathrm{T}}\boldsymbol{x}_3=\boldsymbol{\beta}_3$ 的通解为 $\boldsymbol{\eta}_3=k_3\begin{bmatrix}-1\\1\\1\end{bmatrix}+\begin{bmatrix}0\\-2\\0\end{bmatrix}=\begin{bmatrix}-k_3\\-2+k_3\\k_3\end{bmatrix}$，$k_3$ 为任意常数.

满足 $\boldsymbol{A}^{\mathrm{T}}\boldsymbol{X}=\boldsymbol{B}^{\mathrm{T}}$ 的 $\boldsymbol{X}=\begin{bmatrix}1-k_1&1-k_2&-k_3\\-2+k_1&1+k_2&-2+k_3\\k_1&k_2&k_3\end{bmatrix}$，

当 $|\boldsymbol{X}|=\begin{vmatrix}1-k_1&1-k_2&-k_3\\-2+k_1&1+k_2&-2+k_3\\k_1&k_2&k_3\end{vmatrix}=3k_3+2(k_2-k_1)\neq 0$ 时，$\boldsymbol{X}$ 可逆.

故所求可逆矩阵 $\boldsymbol{P}=\boldsymbol{X}^{\mathrm{T}}=\begin{bmatrix}1-k_1&-2+k_1&k_1\\1-k_2&1+k_2&k_2\\-k_3&-2+k_3&k_3\end{bmatrix}$，其中 k_1,k_2,k_3 为满足 $3k_3+2(k_2-k_1)\neq 0$ 的任意常数.

240 【解】 由

$$[\boldsymbol{\alpha}_1,\boldsymbol{\alpha}_2,\boldsymbol{\alpha}_3]=\begin{bmatrix}1&3&9\\2&0&6\\-3&-8&-25\end{bmatrix}\to\begin{bmatrix}1&3&9\\0&1&2\\0&0&0\end{bmatrix},$$

知 $r(\mathrm{I})=2$. 因 $\forall a$，$\boldsymbol{\beta}_1,\boldsymbol{\beta}_2$ 的坐标不成比例，知 $\boldsymbol{\beta}_1,\boldsymbol{\beta}_2$ 一定线性无关. 那么

$$r(\mathrm{II})=2\Leftrightarrow|\boldsymbol{\beta}_1,\boldsymbol{\beta}_2,\boldsymbol{\beta}_3|=0,$$

即
$$\begin{vmatrix}0&a&b\\1&2&1\\-1&-3&0\end{vmatrix}=\begin{vmatrix}0&a&b\\0&-1&1\\-1&-3&0\end{vmatrix}=-b-a=0,$$

得 $a=-b$.

由 $\boldsymbol{\beta}_2$ 可由(Ⅰ)线性表示 $\Leftrightarrow\boldsymbol{\beta}_2$ 可由 $\boldsymbol{\alpha}_1,\boldsymbol{\alpha}_2$ 线性表示(因 $r(\mathrm{I})=2$，$\boldsymbol{\alpha}_1,\boldsymbol{\alpha}_2$ 为极大无关组).

$$\left[\begin{array}{cc:c}1&3&a\\2&0&2\\-3&-8&-3\end{array}\right]\to\left[\begin{array}{cc:c}1&3&a\\0&1&3a-3\\0&0&8a-8\end{array}\right],$$

所以 $a=1,b=-1$.

由 $r(\text{Ⅰ})=r(\text{Ⅱ})=2$，知

$$\boldsymbol{\alpha}_1=\begin{bmatrix}1\\2\\-3\end{bmatrix},\boldsymbol{\alpha}_2=\begin{bmatrix}3\\0\\-8\end{bmatrix} \text{与} \boldsymbol{\beta}_1=\begin{bmatrix}0\\1\\-1\end{bmatrix},\boldsymbol{\beta}_2=\begin{bmatrix}1\\2\\-3\end{bmatrix}$$

分别是（Ⅰ）和（Ⅱ）的极大线性无关组. 易见 $\boldsymbol{\beta}_1$ 不能由 $\boldsymbol{\alpha}_1,\boldsymbol{\alpha}_2$ 线性表示. 所以，向量组（Ⅰ）和（Ⅱ）不等价.

241 【解】 (1) 设 $\boldsymbol{A\beta}=\lambda\boldsymbol{\beta}$，即

$$\begin{bmatrix}1&a&-1\\1&1&-1\\0&4&b\end{bmatrix}\begin{bmatrix}1\\1\\2\end{bmatrix}=\lambda\begin{bmatrix}1\\1\\2\end{bmatrix},$$

有

$$\begin{cases}1+a-2=\lambda,\\1+1-2=\lambda,\\0+4+2b=2\lambda,\end{cases}$$

解出 $\lambda=0,a=1,b=-2$.

(2) 由 $$\boldsymbol{A}^2=\begin{bmatrix}1&1&-1\\1&1&-1\\0&4&-2\end{bmatrix}\begin{bmatrix}1&1&-1\\1&1&-1\\0&4&-2\end{bmatrix}=\begin{bmatrix}2&-2&0\\2&-2&0\\4&-4&0\end{bmatrix},$$

$$[\boldsymbol{A}^2\mid\boldsymbol{\beta}]=\left[\begin{array}{ccc|c}2&-2&0&1\\2&-2&0&1\\4&-4&0&2\end{array}\right]\to\left[\begin{array}{ccc|c}1&-1&0&\frac{1}{2}\\0&0&0&0\\0&0&0&0\end{array}\right],$$

$$n-r(\boldsymbol{A}^2)=3-1=2.$$

解出方程组通解：$\left(\frac{1}{2},0,0\right)^{\mathrm{T}}+k_1(1,1,0)^{\mathrm{T}}+k_2(0,0,1)^{\mathrm{T}}$，$k_1,k_2$ 为任意常数.

242 【解】 如果存在经过 A,B,C 的曲线 $y=k_1x+k_2x^2+k_3x^3$，则应有

$$\begin{cases}k_1+k_2+k_3=1,\\2k_1+4k_2+8k_3=2,\\ak_1+a^2k_2+a^3k_3=1.\end{cases}$$

对增广矩阵作初等行变换，有

$$[\boldsymbol{A}\mid\boldsymbol{b}]=\left[\begin{array}{ccc|c}1&1&1&1\\2&4&8&2\\a&a^2&a^3&1\end{array}\right]\to\left[\begin{array}{ccc|c}1&1&1&1\\0&1&3&0\\0&a^2-a&a^3-a&1-a\end{array}\right]\to\left[\begin{array}{ccc|c}1&0&-2&1\\0&1&3&0\\0&0&a(a-1)(a-2)&1-a\end{array}\right].$$

(1) 当 $a\neq0,a\neq1,a\neq2$ 时，方程组有唯一解

$$k_1=1-\frac{2}{a(a-2)},k_2=\frac{3}{a(a-2)},k_3=\frac{-1}{a(a-2)},$$

则曲线方程为

$$y=\frac{a^2-2a-2}{a(a-2)}x+\frac{3}{a(a-2)}x^2-\frac{1}{a(a-2)}x^3.$$

(2) 当 $a=1$ 时，点 A,C 是重点，此时

$$[\boldsymbol{A} \vdots \boldsymbol{b}] \to \left[\begin{array}{ccc:c} 1 & 0 & -2 & 1 \\ 0 & 1 & 3 & 0 \\ 0 & 0 & 0 & 0 \end{array}\right],$$

方程组有无穷多个解

$$\begin{bmatrix} k_1 \\ k_2 \\ k_3 \end{bmatrix} = \begin{bmatrix} 1 \\ 0 \\ 0 \end{bmatrix} + t\begin{bmatrix} 2 \\ -3 \\ 1 \end{bmatrix}, t \text{ 为任意常数}.$$

那么经过 $A(C)$,B 三点的曲线为

$$y = (1 + 2t)x - 3tx^2 + tx^3, t \text{ 为任意常数}.$$

(3) 当 $a = 0$ 或 $a = 2$ 时

$$r(\boldsymbol{A}) = 2, r(\boldsymbol{A} \quad \boldsymbol{b}) = 3,$$

方程组无解,此时不存在满足题中要求的曲线.

243 【解】 (1) 对增广矩阵作初等行变换,有

$$\overline{\boldsymbol{A}} = \left[\begin{array}{cccc:c} 1 & -2 & 3 & 4 & 5 \\ 2 & -4 & 5 & 6 & 7 \\ 4 & a & 9 & 10 & 11 \end{array}\right] \to \left[\begin{array}{cccc:c} 1 & -2 & 3 & 4 & 5 \\ 0 & a+8 & 0 & 0 & 0 \\ 0 & 0 & 1 & 2 & 3 \end{array}\right].$$

$\forall a$,恒有 $r(\boldsymbol{A}) = r(\overline{\boldsymbol{A}})$,方程组总有解.

当 $a = -8$ 时,$r(\boldsymbol{A}) = r(\overline{\boldsymbol{A}}) = 2$.

$$\overline{\boldsymbol{A}} \to \left[\begin{array}{cccc:c} 1 & -2 & 0 & -2 & -4 \\ & & 1 & 2 & 3 \\ & & & 0 & 0 \end{array}\right],$$

得通解:$(-4,0,3,0)^{\mathrm{T}} + k_1(2,1,0,0)^{\mathrm{T}} + k_2(2,0,-2,1)^{\mathrm{T}}$,$k_1$,$k_2$ 为任意常数.

当 $a \neq -8$ 时,$r(\boldsymbol{A}) = r(\overline{\boldsymbol{A}}) = 3$.

$$\overline{\boldsymbol{A}} \to \left[\begin{array}{cccc:c} 1 & 0 & 0 & -2 & -4 \\ & 1 & 0 & 0 & 0 \\ & & 1 & 2 & 3 \end{array}\right],$$

得通解:$(-4,0,3,0)^{\mathrm{T}} + k(2,0,-2,1)^{\mathrm{T}}$,$k$ 为任意常数.

(2) 当 $a = -8$ 时,如 $x_1 = x_2$,有

$$-4 + 2k_1 + 2k_2 = 0 + k_1 + 0,$$

即

$$k_1 = 4 - 2k_2.$$

令 $k_2 = t$,$k_1 = 4 - 2t$,代入整理,得

$$\boldsymbol{x} = (4,4,3,0)^{\mathrm{T}} + t(-2,-2,-2,1)^{\mathrm{T}}, t \text{ 为任意常数}.$$

当 $a \neq -8$ 时,如 $x_1 = x_2$,有

$$-4 + 2k = 0 + 0,$$

即 $k = 2$. 有唯一解:$(0,0,-1,2)^{\mathrm{T}}$.

244 【解】 方程组系数矩阵的行列式为

$$|\boldsymbol{A}| = \begin{vmatrix} 1 & 1 & 1 \\ 1 & 2 & a \\ 1 & 4 & a^2 \end{vmatrix} = (a-1)(a-2).$$

由 $|\boldsymbol{A}| = 0$,得 $a = 1$ 或 $a = 2$.

当 $a=1$ 时，

$$[\boldsymbol{A}\ \vdots\ \boldsymbol{\beta}]=\begin{bmatrix}1&1&1&\vdots&1\\1&2&1&\vdots&3\\1&4&1&\vdots&7\end{bmatrix}\to\begin{bmatrix}1&1&1&\vdots&1\\0&1&0&\vdots&2\\0&3&0&\vdots&6\end{bmatrix}\to\begin{bmatrix}1&1&1&\vdots&1\\0&1&0&\vdots&2\\0&0&0&\vdots&0\end{bmatrix}\to\begin{bmatrix}1&0&1&\vdots&-1\\0&1&0&\vdots&2\\0&0&0&\vdots&0\end{bmatrix},$$

因为 $r(\boldsymbol{A}\ \vdots\ \boldsymbol{\beta})=r(\boldsymbol{A})=2<3$，故方程组 $\boldsymbol{Ax}=\boldsymbol{\beta}$ 有无穷多解，同解方程组为

$$\begin{cases}x_1=-x_3-1,\\x_2=2,\end{cases}$$

通解为 $\begin{pmatrix}x_1\\x_2\\x_3\end{pmatrix}=c\begin{pmatrix}-1\\0\\1\end{pmatrix}+\begin{pmatrix}-1\\2\\0\end{pmatrix}$，$c$ 为任意常数.

当 $a=2$ 时，

$$[\boldsymbol{A}\ \vdots\ \boldsymbol{\beta}]=\begin{bmatrix}1&1&1&\vdots&1\\1&2&2&\vdots&3\\1&4&4&\vdots&7\end{bmatrix}\to\begin{bmatrix}1&1&1&\vdots&1\\0&1&1&\vdots&2\\0&3&3&\vdots&6\end{bmatrix}\to\begin{bmatrix}1&1&1&\vdots&1\\0&1&1&\vdots&2\\0&0&0&\vdots&0\end{bmatrix}\to\begin{bmatrix}1&0&0&\vdots&-1\\0&1&1&\vdots&2\\0&0&0&\vdots&0\end{bmatrix},$$

因为 $r(\boldsymbol{A}\ \vdots\ \boldsymbol{\beta})=r(\boldsymbol{A})=2<3$，故方程组 $\boldsymbol{Ax}=\boldsymbol{\beta}$ 有无穷多解，同解方程组为

$$\begin{cases}x_1=-1,\\x_2=-x_3+2,\end{cases}$$

通解为 $\begin{pmatrix}x_1\\x_2\\x_3\end{pmatrix}=c\begin{pmatrix}0\\-1\\1\end{pmatrix}+\begin{pmatrix}-1\\2\\0\end{pmatrix}$，$c$ 为任意常数.

245 【证明】 必要性：如 $\boldsymbol{A}^2=\boldsymbol{A}$，则 $\boldsymbol{A}(\boldsymbol{A}-\boldsymbol{E})=\boldsymbol{O}$，

于是 $r(\boldsymbol{A})+r(\boldsymbol{A}-\boldsymbol{E})\leqslant n$. ①

$$\begin{aligned}\text{又 } r(\boldsymbol{A})+r(\boldsymbol{A}-\boldsymbol{E})&=r(\boldsymbol{A})+r(\boldsymbol{E}-\boldsymbol{A})\\&\geqslant r[\boldsymbol{A}+(\boldsymbol{E}-\boldsymbol{A})]\\&=r(\boldsymbol{E}),\end{aligned}$$

即 $r(\boldsymbol{A})+r(\boldsymbol{A}-\boldsymbol{E})\geqslant n$. ②

比较 ①② 得 $r(\boldsymbol{A})+r(\boldsymbol{A}-\boldsymbol{E})=n$.

充分性：设 $r(\boldsymbol{A})=r$，则 $r(\boldsymbol{A}-\boldsymbol{E})=n-r$.

于是 $\boldsymbol{Ax}=\boldsymbol{0}$ 有 $n-r$ 个线性无关的解，设为 $\boldsymbol{\alpha}_{r+1},\boldsymbol{\alpha}_{r+2},\cdots,\boldsymbol{\alpha}_n$.

$(\boldsymbol{E}-\boldsymbol{A})\boldsymbol{x}=\boldsymbol{0}$ 有 $n-(n-r)$ 个线性无关的解，设为 $\boldsymbol{\alpha}_1,\boldsymbol{\alpha}_2,\cdots,\boldsymbol{\alpha}_r$.

即矩阵 $\boldsymbol{A}$，

对特征值 $\lambda=1$ 有 r 个线性无关的特征向量.

对特征值 $\lambda=0$ 有 $n-r$ 个线性无关的特征向量.

令 $\boldsymbol{P}=[\boldsymbol{\alpha}_1,\boldsymbol{\alpha}_2,\cdots,\boldsymbol{\alpha}_n]$，则 $\boldsymbol{P}$ 可逆，且 $\boldsymbol{P}^{-1}\boldsymbol{AP}=\boldsymbol{\Lambda}=\begin{bmatrix}\boldsymbol{E}_r&\\&\boldsymbol{O}\end{bmatrix}$. 而 $\boldsymbol{P}^{-1}\boldsymbol{A}^2\boldsymbol{P}=\boldsymbol{\Lambda}^2=\boldsymbol{\Lambda}$，那么 $\boldsymbol{P}^{-1}\boldsymbol{A}^2\boldsymbol{P}=\boldsymbol{P}^{-1}\boldsymbol{AP}$. 故必有 $\boldsymbol{A}^2=\boldsymbol{A}$.

246 【解】 (1) 矩阵 $\boldsymbol{A}$ 的特征多项式为

$$|\lambda\boldsymbol{E}-\boldsymbol{A}|=\begin{vmatrix}\lambda-3&-1&-2\\0&\lambda-2&0\\1-t&1&\lambda-t\end{vmatrix}=(\lambda-2)[\lambda^2-(3+t)\lambda+t+2],$$

由题设矩阵 $\boldsymbol{A}$ 有二重特征值，所以 $\lambda^2-(3+t)\lambda+t+2$ 有因式 $(\lambda-2)$，或 $\lambda^2-(3+t)\lambda+t+2$ 为完全平方项.

若 $\lambda^2-(3+t)\lambda+t+2$ 有因式 $(\lambda-2)$，则 2 为 $\lambda^2-(3+t)\lambda+t+2=0$ 的根.

即 $2^2-2(3+t)+t+2=0$，得 $t=0$. 此时

$$|\lambda\boldsymbol{E}-\boldsymbol{A}|=\begin{vmatrix}\lambda-3 & -1 & -2\\ 0 & \lambda-2 & 0\\ 1 & 1 & \lambda\end{vmatrix}=(\lambda-2)(\lambda^2-3\lambda+2)=(\lambda-2)^2(\lambda-1).$$

故矩阵 $\boldsymbol{A}$ 的特征值为 2,2,1.

若 $\lambda^2-(3+t)\lambda+t+2$ 为完全平方项，则 $(3+t)^2-4(t+2)=0$，即 $(t+1)^2=0$，得 $t=-1$. 此时

$$|\lambda\boldsymbol{E}-\boldsymbol{A}|=\begin{vmatrix}\lambda-3 & -1 & -2\\ 0 & \lambda-2 & 0\\ 2 & 1 & \lambda+1\end{vmatrix}=(\lambda-2)(\lambda-1)^2.$$

故矩阵 $\boldsymbol{A}$ 的特征值为 2,1,1.

综上，$t=0$ 或 $t=-1$.

(2) 当 $t=0$ 时，对于二重特征值 2，由于 $r(2\boldsymbol{E}-\boldsymbol{A})=r\begin{pmatrix}-1 & -1 & -2\\ 0 & 0 & 0\\ 1 & 1 & 2\end{pmatrix}=1$，所以属于二重特征值 2 的线性无关的特征向量有 2 个，此时矩阵 $\boldsymbol{A}$ 能相似于对角矩阵.

解方程组 $(2\boldsymbol{E}-\boldsymbol{A})\boldsymbol{x}=\boldsymbol{0}$，求得属于特征值 2 的线性无关的特征向量为

$$\boldsymbol{\alpha}_1=\begin{pmatrix}-1\\1\\0\end{pmatrix},\boldsymbol{\alpha}_2=\begin{pmatrix}-2\\0\\1\end{pmatrix},$$

解方程组 $(\boldsymbol{E}-\boldsymbol{A})\boldsymbol{x}=\boldsymbol{0}$，求得属于特征值 1 的特征向量 $\boldsymbol{\alpha}_3=\begin{pmatrix}-1\\0\\1\end{pmatrix}$.

令 $\boldsymbol{P}=[\boldsymbol{\alpha}_1,\boldsymbol{\alpha}_2,\boldsymbol{\alpha}_3]=\begin{bmatrix}-1 & -2 & -1\\ 1 & 0 & 0\\ 0 & 1 & 1\end{bmatrix}$，则 $\boldsymbol{P}^{-1}\boldsymbol{AP}=\begin{bmatrix}2 & & \\ & 2 & \\ & & 1\end{bmatrix}$.

当 $t=-1$ 时，由于 $r(\boldsymbol{E}-\boldsymbol{A})=r\begin{pmatrix}-2 & -1 & -2\\ 0 & -1 & 0\\ 2 & 1 & 2\end{pmatrix}=2$，所以属于二重特征值 1 的线性无关的特征向量只有 1 个，此时矩阵 $\boldsymbol{A}$ 不能相似于对角矩阵.

【评注】 本题需要确定参数 t，根据已知条件矩阵有二重特征值，分析重根的情况，可求出参数 t 的两个值，这里容易错误地只求出一个 t 值. 之后要根据 t 取不同的值讨论矩阵能否相似对角化.

247 **【解】** 由题设得

$$\boldsymbol{A}[\boldsymbol{\alpha}_1,\boldsymbol{\alpha}_2,\boldsymbol{\alpha}_3]=[\boldsymbol{A\alpha}_1,\boldsymbol{A\alpha}_2,\boldsymbol{A\alpha}_3]=[\boldsymbol{\alpha}_1,2\boldsymbol{\alpha}_1+t\boldsymbol{\alpha}_2,\boldsymbol{\alpha}_1+2\boldsymbol{\alpha}_3]=[\boldsymbol{\alpha}_1,\boldsymbol{\alpha}_2,\boldsymbol{\alpha}_3]\begin{bmatrix}1 & 2 & 1\\ 0 & t & 0\\ 0 & 0 & 2\end{bmatrix}.$$

由于$\boldsymbol{\alpha}_1,\boldsymbol{\alpha}_2,\boldsymbol{\alpha}_3$线性无关，所以$\boldsymbol{P}=[\boldsymbol{\alpha}_1,\boldsymbol{\alpha}_2,\boldsymbol{\alpha}_3]$可逆，且$\boldsymbol{P}^{-1}\boldsymbol{AP}=\begin{bmatrix}1&2&1\\0&t&0\\0&0&2\end{bmatrix}$，即矩阵$\boldsymbol{A}$与矩阵$\boldsymbol{B}=\begin{bmatrix}1&2&1\\0&t&0\\0&0&2\end{bmatrix}$相似.

解$|\lambda\boldsymbol{E}-\boldsymbol{B}|=\begin{vmatrix}\lambda-1&-2&-1\\0&\lambda-t&0\\0&0&\lambda-2\end{vmatrix}=(\lambda-1)(\lambda-t)(\lambda-2)=0$，得矩阵$\boldsymbol{B}$的特征值为$1,2,t$.

当$t\neq1,2$时，矩阵$\boldsymbol{B}$有3个互不相同的特征值，从而$\boldsymbol{B}$可以相似于对角矩阵.

当$t=1$时，矩阵$\boldsymbol{B}=\begin{bmatrix}1&2&1\\0&1&0\\0&0&2\end{bmatrix}$的特征值为$1,1,2$.

对于二重特征值1，由于$r(\boldsymbol{E}-\boldsymbol{B})=r\begin{pmatrix}0&-2&-1\\0&0&0\\0&0&-1\end{pmatrix}=2$，于是方程组$(\boldsymbol{E}-\boldsymbol{B})\boldsymbol{x}=\boldsymbol{0}$的基础解系由一个非零向量构成，故矩阵$\boldsymbol{B}$属于二重特征值1的线性无关的特征向量只有一个，所以矩阵$\boldsymbol{B}$不能相似于对角矩阵.

当$t=2$时，矩阵$\boldsymbol{B}=\begin{bmatrix}1&2&1\\0&2&0\\0&0&2\end{bmatrix}$的特征值为$1,2,2$.

对于二重特征值2，由于$r(2\boldsymbol{E}-\boldsymbol{B})=r\begin{pmatrix}1&-2&-1\\0&0&0\\0&0&0\end{pmatrix}=1$，于是方程组$(2\boldsymbol{E}-\boldsymbol{B})\boldsymbol{x}=\boldsymbol{0}$的基础解系由两个无关向量构成，故矩阵$\boldsymbol{B}$属于二重特征值2的线性无关的特征向量有两个，所以矩阵$\boldsymbol{B}$能相似于对角矩阵.

综上，当$t\neq1$时，矩阵$\boldsymbol{A}$能相似于对角矩阵，当$t=1$时，矩阵$\boldsymbol{A}$不能相似于对角矩阵.

【评注】 这是一道综合题，考核点为矩阵运算与相似对角化. 本题要讨论全面，注意特征值互不相同时，矩阵一定能相似于对角矩阵，当特征多项式有重根时，我们只要关注重根的情况就可以了，每一个特征值的重数与属于它线性无关特征向量的个数相等时，矩阵能相似于对角矩阵，否则不能相似于对角矩阵.

248 **【解】** (1) 由已知条件，有

$$\boldsymbol{A}[\boldsymbol{\alpha}_1,\boldsymbol{\alpha}_2,\boldsymbol{\alpha}_3]=[3\boldsymbol{\alpha}_1+4\boldsymbol{\alpha}_3,2\boldsymbol{\alpha}_1-\boldsymbol{\alpha}_2+2\boldsymbol{\alpha}_3,-2\boldsymbol{\alpha}_1-3\boldsymbol{\alpha}_3]$$
$$=[\boldsymbol{\alpha}_1,\boldsymbol{\alpha}_2,\boldsymbol{\alpha}_3]\begin{bmatrix}3&2&-2\\0&-1&0\\4&2&-3\end{bmatrix}.$$

记$\boldsymbol{P}=[\boldsymbol{\alpha}_1,\boldsymbol{\alpha}_2,\boldsymbol{\alpha}_3]$，由$\boldsymbol{\alpha}_1,\boldsymbol{\alpha}_2,\boldsymbol{\alpha}_3$线性无关，知$\boldsymbol{P}$为可逆矩阵.

记$\boldsymbol{B}=\begin{bmatrix}3&2&-2\\0&-1&0\\4&2&-3\end{bmatrix}$，则有$\boldsymbol{AP}=\boldsymbol{PB}$，即$\boldsymbol{P}^{-1}\boldsymbol{AP}=\boldsymbol{B}$，矩阵$\boldsymbol{A}$和$\boldsymbol{B}$相似.

又 $|\lambda E-B|=\begin{vmatrix}\lambda-3 & -2 & 2\\ 0 & \lambda+1 & 0\\ -4 & -2 & \lambda+3\end{vmatrix}=(\lambda+1)\begin{vmatrix}\lambda-3 & 2\\ -4 & \lambda+3\end{vmatrix}=(\lambda-1)(\lambda+1)^2,$

所以矩阵 B 的特征值为 1，-1，-1. 那么矩阵 A 的特征值亦为 1，-1，-1.

(2) 当 $\lambda=-1$ 时，

$$-E-B=\begin{bmatrix}-4 & -2 & 2\\ 0 & 0 & 0\\ -4 & -2 & 2\end{bmatrix},$$

有 $r(-E-B)=1, n-r(-E-B)=3-1=2$，即矩阵 B 对特征值 $\lambda=-1$ 有两个线性无关的特征向量，从而 $B\sim\Lambda$. 因 $A\sim B$，故 A 可相似对角化.

(3) 因 $A\sim\begin{bmatrix}1 & & \\ & -1 & \\ & & -1\end{bmatrix}$，有 $A+E\sim\begin{bmatrix}2 & & \\ & 0 & \\ & & 0\end{bmatrix}$，因 A 可逆，于是

$$r(A^2+A)=r[A(A+E)]=r(A+E)=1.$$

249 【解】 A 的特征多项式

$$|\lambda E-A|=\begin{vmatrix}\lambda-2 & -a & -1\\ 0 & \lambda+1 & 0\\ -3 & -2 & \lambda\end{vmatrix}=(\lambda+1)\begin{vmatrix}\lambda-2 & -1\\ -3 & \lambda\end{vmatrix}=(\lambda+1)^2(\lambda-3).$$

因 A 有 3 个线性无关的特征向量，于是 $\lambda=-1$ 必有 2 个线性无关的特征向量，从而秩 $r(-E-A)=1$，求出 $a=2$.

对 $\lambda=3$，由 $(3E-A)x=0$ 得特征向量 $\alpha_1=(1,0,1)^T$.

对 $\lambda=-1$，由 $(-E-A)x=0$ 得特征向量 $\alpha_2=(1,0,-3)^T, \alpha_3=(0,1,-2)^T$.

令 $P=[\alpha_1,\alpha_2,\alpha_3]=\begin{bmatrix}1 & 1 & 0\\ 0 & 0 & 1\\ 1 & -3 & -2\end{bmatrix}$，有 $P^{-1}AP=\Lambda=\begin{bmatrix}3 & & \\ & -1 & \\ & & -1\end{bmatrix}$.

于是 $P^{-1}A^nP=\Lambda^n$.

$$A^n=P\Lambda^nP^{-1}$$

$$=\begin{bmatrix}1 & 1 & 0\\ 0 & 0 & 1\\ 1 & -3 & -2\end{bmatrix}\begin{bmatrix}3^n & & \\ & (-1)^n & \\ & & (-1)^n\end{bmatrix}\frac{1}{4}\begin{bmatrix}3 & 2 & 1\\ 1 & -2 & -1\\ 0 & 4 & 0\end{bmatrix}$$

$$=\frac{1}{4}\begin{bmatrix}3^{n+1}+(-1)^n & 2\cdot 3^n+2\cdot(-1)^{n+1} & 3^n+(-1)^{n+1}\\ 0 & 4\cdot(-1)^n & 0\\ 3^{n+1}-3(-1)^n & 2\cdot 3^n-2\cdot(-1)^n & 3^n+3(-1)^n\end{bmatrix}.$$

250 【解】 (1) 因为实对称矩阵不同特征值对应的特征向量相互正交，

所以 $\alpha_1^T\alpha_2=-1-a-1=0$，得 $a=-2$.

设 $\lambda=0$ 的特征向量为 $\alpha=(x_1,x_2,x_3)^T$，则有

$$\begin{cases}\alpha_1^T\alpha=-x_1-x_2+x_3=0,\\ \alpha_2^T\alpha=x_1-2x_2-x_3=0,\end{cases}$$

得基础解系 $(1,0,1)^T$.

因此，矩阵 A 属于特征值 $\lambda=0$ 的特征向量为

$$k(1,0,1)^{\mathrm{T}},k\neq 0.$$

(2) 由 $\boldsymbol{A\alpha}_1=\boldsymbol{\alpha}_1,\boldsymbol{A\alpha}_2=-2\boldsymbol{\alpha}_2,\boldsymbol{A\alpha}=0\boldsymbol{\alpha}$，有

$$\boldsymbol{A}[\boldsymbol{\alpha}_1,\boldsymbol{\alpha}_2,\boldsymbol{\alpha}]=[\boldsymbol{\alpha}_1,-2\boldsymbol{\alpha}_2,\boldsymbol{0}],$$

故 $\boldsymbol{A}=[\boldsymbol{\alpha}_1,-2\boldsymbol{\alpha}_2,\boldsymbol{0}][\boldsymbol{\alpha}_1,\boldsymbol{\alpha}_2,\boldsymbol{\alpha}]^{-1}$

$$=\begin{bmatrix}-1&-2&0\\-1&4&0\\1&2&0\end{bmatrix}\begin{bmatrix}-1&1&1\\-1&-2&0\\1&-1&1\end{bmatrix}^{-1}=\begin{bmatrix}0&1&0\\1&-1&-1\\0&-1&0\end{bmatrix}.$$

于是 $\boldsymbol{x}^{\mathrm{T}}\boldsymbol{Ax}=-x_2^2+2x_1x_2-2x_2x_3$.

(3) $\boldsymbol{A}$ 的特征值：$1,-2,0$，

$\boldsymbol{A}+k\boldsymbol{E}$ 的特征值：$k+1,k-2,k$，

规范形是 $y_1^2+y_2^2-y_3^2,p=2,q=1$.

$$\begin{cases}k+1>0,\\k>0,\\k-2<0,\end{cases}\quad 所以\ k\in(0,2).$$

251 【解】 二次型矩阵

$$\boldsymbol{A}=\begin{bmatrix}0&1&-1\\1&2&a\\-1&a&0\end{bmatrix}.$$

(1) 因 $r(f)=2$，即 $r(\boldsymbol{A})=2$，$\boldsymbol{A}$ 中有 $\begin{vmatrix}0&1\\1&2\end{vmatrix}\neq 0$，故 $r(\boldsymbol{A})=2\Leftrightarrow|\boldsymbol{A}|=0$.

由 $|\boldsymbol{A}|=-2a-2=0$，所以 $a=-1$.

(2) $|\lambda\boldsymbol{E}-\boldsymbol{A}|=\begin{vmatrix}\lambda&-1&1\\-1&\lambda-2&1\\1&1&\lambda\end{vmatrix}=\lambda(\lambda-3)(\lambda+1)$.

矩阵 $\boldsymbol{A}$ 的特征值：$3,0,-1$.

由 $(3\boldsymbol{E}-\boldsymbol{A})\boldsymbol{x}=\boldsymbol{0}$ 得单位特征向量 $\boldsymbol{\gamma}_1=\dfrac{1}{\sqrt6}(-1,-2,1)^{\mathrm{T}}$.

由 $(0\boldsymbol{E}-\boldsymbol{A})\boldsymbol{x}=\boldsymbol{0}$ 得单位特征向量 $\boldsymbol{\gamma}_2=\dfrac{1}{\sqrt3}(-1,1,1)^{\mathrm{T}}$.

由 $(-\boldsymbol{E}-\boldsymbol{A})\boldsymbol{x}=\boldsymbol{0}$ 得单位特征向量 $\boldsymbol{\gamma}_3=\dfrac{1}{\sqrt2}(1,0,1)^{\mathrm{T}}$.

令 $\boldsymbol{Q}=[\boldsymbol{\gamma}_1,\boldsymbol{\gamma}_2,\boldsymbol{\gamma}_3]=\begin{bmatrix}-\frac{1}{\sqrt6}&-\frac{1}{\sqrt3}&\frac{1}{\sqrt2}\\-\frac{2}{\sqrt6}&\frac{1}{\sqrt3}&0\\\frac{1}{\sqrt6}&\frac{1}{\sqrt3}&\frac{1}{\sqrt2}\end{bmatrix}$，经 $\boldsymbol{x}=\boldsymbol{Qy}$ 有 $\boldsymbol{x}^{\mathrm{T}}\boldsymbol{Ax}=\boldsymbol{y}^{\mathrm{T}}\boldsymbol{\Lambda y}=3y_1^2-y_3^2$.

所用坐标变换为 $\begin{bmatrix}x_1\\x_2\\x_3\end{bmatrix}=\begin{bmatrix}-\frac{1}{\sqrt6}&-\frac{1}{\sqrt3}&\frac{1}{\sqrt2}\\-\frac{2}{\sqrt6}&\frac{1}{\sqrt3}&0\\\frac{1}{\sqrt6}&\frac{1}{\sqrt3}&\frac{1}{\sqrt2}\end{bmatrix}\begin{bmatrix}y_1\\y_2\\y_3\end{bmatrix}$.

(3)$\boldsymbol{A}+k\boldsymbol{E}$ 的特征值为 $k+3,k,k-1$.

当 $k>1$ 时,$\boldsymbol{A}+k\boldsymbol{E}$ 的特征值全大于 0,矩阵是正定矩阵.

252 【解】 二次型的矩阵 $\boldsymbol{A}=\begin{bmatrix}1&2&-1\\2&a+3&1\\-1&1&a\end{bmatrix}$,由题设知二次型的正负惯性指数均为 1,所以 $r(\boldsymbol{A})=2$.

矩阵 $\boldsymbol{A}$ 中有二阶非零子式 $\begin{vmatrix}1&-1\\2&1\end{vmatrix}$,又 $|\boldsymbol{A}|=\begin{vmatrix}1&2&-1\\2&a+3&1\\-1&1&a\end{vmatrix}=(a-4)(a+2)$,故 $a=4$ 或 $a=-2$.

当 $a=4$ 时,

$$\begin{aligned}f(x_1,x_2,x_3)&=x_1^2+7x_2^2+4x_3^2+4x_1x_2+2x_2x_3-2x_1x_3\\&=x_1^2+2x_1(2x_2-x_3)+(2x_2-x_3)^2-(2x_2-x_3)^2+2x_2x_3+7x_2^2+4x_3^2\\&=(x_1+2x_2-x_3)^2+3x_2^2+3x_3^2+6x_2x_3\\&=(x_1+2x_2-x_3)^2+3(x_2+x_3)^2,\end{aligned}$$

此时,二次型的正惯性指数为 2,不符合题意.

当 $a=-2$ 时,

$$\begin{aligned}f(x_1,x_2,x_3)&=x_1^2+x_2^2-2x_3^2+4x_1x_2+2x_2x_3-2x_1x_3\\&=x_1^2+2x_1(2x_2-x_3)+(2x_2-x_3)^2-(2x_2-x_3)^2+2x_2x_3+x_2^2-2x_3^2\\&=(x_1+2x_2-x_3)^2-3x_2^2-3x_3^2+6x_2x_3\\&=(x_1+2x_2-x_3)^2-3(x_2-x_3)^2.\end{aligned}$$

令 $\begin{cases}z_1=x_1+2x_2-x_3,\\z_2=\sqrt{3}(x_2-x_3),\\z_3=x_3,\end{cases}$ 即 $\begin{bmatrix}x_1\\x_2\\x_3\end{bmatrix}=\begin{bmatrix}1&\frac{-2}{\sqrt{3}}&-1\\0&\frac{1}{\sqrt{3}}&1\\0&0&1\end{bmatrix}\begin{bmatrix}z_1\\z_2\\z_3\end{bmatrix}$,有 $f=z_1^2-z_2^2$.

因此所求的 $a=-2$,可逆线性变换为 $\begin{bmatrix}x_1\\x_2\\x_3\end{bmatrix}=\begin{bmatrix}1&\frac{-2}{\sqrt{3}}&-1\\0&\frac{1}{\sqrt{3}}&1\\0&0&1\end{bmatrix}\begin{bmatrix}z_1\\z_2\\z_3\end{bmatrix}$.

253 【解】 二次型 $f(x_1,x_2,x_3)$ 与 $g(y_1,y_2,y_3)$ 的矩阵分别为

$$\boldsymbol{A}=\begin{bmatrix}1&1&1\\1&2&0\\1&0&2\end{bmatrix},\boldsymbol{B}=\begin{bmatrix}1&-1&0\\-1&1&0\\0&0&t\end{bmatrix}.$$

由于二次型 $f(x_1,x_2,x_3)=\boldsymbol{x}^{\mathrm{T}}\boldsymbol{A}\boldsymbol{x}$ 经正交变换 $\boldsymbol{x}=\boldsymbol{Q}\boldsymbol{y}$,化为二次型 $g(y_1,y_2,y_3)=\boldsymbol{y}^{\mathrm{T}}\boldsymbol{B}\boldsymbol{y}$,所以 $\boldsymbol{B}=\boldsymbol{Q}^{\mathrm{T}}\boldsymbol{A}\boldsymbol{Q}=\boldsymbol{Q}^{-1}\boldsymbol{A}\boldsymbol{Q}$,即矩阵 $\boldsymbol{A}$ 与 $\boldsymbol{B}$ 相似,从而 $\mathrm{tr}\boldsymbol{A}=\mathrm{tr}\boldsymbol{B}$,于是有 $1+2+2=1+1+t$,从而 $t=3$. 由于

$$|\lambda\boldsymbol{E}-\boldsymbol{A}|=\begin{vmatrix}\lambda-1&-1&-1\\-1&\lambda-2&0\\-1&0&\lambda-2\end{vmatrix}=\lambda(\lambda-2)(\lambda-3),$$

故矩阵 $\boldsymbol{A}$ 的特征值为 $\lambda_1=0,\lambda_2=2,\lambda_3=3$，

对于特征值 $\lambda_1=0$，由方程组 $(0\boldsymbol{E}-\boldsymbol{A})\boldsymbol{x}=\boldsymbol{0}$ 求得矩阵 $\boldsymbol{A}$ 属于特征值 0 的特征向量为 $\boldsymbol{\alpha}_1=\begin{pmatrix}-2\\1\\1\end{pmatrix}$，单位化得 $\boldsymbol{\beta}_1=\dfrac{1}{\sqrt{6}}\begin{pmatrix}-2\\1\\1\end{pmatrix}$.

对于特征值 $\lambda_2=2$，由方程组 $(2\boldsymbol{E}-\boldsymbol{A})\boldsymbol{x}=\boldsymbol{0}$ 求得矩阵 $\boldsymbol{A}$ 属于特征值 2 的特征向量为 $\boldsymbol{\alpha}_2=\begin{pmatrix}0\\-1\\1\end{pmatrix}$，单位化得 $\boldsymbol{\beta}_2=\dfrac{1}{\sqrt{2}}\begin{pmatrix}0\\-1\\1\end{pmatrix}$.

对于特征值 $\lambda_3=3$，由方程组 $(3\boldsymbol{E}-\boldsymbol{A})\boldsymbol{x}=\boldsymbol{0}$ 求得矩阵 $\boldsymbol{A}$ 属于特征值 3 的特征向量为 $\boldsymbol{\alpha}_3=\begin{pmatrix}1\\1\\1\end{pmatrix}$，单位化得 $\boldsymbol{\beta}_3=\dfrac{1}{\sqrt{3}}\begin{pmatrix}1\\1\\1\end{pmatrix}$.

令 $\boldsymbol{Q}_1=[\boldsymbol{\beta}_1,\boldsymbol{\beta}_2,\boldsymbol{\beta}_3]=\begin{bmatrix}\dfrac{-2}{\sqrt{6}} & 0 & \dfrac{1}{\sqrt{3}}\\ \dfrac{1}{\sqrt{6}} & \dfrac{-1}{\sqrt{2}} & \dfrac{1}{\sqrt{3}}\\ \dfrac{1}{\sqrt{6}} & \dfrac{1}{\sqrt{2}} & \dfrac{1}{\sqrt{3}}\end{bmatrix}$，则 $\boldsymbol{Q}_1$ 为正交矩阵，且

$$\boldsymbol{Q}_1^{-1}\boldsymbol{A}\boldsymbol{Q}_1=\boldsymbol{Q}_1^{\mathrm{T}}\boldsymbol{A}\boldsymbol{Q}_1=\begin{bmatrix}0&0&0\\0&2&0\\0&0&3\end{bmatrix}.$$

由于矩阵 $\boldsymbol{A}$ 与 $\boldsymbol{B}$ 相似，所以矩阵 $\boldsymbol{B}$ 的特征值也为 $\lambda_1=0,\lambda_2=2,\lambda_3=3$.

对于特征值 $\lambda_1=0$，由方程组 $(0\boldsymbol{E}-\boldsymbol{B})\boldsymbol{x}=\boldsymbol{0}$ 求得矩阵 $\boldsymbol{B}$ 属于特征值 0 的特征向量为 $\boldsymbol{\gamma}_1=\begin{pmatrix}1\\1\\0\end{pmatrix}$，单位化得 $\boldsymbol{\eta}_1=\dfrac{1}{\sqrt{2}}\begin{pmatrix}1\\1\\0\end{pmatrix}$.

对于特征值 $\lambda_2=2$，由方程组 $(2\boldsymbol{E}-\boldsymbol{B})\boldsymbol{x}=\boldsymbol{0}$ 求得矩阵 $\boldsymbol{B}$ 属于特征值 2 的特征向量为 $\boldsymbol{\gamma}_2=\begin{pmatrix}-1\\1\\0\end{pmatrix}$，单位化得 $\boldsymbol{\eta}_2=\dfrac{1}{\sqrt{2}}\begin{pmatrix}-1\\1\\0\end{pmatrix}$.

对于特征值 $\lambda_3=3$，由方程组 $(3\boldsymbol{E}-\boldsymbol{B})\boldsymbol{x}=\boldsymbol{0}$ 求得矩阵 $\boldsymbol{B}$ 属于特征值 3 的特征向量为 $\boldsymbol{\gamma}_3=\begin{pmatrix}0\\0\\1\end{pmatrix}$.

令 $\boldsymbol{Q}_2=[\boldsymbol{\eta}_1,\boldsymbol{\eta}_2,\boldsymbol{\gamma}_3]=\begin{bmatrix}\dfrac{1}{\sqrt{2}} & \dfrac{-1}{\sqrt{2}} & 0\\ \dfrac{1}{\sqrt{2}} & \dfrac{1}{\sqrt{2}} & 0\\ 0 & 0 & 1\end{bmatrix}$，则 $\boldsymbol{Q}_2$ 为正交矩阵，且 $\boldsymbol{Q}_2^{-1}\boldsymbol{B}\boldsymbol{Q}_2=\boldsymbol{Q}_2^{\mathrm{T}}\boldsymbol{B}\boldsymbol{Q}_2=\begin{bmatrix}0&0&0\\0&2&0\\0&0&3\end{bmatrix}$.

由于 $\boldsymbol{Q}_1^{-1}\boldsymbol{A}\boldsymbol{Q}_1=\boldsymbol{Q}_2^{-1}\boldsymbol{B}\boldsymbol{Q}_2=\begin{bmatrix}0&0&0\\0&2&0\\0&0&3\end{bmatrix}$，所以 $\boldsymbol{Q}_2\boldsymbol{Q}_1^{-1}\boldsymbol{A}\boldsymbol{Q}_1\boldsymbol{Q}_2^{-1}=\boldsymbol{B}$，令

$$Q = Q_1Q_2^{-1} = \begin{bmatrix} \frac{-2}{\sqrt{6}} & 0 & \frac{1}{\sqrt{3}} \\ \frac{1}{\sqrt{6}} & \frac{-1}{\sqrt{2}} & \frac{1}{\sqrt{3}} \\ \frac{1}{\sqrt{6}} & \frac{1}{\sqrt{2}} & \frac{1}{\sqrt{3}} \end{bmatrix} \begin{bmatrix} \frac{1}{\sqrt{2}} & \frac{1}{\sqrt{2}} & 0 \\ \frac{-1}{\sqrt{2}} & \frac{1}{\sqrt{2}} & 0 \\ 0 & 0 & 1 \end{bmatrix} = \frac{1}{2\sqrt{3}} \begin{bmatrix} -2 & -2 & 2 \\ 1+\sqrt{3} & 1-\sqrt{3} & 2 \\ 1-\sqrt{3} & 1+\sqrt{3} & 2 \end{bmatrix}.$$

则 $\boldsymbol{Q}$ 为正交矩阵，且 $\boldsymbol{Q}^{-1}\boldsymbol{A}\boldsymbol{Q} = \boldsymbol{Q}^{\mathrm{T}}\boldsymbol{A}\boldsymbol{Q} = \boldsymbol{B}$. 从而在正交变换 $\boldsymbol{x} = \boldsymbol{Q}\boldsymbol{y}$ 下，二次型 $f(x_1, x_2, x_3) = \boldsymbol{x}^{\mathrm{T}}\boldsymbol{A}\boldsymbol{x}$ 化为二次型 $g(y_1, y_2, y_3) = \boldsymbol{y}^{\mathrm{T}}\boldsymbol{B}\boldsymbol{y}$.

【评注】 本题要求考生掌握，经正交变换后两个二次型对应的矩阵既合同又相似，从而确定 t 的值. 已知二次型，求正交变换，将其化为标准形是常规问题，本题中的二次型 $f(x_1, x_2, x_3)$ 与 $g(y_1, y_2, y_3)$ 均不是标准形，所以看起来不是常规问题，但我们可以借助标准形将二者联系起来，从而将问题转化为常规问题，本题的计算量偏大.

254 **【解】** 由题设知，二次型 $f(x_1, x_2, x_3)$ 与 $g(y_1, y_2, y_3)$ 的规范形相同，即正负惯性指数相同. 由于

$$\begin{aligned} f(x_1, x_2, x_3) &= x_1^2 + 2x_2^2 + 2x_3^2 + 2x_1x_2 + 2x_1x_3 \\ &= x_1^2 + 2x_1(x_2 + x_3) + (x_2 + x_3)^2 - (x_2 + x_3)^2 + 2x_2^2 + 2x_3^2 \\ &= (x_1 + x_2 + x_3)^2 + x_2^2 + x_3^2 - 2x_2x_3 \\ &= (x_1 + x_2 + x_3)^2 + (x_2 - x_3)^2, \end{aligned}$$

所以二次型 $f(x_1, x_2, x_3)$ 的正惯性指数为 2，负惯性指数为 0. 由于

$$\begin{aligned} g(y_1, y_2, y_3) &= y_1^2 + y_2^2 + ty_3^2 - 2y_1y_2 \\ &= (y_1 - y_2)^2 + ty_3^2, \end{aligned}$$

要使二次型 $g(y_1, y_2, y_3)$ 的正惯性指数为 2，负惯性指数为 0，则有 $t > 0$.

进一步，作可逆线性变换 $\begin{cases} z_1 = x_1 + x_2 + x_3, \\ z_2 = x_2 - x_3, \\ z_3 = x_3, \end{cases}$ 即 $\begin{pmatrix} z_1 \\ z_2 \\ z_3 \end{pmatrix} = \begin{bmatrix} 1 & 1 & 1 \\ 0 & 1 & -1 \\ 0 & 0 & 1 \end{bmatrix} \begin{pmatrix} x_1 \\ x_2 \\ x_3 \end{pmatrix}$，二次型 $f(x_1, x_2, x_3)$ 化为规范形 $z_1^2 + z_2^2$.

作可逆线性变换 $\begin{cases} z_1 = y_1 - y_2, \\ z_2 = \sqrt{t}y_3, \\ z_3 = y_2, \end{cases}$ 即 $\begin{pmatrix} z_1 \\ z_2 \\ z_3 \end{pmatrix} = \begin{bmatrix} 1 & -1 & 0 \\ 0 & 0 & \sqrt{t} \\ 0 & 1 & 0 \end{bmatrix} \begin{pmatrix} y_1 \\ y_2 \\ y_3 \end{pmatrix}$，二次型 $g(y_1, y_2, y_3)$ 化为规范形 $z_1^2 + z_2^2$.

由于 $\begin{pmatrix} x_1 \\ x_2 \\ x_3 \end{pmatrix} = \begin{bmatrix} 1 & 1 & 1 \\ 0 & 1 & -1 \\ 0 & 0 & 1 \end{bmatrix}^{-1} \begin{pmatrix} z_1 \\ z_2 \\ z_3 \end{pmatrix} = \begin{bmatrix} 1 & 1 & 1 \\ 0 & 1 & -1 \\ 0 & 0 & 1 \end{bmatrix}^{-1} \begin{bmatrix} 1 & -1 & 0 \\ 0 & 0 & \sqrt{t} \\ 0 & 1 & 0 \end{bmatrix} \begin{pmatrix} y_1 \\ y_2 \\ y_3 \end{pmatrix} = \begin{bmatrix} 1 & -3 & -\sqrt{t} \\ 0 & 1 & \sqrt{t} \\ 0 & 1 & 0 \end{bmatrix} \begin{pmatrix} y_1 \\ y_2 \\ y_3 \end{pmatrix}$.

令 $\boldsymbol{P} = \begin{bmatrix} 1 & -3 & -\sqrt{t} \\ 0 & 1 & \sqrt{t} \\ 0 & 1 & 0 \end{bmatrix}$，经过可逆线性变换 $\boldsymbol{x} = \boldsymbol{P}\boldsymbol{y}$，二次型 $f(x_1, x_2, x_3)$ 化为 $g(y_1, y_2, y_3)$.

【评注】 本题有参数，如何确定其取值范围？题设条件是二次型 f 经可逆线性变换化为二次型 g，这时两个二次型所对应的矩阵是合同的，但不一定相似，上面给出的解法是用配方法确定二次型的正负惯性指数，得出参数 t 的取值范围．在这里再给出另外一种确定参数 t 取值范围的方法．注意二次型的正负惯性指数即其矩阵的正负惯性指数，等于矩阵的正负特征值的个数．

二次型 $f(x_1,x_2,x_3)$ 与 $g(y_1,y_2,y_3)$ 的矩阵分别为

$$\boldsymbol{A}=\begin{bmatrix}1&1&1\\1&2&0\\1&0&2\end{bmatrix},\boldsymbol{B}=\begin{bmatrix}1&-1&0\\-1&1&0\\0&0&t\end{bmatrix}.$$

解 $|\lambda\boldsymbol{E}-\boldsymbol{A}|=\lambda(\lambda-2)(\lambda-3)=0$，得矩阵 $\boldsymbol{A}$ 的特征值为 $0,2,3$，从而 $\boldsymbol{A}$ 的正惯性指数为 2，负惯性指数为 0．

解 $|\lambda\boldsymbol{E}-\boldsymbol{B}|=\begin{vmatrix}\lambda-1&1&0\\1&\lambda-1&0\\0&0&\lambda-t\end{vmatrix}=\lambda(\lambda-2)(\lambda-t)=0$，得矩阵 $\boldsymbol{B}$ 的特征值为 $0,2,t$，要使矩阵 $\boldsymbol{B}$ 的正惯性指数为 2，负惯性指数为 0，则有 $t>0$．

255 【证明】 (1) 由 $\boldsymbol{A}^2-2\boldsymbol{A}=3\boldsymbol{E}$，有 $\boldsymbol{A}\cdot\frac{1}{3}(\boldsymbol{A}-2\boldsymbol{E})=\boldsymbol{E}$.

所以 $\boldsymbol{A}$ 可逆且 $\boldsymbol{A}^{-1}=\frac{1}{3}(\boldsymbol{A}-2\boldsymbol{E})$.

(2) 设 λ 是 $\boldsymbol{A}$ 的特征值，$\boldsymbol{\alpha}$ 是对应的特征向量，即 $\boldsymbol{A\alpha}=\lambda\boldsymbol{\alpha},\boldsymbol{\alpha}\neq\boldsymbol{0}$.

由 $\boldsymbol{A}^2-2\boldsymbol{A}-3\boldsymbol{E}=\boldsymbol{O}$ 有 $\lambda^2-2\lambda-3=0$，则 $\boldsymbol{A}$ 的特征值为 3 或 -1，那么 $\boldsymbol{A}+2\boldsymbol{E}$ 的特征值是 5 或 1.

由 $|\boldsymbol{A}+2\boldsymbol{E}|=25$，从而 $\boldsymbol{A}$ 的特征值只能是 $3,3,-1$，于是

$$|\boldsymbol{A}-\boldsymbol{E}|=2\cdot2\cdot(-2)=-8.$$

(3) 因 $(\boldsymbol{A}^{\mathrm{T}}\boldsymbol{A})^{\mathrm{T}}=\boldsymbol{A}^{\mathrm{T}}(\boldsymbol{A}^{\mathrm{T}})^{\mathrm{T}}=\boldsymbol{A}^{\mathrm{T}}\boldsymbol{A}$，即 $\boldsymbol{A}^{\mathrm{T}}\boldsymbol{A}$ 是对称矩阵.

由 $\boldsymbol{A}$ 可逆，对 $\boldsymbol{A}^{\mathrm{T}}\boldsymbol{A}=\boldsymbol{A}^{\mathrm{T}}\boldsymbol{E}\boldsymbol{A}$ 知 $\boldsymbol{A}^{\mathrm{T}}\boldsymbol{A}$ 与 $\boldsymbol{E}$ 合同，从而 $\boldsymbol{A}^{\mathrm{T}}\boldsymbol{A}$ 是正定矩阵.

概率论与数理统计

填　空　题

256　【答案】 $\frac{1}{20}$

【分析】 **方法一**　记 $A=$“查完 5 个零件正好查出 3 个次品”，现要求 $P(A)$ 的值. 其实事件 A 由两事件合成：$B=$“前 4 次检查，查出 2 个次品”和 $C=$“第 5 次检查，查出的零件为次品”，即 $A=BC$，由乘法公式

$$P(A)=P(BC)=P(B)P(C\mid B).$$

事件 B 是前 4 次检查中有 2 个正品 2 个次品的组合，故 $P(B)=\frac{C_3^2\cdot C_7^2}{C_{10}^4}=\frac{3}{10}$.

已知 B 发生的条件下，也就是已检查了 2 正 2 次，剩下 6 个零件，其中 5 正 1 次，再要抽检一个恰是次品的概率 $P(C\mid B)=\frac{1}{6}$.

总之，$P(A)=\frac{3}{10}\times\frac{1}{6}=\frac{1}{20}$.

方法二　本题也可以用古典概型计算 $P(A)$. 事实上，将 10 个零件任意排成一行，每一种排列视为 10 个零件的一种检查顺序，总数为 10!. 事件 A 等价于在 3 个次品中选一个放在第 5 个位置上，然后在 7 个正品中取 2 个与余下的 2 个次品排在前 4 个位置上，最后将其余 5 个正品随意排在后 5 个位置上，所以 $P(A)=\frac{C_3^1C_7^2C_2^2\cdot 4!\cdot 5!}{10!}=\frac{1}{20}$.

方法三　本题可以更简化为只考虑 3 只次品在 10 次检查中的位置. 问题转化为前 4 个位置中选 2 个放次品，第 5 个位置也必须放次品，故 $P(A)=\frac{C_4^2\cdot 1}{C_{10}^3}=\frac{1}{20}$.

方法四　如果只考虑正品的位置，则前 4 位中选 2 个放正品，最后 5 位也放正品，则 $P(A)=\frac{C_4^2C_5^5}{C_{10}^7}=\frac{C_4^2}{C_{10}^3}=\frac{1}{20}$.

【评注】　求解古典概型问题时，$P(A)=\frac{m}{n}$，其中 n 是样本空间中样本点的总数，在样本空间的选取上当然越简单越好，方法三和方法四提供的方法就比较简单，因而 m 也会相对简单. C_{10}^3 要比 10!简单多了.

257　【答案】 $\frac{2}{3}$

【分析】 从 X 和 Y 的概率分布有

$X\backslash Y$	-1	0	1	
0				$\frac{1}{3}$
1				$\frac{2}{3}$
	$\frac{1}{3}$	$\frac{1}{3}$	$\frac{1}{3}$	

，

再根据 $P\{X^2=Y^2\}=1$，就有 $P\{X^2\neq Y^2\}=0$，即 $P\{X=0,Y=-1\}=P\{X=0,Y=1\}=P\{X=1,Y=0\}=0$.

总之

X \ Y	−1	0	1	
0	0		0	$\frac{1}{3}$
1		0		$\frac{2}{3}$
	$\frac{1}{3}$	$\frac{1}{3}$	$\frac{1}{3}$	

，最后得到

X \ Y	−1	0	1	
0	0	$\frac{1}{3}$	0	$\frac{1}{3}$
1	$\frac{1}{3}$	0	$\frac{1}{3}$	$\frac{2}{3}$
	$\frac{1}{3}$	$\frac{1}{3}$	$\frac{1}{3}$	

，

$X+Y$	0	2
P	$\frac{2}{3}$	$\frac{1}{3}$

. 答案应填 $\frac{2}{3}$.

258 【答案】 $\frac{3}{4}$

【分析】 $C=(A\cup B)(\overline{A}\cup B)(A\cup\overline{B})=B(A\cup\overline{B})=AB$.

A,B 独立. 所以 $P(C)=P(AB)=P(A)P(B)=\frac{1}{2}\times\frac{1}{2}=\frac{1}{4}$.

$P(\overline{C})=1-P(C)=1-\frac{1}{4}=\frac{3}{4}$.

259 【答案】 $\frac{1}{2}(1+\ln 2)$

【分析】 记$(0,1)$中任取的两个数为 X,Y，则$(X,Y)\in\Omega=\{(x,y)\mid 0<x<1,0<y<1\}$. Ω 为基本事件全体，并且取 Ω 中任何一点的可能性都一样，因此我们的试验是几何概型，事件 $A=$“两数之积小于$\frac{1}{2}$”$=\left\{XY<\frac{1}{2}\right\}$等价于$(X,Y)\in\Omega_A=\left\{(x,y)\left|xy<\frac{1}{2},0<x<1,0<y<1\right.\right\}$，由几何概型得

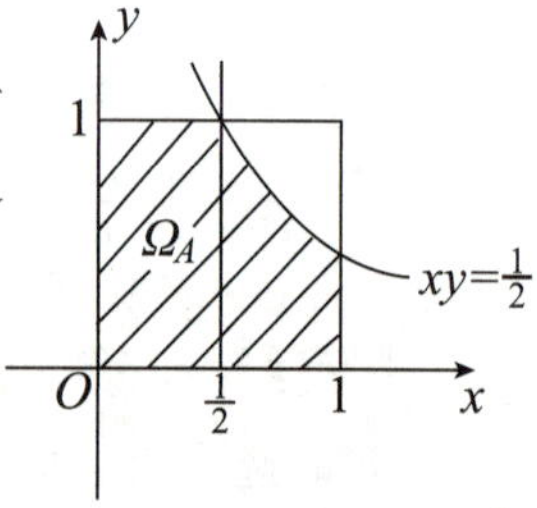

$$P(A)=P\left\{XY<\frac{1}{2}\right\}=\frac{\text{区域 }\Omega_A\text{ 的面积}}{\text{区域 }\Omega\text{ 的面积}}$$

$$=\frac{1}{2}+\int_{\frac{1}{2}}^{1}\frac{1}{2x}\mathrm{d}x=\frac{1}{2}+\frac{1}{2}\ln x\Big|_{\frac{1}{2}}^{1}=\frac{1}{2}(1+\ln 2).$$

260 【答案】 $3\leqslant b<4$

【分析】 先确定 a，$\sum\limits_{k=1}^{\infty}P\{X=k\}=\sum\limits_{k=1}^{\infty}\frac{a}{k(k+1)}=a\sum\limits_{k=1}^{\infty}\left(\frac{1}{k}-\frac{1}{k+1}\right)=1$，

解得 $a=1$.

$$F(x)=P\{X\leqslant x\}=\sum_{k\leqslant x}\left(\frac{1}{k}-\frac{1}{k+1}\right).$$

设 i 为正整数，当 $i \leqslant x < i+1$ 时，$F(x) = \sum\limits_{k \leqslant i}\left(\frac{1}{k} - \frac{1}{k+1}\right) = 1 - \frac{1}{i+1}$.

现 $F(b) = \frac{3}{4} = 1 - \frac{1}{4}$，故 $3 \leqslant b < 4$.

261 【答案】 $f_X(x) = \begin{cases} x, & 0 \leqslant x \leqslant 1, \\ 2-x, & 1 < x \leqslant 2, \\ 0, & \text{其他} \end{cases}$

【分析】 $f_X(x) = \int_{-\infty}^{+\infty} f(x,y)\mathrm{d}y$.

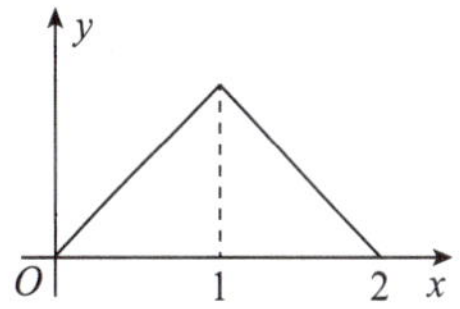

当 $x < 0$ 或 $x > 2$ 时，$f_X(x) = 0$；

当 $0 \leqslant x \leqslant 1$ 时，$f_X(x) = \int_0^x \mathrm{d}y = x$；

当 $1 < x \leqslant 2$ 时，$f_X(x) = \int_0^{2-x} \mathrm{d}y = 2-x$.

262 【答案】 $\begin{cases} 2\mathrm{e}^{-2y-1}, & y > -\frac{1}{2}, \\ 0, & y \leqslant -\frac{1}{2} \end{cases}$

【分析】 $X \sim E(2)$，所以其概率密度 $f_X(x) = \begin{cases} 2\mathrm{e}^{-2x}, & x > 0, \\ 0, & x \leqslant 0. \end{cases}$

现 $Y = X - \frac{1}{2}$，所以 $F_Y(y) = P\{Y \leqslant y\} = P\left\{X - \frac{1}{2} \leqslant y\right\} = P\left\{X \leqslant y + \frac{1}{2}\right\}$

$$= \int_{-\infty}^{y+\frac{1}{2}} f_X(x)\mathrm{d}x = F_X\left(y + \frac{1}{2}\right),$$

$$f_Y(y) = F'_Y(y) = F'_X\left(y + \frac{1}{2}\right) = f_X\left(y + \frac{1}{2}\right) = \begin{cases} 2\mathrm{e}^{-2y-1}, & y > -\frac{1}{2}, \\ 0, & y \leqslant -\frac{1}{2}. \end{cases}$$

263 【答案】 3

【分析】 $P\{X \leqslant a \mid X > 2\} = 1 - P\{X > a \mid X > 2\} = 1 - \frac{P\{X > a, X > 2\}}{P\{X > 2\}}$

$$= 1 - \frac{P\{X > a\}}{P\{X > 2\}} = 1 - \frac{\int_a^{+\infty} 2\mathrm{e}^{-2t}\mathrm{d}t}{\int_2^{+\infty} 2\mathrm{e}^{-2t}\mathrm{d}t}$$

$$= 1 - \frac{\mathrm{e}^{-2a}}{\mathrm{e}^{-4}} = 1 - \mathrm{e}^{-2(a-2)} = 1 - \mathrm{e}^{-2}.$$

解得 $a = 3$.

【评注】 熟记指数分布 $E(\lambda)$ 的性质：当 $X \sim E(\lambda)$ 时，

(1) $P\{X > t\} = \mathrm{e}^{-\lambda t}, t > 0$.

(2) $P\{X > t+s \mid X > s\} = P\{X > t\}, t, s > 0$.

则有 $P\{X \leqslant a \mid X > 2\} = 1 - P\{X > a \mid X > 2\} = 1 - P\{X > a-2\}$

$$= 1 - \mathrm{e}^{-2(a-2)} = 1 - \mathrm{e}^{-2}，即 a = 3.$$

264 【答案】 $f_Z(z)=\begin{cases}1-\dfrac{z}{2}, & 0\leqslant z\leqslant 2,\\ 0, & \text{其他}\end{cases}$

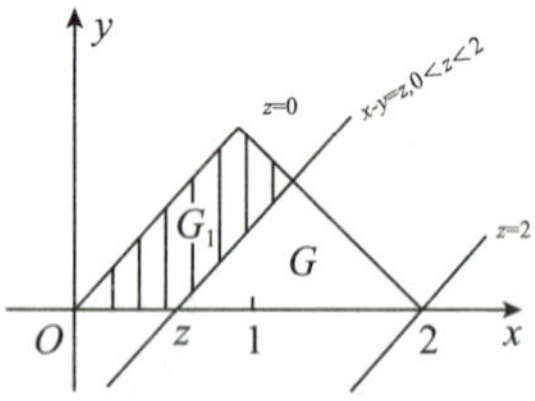

【分析】 设 $Z=X-Y$ 的分布函数为 $F_Z(z)$，则

$F_Z(z)=P\{Z\leqslant z\}=P\{X-Y\leqslant z\}$，

当 $z<0$ 时，$F_Z(z)=0$.

当 $0\leqslant z\leqslant 2$ 时，

$$F_Z(z)=P\{X-Y\leqslant z\}=\iint\limits_{x-y\leqslant z}f(x,y)\mathrm{d}x\mathrm{d}y=\iint\limits_{G_1}\mathrm{d}x\mathrm{d}y$$

$$=G_1\text{ 的面积}=1-G\text{ 的面积}=1-\left(\frac{2-z}{2}\right)^2=\frac{(4-z)}{4}z.$$

当 $2<z$ 时，$F_Z(z)=1$.

总之，$f_Z(z)=F'_Z(z)=\begin{cases}1-\dfrac{z}{2}, & 0\leqslant z\leqslant 2,\\ 0, & \text{其他}.\end{cases}$

265 【答案】 $1-\mathrm{e}^{-\frac{\lambda}{2}}+\mathrm{e}^{-\lambda}$

【分析】 服从指数分布的随机变量 X 的概率密度：

$$f(x)=\begin{cases}\lambda\mathrm{e}^{-\lambda x}, & x>0,\\ 0, & x\leqslant 0\end{cases}(\lambda>0).$$

因为 Y 是由 $|X|\leqslant 1$ 和 $|X|>1$ 定义而来，只要找出 Y 与 X 的关系就不难求出 $P\left\{Y\leqslant\dfrac{1}{2}\right\}$.

$$\begin{aligned}P\left\{Y\leqslant\frac{1}{2}\right\}&=P\left\{Y\leqslant\frac{1}{2},\ |X|\leqslant 1\right\}+P\left\{Y\leqslant\frac{1}{2},\ |X|>1\right\}\\&=P\left\{X\leqslant\frac{1}{2},\ |X|\leqslant 1\right\}+P\left\{-X\leqslant\frac{1}{2},\ |X|>1\right\}\\&=P\left\{X\leqslant\frac{1}{2},-1\leqslant X\leqslant 1\right\}+P\left\{X\geqslant-\frac{1}{2},X>1\right\}\\&=P\left\{-1\leqslant X\leqslant\frac{1}{2}\right\}+P\{X>1\}=1-P\left\{\frac{1}{2}<X\leqslant 1\right\}\\&=1-\int_{\frac{1}{2}}^{1}\lambda\mathrm{e}^{-\lambda x}\mathrm{d}x=1-\mathrm{e}^{-\frac{\lambda}{2}}+\mathrm{e}^{-\lambda}.\end{aligned}$$

【评注】 在计算指数分布的概率时，

$P\{|X|\leqslant 1\}=P\{-1\leqslant X\leqslant 1\}=P\{X\leqslant 1\}$.

$P\{|X|>1\}=P\{X>1\}+P\{X<-1\}=P\{X>1\}$.

$P\{X>a\}=\int_a^{+\infty}\lambda\mathrm{e}^{-\lambda x}\mathrm{d}x=\mathrm{e}^{-\lambda a}(a>0)$.

记住这些公式，计算会很方便.

266 【答案】 2

【分析】 $X\sim N(0,1),f_X(x)=\dfrac{1}{\sqrt{2\pi}}\mathrm{e}^{-\frac{x^2}{2}},-\infty<x<+\infty$.

$X=x$ 时，$f_{Y|X}(y\mid x)\sim N(x,1)$，即有 $-\infty<x<+\infty$ 时，

$$f_{Y|X}(y\mid x)=\frac{1}{\sqrt{2\pi}}\mathrm{e}^{-\frac{(y-x)^2}{2}},-\infty<y<+\infty.$$

$(X,Y)\sim f(x,y)=f_X(x)f_{Y|X}(y\mid x)=\frac{1}{\sqrt{2\pi}}\mathrm{e}^{-\frac{x^2}{2}}\cdot\frac{1}{\sqrt{2\pi}}\mathrm{e}^{-\frac{(y-x)^2}{2}}$，即

$$f(x,y)=\frac{1}{2\pi}\mathrm{e}^{-\frac{1}{2}(2x^2-2xy+y^2)},-\infty<x<+\infty,-\infty<y<+\infty.$$

已知二维正态 $(X,Y)\sim N(\mu_1,\mu_2;\sigma_1^2,\sigma_2^2;\rho)$ 的概率密度为

$$f_1(x,y)=\frac{1}{2\pi\sigma_1\sigma_2\sqrt{1-\rho^2}}\exp\left\{-\frac{1}{2(1-\rho^2)}\left[\frac{(x-\mu_1)^2}{\sigma_1^2}-\frac{2\rho(x-\mu_1)(y-\mu_2)}{\sigma_1\sigma_2}+\frac{(y-\mu_2)^2}{\sigma_2^2}\right]\right\},$$

$-\infty<x<+\infty,-\infty<y<+\infty$.

显然 $(X,Y)\sim f(x,y)$ 是二维正态 $f_1(x,y)$ 的一个特例，且因 $f(x,y)$ 的 $f_X(x)\sim N(0,1)$. 所以 $(X,Y)\sim f(x,y)\sim N(0,\mu_2;1,\sigma_2^2;\rho)$，其中 σ_2^2 就是 DY.

对比 $f(x,y)$ 和 $f_1(x,y)$ 就有 $\begin{cases}\frac{1}{2\pi}=\frac{1}{2\pi\sigma_1\sigma_2\sqrt{1-\rho^2}},\\-\frac{1}{2}\cdot 2x^2=-\frac{1}{2(1-\rho^2)}\cdot\frac{(x-\mu_1)^2}{\sigma_1^2},\end{cases}$ 即 $\begin{cases}1=\frac{1}{\sigma_2\sqrt{1-\rho^2}},\\1=\frac{1}{2(1-\rho^2)}.\end{cases}$

解得 $\sigma_2=\sqrt{2},DY=\sigma_2^2=2$.

267 【答案】 $F(x,y)=\begin{cases}0, & x\leqslant 0\text{ 或 }y\leqslant 0,\\1-\mathrm{e}^{-\lambda x}, & 0<x\leqslant y,\\1-\mathrm{e}^{-\lambda y}, & 0<y\leqslant x\end{cases}$

【分析】 已知 X 的概率密度

$$f(x)=\begin{cases}\lambda\mathrm{e}^{-\lambda x}, & x>0,\\0, & x\leqslant 0,\end{cases}$$

所以 $$P\{X>0\}=1.$$

$$\begin{aligned}F(x,y)&=P\{X\leqslant x,\mid X\mid\leqslant y\}\\&=P\{X\leqslant x,\mid X\mid\leqslant y,X>0\}=P\{X\leqslant x,X\leqslant y,X>0\}\\&=\begin{cases}0, & x\leqslant 0\text{ 或 }y\leqslant 0,\\P\{0<X\leqslant x\}, & 0<x\leqslant y,\\P\{0<X\leqslant y\}, & 0<y\leqslant x\end{cases}=\begin{cases}0, & x\leqslant 0\text{ 或 }y\leqslant 0,\\1-\mathrm{e}^{-\lambda x}, & 0<x\leqslant y,\\1-\mathrm{e}^{-\lambda y}, & 0<y\leqslant x.\end{cases}\end{aligned}$$

268 【答案】 a

【分析】
$$\begin{aligned}P\{\max(X,Y)>\mu\}&=P\{\{X>\mu\}\cup\{Y>\mu\}\}\\&=P\{X>\mu\}+P\{Y>\mu\}-P\{X>\mu,Y>\mu\}\\&=\frac{1}{2}+\frac{1}{2}-P\{\min(X,Y)>\mu\}\\&=P\{\min(X,Y)\leqslant\mu\}=a.\end{aligned}$$

我们也可以这样考虑，由于

$P\{\max(X,Y)>\mu\}=1-P\{\max(X,Y)\leqslant\mu\}=1-P\{X\leqslant\mu,Y\leqslant\mu\}\xlongequal{\text{记}}1-P(AB)$，其中 $A=\{X\leqslant\mu\},B=\{Y\leqslant\mu\}$.

已知 $X\sim N(\mu,\sigma^2),Y\sim N(\mu,\sigma^2)$，所以 $P(A)=P(B)=\frac{1}{2}$.

$$
\begin{aligned}
P\{\min(X,Y)\leqslant\mu\} &= 1-P\{\min(X,Y)>\mu\} \\
&= 1-P\{X>\mu,Y>\mu\}=1-P(\overline{A}\,\overline{B}) \\
&= 1-P(\overline{A\cup B})=P(A\cup B) \\
&= P(A)+P(B)-P(AB) \\
&= 1-P(AB)=a.
\end{aligned}
$$

【评注】 本题可以有如下的变式：已知随机变量 X 与 Y 都服从正态分布 $N(\mu,\sigma^2)$，且 $P\{X>0,Y>2\mu\}=a$，则 $P\{X\leqslant 0,Y\leqslant 2\mu\}=$ ________.

【分析】 记 $A=\{X>0\},B=\{Y>2\mu\}$，由题设知

$$P(AB)=a,$$

$$P(A)=P\{X>0\}=1-P\{X\leqslant 0\}=1-\Phi\left(\frac{-\mu}{\sigma}\right)=\Phi\left(\frac{\mu}{\sigma}\right),$$

$$P(B)=P\{Y>2\mu\}=1-P\{Y\leqslant 2\mu\}=1-\Phi\left(\frac{\mu}{\sigma}\right),$$

故

$$
\begin{aligned}
P\{X\leqslant 0,Y\leqslant 2\mu\} &= P(\overline{A}\,\overline{B})=P(\overline{A\cup B})=1-P(A\cup B) \\
&= 1-P(A)-P(B)+P(AB)=1-\Phi\left(\frac{\mu}{\sigma}\right)-1+\Phi\left(\frac{\mu}{\sigma}\right)+a=a.
\end{aligned}
$$

269 **【答案】** $\frac{2}{3}$

【分析】 **方法一** 显然，若有一堆 2 只鞋配成一双，则另一堆也一定成双，故

X	0	2
P	q	p

，只要求出 p 就可得到 $EX=2p$.

从 4 只鞋中取两只正好成双的概率 $p=\frac{C_2^1}{C_4^2}=\frac{1}{3}$，所以 $EX=\frac{2}{3}$.

方法二 记 $X_i=\begin{cases}1, & \text{第 } i \text{ 堆两只鞋恰成一双},\\ 0, & \text{其他},\end{cases}$ $i=1,2$，则 $X=X_1+X_2$.

X_i	0	1
P	q_i	p_i

，$i=1,2$.

现来求 p_i，将第 i 堆鞋的第一只鞋固定，第二只鞋要与第一只鞋配对，只有在余下的 3 只鞋中取唯一的一只才有可能，故 $p_i=P\{X_i=1\}=\frac{1}{3}$，$E(X_i)=\frac{1}{3}(i=1,2)$，$E(X)=E(X_1)+E(X_2)=\frac{2}{3}$.

【评注】 计算随机变量的数字特征，常用方法有定义法和性质法. 一般都先找出相应随机变量的分布，常将 X 分解为若干个较为简单的随机变量 X_i 的和：$X=\sum\limits_i X_i$，然后应用性质计算 $E(X),D(X)$.

270 **【答案】** 0

【分析】 已知 $X\sim f(x)=\begin{cases}\frac{1}{2}, & -1\leqslant x\leqslant 1,\\ 0, & \text{其他},\end{cases}$ $E(X)=0$，依题意 $Y=|X-a|$，a 应

使 $E(XY)=E(X)E(Y)=0$,其中

$$E(XY)=E(X|X-a|)=\int_{-1}^{1}x|x-a|\cdot\frac{1}{2}\mathrm{d}x$$
$$=\frac{1}{2}\left[\int_{-1}^{a}x(a-x)\mathrm{d}x+\int_{a}^{1}x(x-a)\mathrm{d}x\right]$$
$$=\frac{1}{2}\left[\left(\frac{ax^2}{2}-\frac{x^3}{3}\right)\Big|_{-1}^{a}+\left(\frac{x^3}{3}-\frac{ax^2}{2}\right)\Big|_{a}^{1}\right]$$
$$=\frac{a}{6}(a^2-3).$$

令 $E(XY)=\frac{a}{6}(a^2-3)=0$,解得 $a=0$($a=\pm\sqrt{3}$ 舍去).

271 【答案】 1

【分析】 由题设条件 $X\sim U(1,2)$,即 $f_X(x)=\begin{cases}1, & 1<x<2,\\ 0, & \text{其他}.\end{cases}$

而在 $X=x(1<x<2)$ 的条件下 Y 服从 $E(x)$,即在 $1<x<2$ 时,

$$f_{Y|X}(y\mid x)=\begin{cases}xe^{-xy}, & y>0,\\ 0, & y\leqslant 0.\end{cases}$$

已知:$f_{Y|X}(y\mid x)=\dfrac{f(x,y)}{f_X(x)}$,当 $f_X(x)>0$ 时成立.

所以,当 $1<x<2$ 时,$f(x,y)=f_X(x)f_{Y|X}(y\mid x)=\begin{cases}xe^{-xy}, & y>0,\\ 0, & y\leqslant 0.\end{cases}$

现在得到 $f(x,y)=\begin{cases}xe^{-xy}, & 1<x<2,y>0,\\ 0, & 1<x<2,y\leqslant 0.\end{cases}$

为了求出 $-\infty<x<+\infty$,$-\infty<y<+\infty$ 上的 $f(x,y)$,考查

$$\int_{1}^{2}\int_{-\infty}^{+\infty}f(x,y)\mathrm{d}x\mathrm{d}y=\int_{1}^{2}\mathrm{d}x\int_{0}^{+\infty}xe^{-xy}\mathrm{d}y=\int_{1}^{2}1\mathrm{d}x=1.$$

我们知道 $f(x,y)$ 是概率密度,有性质 $\int_{-\infty}^{+\infty}\int_{-\infty}^{+\infty}f(x,y)\mathrm{d}x\mathrm{d}y=1$ 和 $f(x,y)\geqslant 0$,

因此推出 $x\leqslant 1$ 或 $x\geqslant 2$ 时,$f(x,y)=0$.

总之
$$f(x,y)=\begin{cases}xe^{-xy}, & 1<x<2,y>0,\\ 0, & \text{其他}.\end{cases}$$

有了 $f(x,y)$ 就可以求 $E(XY)$.

$$E(XY)=\int_{-\infty}^{+\infty}\int_{-\infty}^{+\infty}xyf(x,y)\mathrm{d}x\mathrm{d}y=\int_{1}^{2}\mathrm{d}x\int_{0}^{+\infty}xyxe^{-xy}\mathrm{d}y$$
$$=\int_{1}^{2}\mathrm{d}x\int_{0}^{+\infty}te^{-t}\mathrm{d}t=\int_{1}^{2}\mathrm{d}x=1.$$

【评注】 在求 $f(x,y)$ 的过程中,我们不能直接表示为:

$$f(x,y)=f_X(x)f_{Y|X}(y\mid x)=\begin{cases}xe^{-xy}, & 1<x<2,y>0,\\ 0, & \text{其他}.\end{cases}$$

因为 $f(x,y)=f_X(x)f_{Y|X}(y\mid x)$ 只有在 $f_X(x)>0$,即 $1<x<2$ 时成立. 去除条件 $1<x<2$,$f_{Y|X}(y\mid x)$ 没有定义,而 $f(x,y)$ 去除条件 $1<x<2$ 是有意义的.

272 【答案】 $N(0,0;3,1;0)$

【分析】 (X,Y) 服从二维正态分布，当行列式 $\begin{vmatrix} a & b \\ c & d \end{vmatrix} \neq 0$ 时，$(aX+bY,cX+dY)$ 也必服从二维正态分布．所以 $(X+Y,X-Y)$ 服从二维正态分布 $N(\mu_1,\mu_2;\sigma_1^2,\sigma_2^2;\rho)$．

其中：$\mu_1 = E(X+Y) = E(X)+E(Y) = 0+0 = 0$，

$\mu_2 = E(X-Y) = E(X)-E(Y) = 0-0 = 0$．

$$\sigma_1^2 = D(X+Y) = D(X)+D(Y)+2\mathrm{Cov}(X,Y)$$
$$= D(X)+D(Y)+2\rho\sqrt{D(X)}\sqrt{D(Y)} = 1+1+2\cdot\frac{1}{2} = 3.$$
$$\sigma_2^2 = D(X-Y) = D(X)+D(Y)-2\mathrm{Cov}(X,Y)$$
$$= D(X)+D(Y)-2\rho\sqrt{D(X)}\sqrt{D(Y)} = 1+1-2\cdot\frac{1}{2} = 1.$$
$$\rho = \frac{\mathrm{Cov}(X+Y,X-Y)}{\sqrt{D(X+Y)}\sqrt{D(X-Y)}},$$

而 $\mathrm{Cov}(X+Y,X-Y) = \mathrm{Cov}(X,X)-\mathrm{Cov}(X,Y)+\mathrm{Cov}(Y,X)-\mathrm{Cov}(Y,Y)$
$= D(X)-D(Y) = 0$，

总之 $(X+Y,X-Y) \sim N(0,0;3,1;0)$．

273 【答案】 0.9984

【分析】 $X \sim B(n,p)$，则 $E(X) = np$，$D(X) = np(1-p)$．

现 $E(X) = 3.2$，$D(X) = 0.64$，则 $3.2(1-p) = 0.64$，$1-p = 0.2$，得 $p = 0.8$，

$E(X) = 3.2 = np = 0.8n$，$n = 4$．

$P\{X \neq 0\} = 1-P\{X=0\} = 1-(1-p)^4 = 1-0.2^4 = 0.9984$．

274 【答案】 期望存在

【分析】 辛钦大数定律的条件是 X_i 独立同分布，且期望存在．而切比雪夫大数定律的条件是 X_i 不相关且方差有界．

275 【答案】 $F(1,2n-2)$

【分析】 由于两个总体都服从正态分布 $N(0,\sigma^2)$，且样本又相互独立，因此容易求得 $\overline{X}-\overline{Y}$ 与 $S_X^2+S_Y^2$ 的分布，再应用典型模式确定 F 的分布．

由于 $X \sim N(0,\sigma^2)$，$Y \sim N(0,\sigma^2)$，所以 $\overline{X} \sim N\left(0,\frac{\sigma^2}{n}\right)$，$\overline{Y} \sim N(0,\frac{\sigma^2}{n})$，$\overline{X}$ 与 $\overline{Y}$ 相互独立，

故 $\overline{X}-\overline{Y} \sim N\left(0,\frac{2\sigma^2}{n}\right)$，$\frac{\sqrt{n}(\overline{X}-\overline{Y})}{\sqrt{2}\sigma} \sim N(0,1)$，$\frac{n(\overline{X}-\overline{Y})^2}{2\sigma^2} \sim \chi^2(1)$．

又 $\frac{(n-1)S_X^2}{\sigma^2} \sim \chi^2(n-1)$，$\frac{(n-1)S_Y^2}{\sigma^2} \sim \chi^2(n-1)$，$S_X^2$ 与 S_Y^2 相互独立，由 χ^2 分布可加性，得

$$\frac{(n-1)S_X^2}{\sigma^2}+\frac{(n-1)S_Y^2}{\sigma^2} = \frac{(n-1)(S_X^2+S_Y^2)}{\sigma^2} \sim \chi^2(2n-2).$$

又 $\overline{X},\overline{Y},S_X^2,S_Y^2$ 相互独立，从而推出 $\overline{X}-\overline{Y}$ 与 $S_X^2+S_Y^2$ 相互独立，由 F 分布的典型模式，得

$$\frac{\frac{n(\overline{X}-\overline{Y})^2}{2\sigma^2}/1}{\frac{(n-1)(S_X^2+S_Y^2)}{\sigma^2}/2(n-1)} = \frac{n(\overline{X}-\overline{Y})^2}{S_X^2+S_Y^2} \sim F(1,2(n-1)).$$

276 【答案】 $F(1,1)$

【分析】 由题设知(X,Y)服从二维正态分布，且

$$f(x,y)=\frac{1}{2\pi\times2\times3}e^{-\frac{1}{2}\left(\frac{x^2}{4}+\frac{y^2}{9}-\frac{2}{9}y+\frac{1}{9}\right)}=\frac{1}{2\pi\times2\times3}e^{-\frac{1}{2}\left[\left(\frac{x}{2}\right)^2+\left(\frac{y-1}{3}\right)^2\right]},$$

故 $X\sim N(0,2^2)$，$Y\sim N(1,3^2)$，且 $\rho=0$，所以 X 与 Y 独立，$\frac{X}{2}\sim N(0,1)$，$\frac{Y-1}{3}\sim N(0,1)$，

根据 F 分布典型模式知 $$\frac{\left(\frac{X}{2}\right)^2/1}{\left(\frac{Y-1}{3}\right)^2/1}=\frac{9X^2}{4(Y-1)^2}\sim F(1,1).$$

277 【答案】 $\frac{2\sigma^4}{n-1}$

【分析】 由性质：$\frac{(n-1)S^2}{\sigma^2}\sim\chi^2(n-1)$ 和 $D[\chi^2(n-1)]=2(n-1)$，可知

$$D\left[\frac{(n-1)S^2}{\sigma^2}\right]=\frac{(n-1)^2}{\sigma^4}D(S^2)=D[\chi^2(n-1)]=2(n-1),$$

所以 $$D(S^2)=\frac{2\sigma^4}{n-1}.$$

278 【答案】 -0.4383

【分析】 要由 $P\{\overline{X}>\mu+aS\}=P\left\{\frac{\overline{X}-\mu}{S}>a\right\}=0.95$ 求 a，必须知道$\frac{\overline{X}-\mu}{S}$的分布.

由于 $X\sim N(\mu,\sigma^2)$，故 $\overline{X}\sim N\left(\mu,\frac{\sigma^2}{16}\right)$，$\frac{4(\overline{X}-\mu)}{\sigma}\sim N(0,1)$，$\frac{15S^2}{\sigma^2}\sim\chi^2(15)$，$\overline{X}$ 与 S^2 独立，所以 $$\frac{4(\overline{X}-\mu)/\sigma}{\sqrt{\frac{15S^2}{\sigma^2}/15}}=\frac{4(\overline{X}-\mu)}{S}\sim t(15).$$

因此，由 $0.95=P\{\overline{X}>\mu+aS\}=P\left\{\frac{4(\overline{X}-\mu)}{S}>4a\right\}$ 知，$4a$ 是 $t(15)$ 分布上 $\alpha=0.95$ 的分位点 $t_{0.95}(15)$，即 $4a=t_{0.95}(15)$，由于 t 分布的密度函数是关于 $x=0$ 对称的，所以有

$$-t_\alpha=t_{1-\alpha},4a=t_{0.95}(15)=-t_{0.05}(15)=-1.7531\Rightarrow a\approx-0.4383.$$

279 【答案】 $\max\limits_{1\leqslant i\leqslant n}(|2X_i|)$

【分析】 显然 X 在$\left[-\frac{a}{2},\frac{a}{2}\right]$上服从均匀分布，对应 $X_1,\cdots,X_n$ 的似然函数

$$L=\begin{cases}\left(\frac{1}{a}\right)^n, & -\frac{a}{2}\leqslant X_1,\cdots,X_n\leqslant\frac{a}{2},\\ 0, & 其他.\end{cases}$$

要使 L 最大，就要 a 尽量小. 但是，由 $-\frac{a}{2}\leqslant X_1,\cdots,X_n\leqslant\frac{a}{2}$ 可知

$$0\leqslant|X_i|\leqslant\frac{a}{2},$$

即 $0 \leqslant 2|X_i| \leqslant a$，$a$ 最小，只能 $\hat{a} = \max\limits_{1 \leqslant i \leqslant n}(|2X_i|)$.

280 【答案】 $\sqrt{\dfrac{3}{n}\sum\limits_{i=1}^{n} X_i^2}$

【分析】 由于 $E(X) = 0$，不能用一阶矩来估计. 用二阶矩.

总体二阶矩
$$E(X^2) = D(X) + (EX)^2 = \frac{(2a)^2}{12} = \frac{a^2}{3},$$

样本二阶矩
$$\frac{1}{n}\sum_{i=1}^{n} X_i^2.$$

令 $E(X^2) = \dfrac{1}{n}\sum\limits_{i=1}^{n} X_i^2$，即
$$\frac{a^2}{3} = \frac{1}{n}\sum_{i=1}^{n} X_i^2,$$

解得 $\hat{a} = \sqrt{\dfrac{3}{n}\sum\limits_{i=1}^{n} X_i^2}$.

选　择　题

281 【答案】 C

【分析】 $P(A \mid B) = 1$ 等价于 $P(\overline{A} \mid B) = 0$，又等价于 $P(\overline{A}B) = 0$，总之 $P(A \mid B) = 1$ 的充要条件为 $P(\overline{A}B) = 0$.

(A)，$P(\overline{A} \mid \overline{B}) = 1$ 等价于 $P(A\overline{B}) = 0$.

(B)，$P(B \mid A) = 1$ 等价于 $P(\overline{B}A) = 0$.

(C)，$P(\overline{B} \mid \overline{A}) = 1$ 等价于 $P(B\overline{A}) = 0$，即 $P(\overline{A}B) = 0$.

(D)，$P(B \mid \overline{A}) = 1$ 等价于 $P(\overline{B}\,\overline{A}) = 0$.

答案选(C).

282 【答案】 D

【分析】 设A 为取出 n 个球为同一种颜色，B 为黑色的球.

则所求概率为 $P(B \mid A) = \dfrac{P(AB)}{P(A)}$.

$$P(A) = \frac{C_{2n-1}^{n} + C_{2n}^{n}}{C_{4n-1}^{n}},\ P(AB) = \frac{C_{2n}^{n}}{C_{4n-1}^{n}},$$

所以 $P(B \mid A) = \dfrac{\dfrac{C_{2n}^{n}}{C_{4n-1}^{n}}}{\dfrac{C_{2n-1}^{n} + C_{2n}^{n}}{C_{4n-1}^{n}}} = \dfrac{C_{2n}^{n}}{C_{2n-1}^{n} + C_{2n}^{n}} = \dfrac{\dfrac{(2n)!}{n!n!}}{\dfrac{(2n-1)!}{n!(n-1)!} + \dfrac{(2n)!}{n!n!}}$

$$= \frac{\dfrac{2n}{n}}{1 + \dfrac{2n}{n}} = \frac{2n}{3n} = \frac{2}{3}.$$

【评注】 有的选择题中，问题是带有 n 的计算题，这时可用 $n=1$ 或 $n=2$ 的具体值代入计算. 将计算结果与各选项对比，不难判断哪个选项是正确的.

本题令 $n=1$，这时就有 1 个白球，2 个黑球，一次取 1 个球，当然就一种颜色，该球的颜色为黑色的概率为 $\frac{2}{3}$.

将 $n=1$ 代入(A) 和(B)，分别为 $\frac{1}{3}$ 和 $\frac{1}{2}$，所以选项(A)(B) 和(C) 均不可能. 就可以判断必为(D) 了.

283 【答案】 D

【分析】

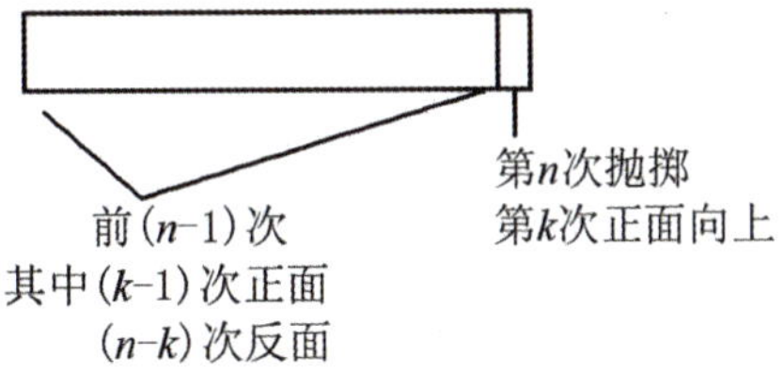

总共抛掷 n 次，其中有 k 次出现正面，余下的为 $n-k$ 次反面.
第 n 次必是正面向上，前 $n-1$ 次中有 $n-k$ 次反面，$k-1$ 次正面.
根据伯努利公式，所求概率为

$$C_{n-1}^{k-1}\left(\frac{1}{2}\right)^{k-1}\left(\frac{1}{2}\right)^{n-k}\cdot\frac{1}{2}=C_{n-1}^{k-1}\left(\frac{1}{2}\right)^{n}.$$

284 【答案】 C

【分析】 设事件 $C=\{$取出的是 A 类电子产品$\}$，则 $\overline{C}=\{$取出的是 B 类电子产品$\}$. $P(C)=P(\overline{C})=\frac{1}{2}$.

记 X 的分布函数为 $F(x)$，则

$$F(x)=P\{X\leqslant x\}=P(C)P\{X\leqslant x\mid C\}+P(\overline{C})P\{X\leqslant x\mid \overline{C}\},$$

显然 $F(x)=\begin{cases}\frac{1}{2}(1-e^{-x})+\frac{1}{2}(1-e^{-2x}), & x>0,\\ 0, & x\leqslant 0.\end{cases}$

$$f(x)=F'(x)=\begin{cases}\frac{1}{2}e^{-x}+e^{-2x}, & x>0,\\ 0, & \text{其他}.\end{cases}$$

选(C).

【评注】 本题也可以用 $\int_{-\infty}^{+\infty}f(x)\mathrm{d}x=1$ 来验证，只有(C) 满足条件.

285 【答案】 C

【分析】 应用分布函数的充要条件：单调不降；$F(-\infty)=0$；$F(+\infty)=1$；右连续.

概率密度函数的充要条件：$f(x)\geqslant 0$；$\int_{-\infty}^{+\infty}f(x)\mathrm{d}x=1$，就可以确定正确的选项为(C).

事实上，由(C)得到 $f_2(x)+a[f_1(x)-f_2(x)]=af_1(x)+(1-a)f_2(x)\geqslant 0$，且

$$\begin{aligned}\int_{-\infty}^{+\infty}[af_1(x)+(1-a)f_2(x)]\mathrm{d}x &= a\int_{-\infty}^{+\infty}f_1(x)\mathrm{d}x+(1-a)\int_{-\infty}^{+\infty}f_2(x)\mathrm{d}x\\ &= a+(1-a)=1.\end{aligned}$$

(C)满足概率密度函数的充要条件，所以选(C).

其他选项均不正确.例如:选 $X_1\sim U(-1,0)$ 和 $X_2\sim U(0,1)$，

所以 $F_1(x)=\begin{cases}0, & x\leqslant -1,\\ x+1, & -1<x<0,\\ 1, & 0\leqslant x.\end{cases}$ 和 $F_2(x)=\begin{cases}0, & x\leqslant 0,\\ x, & 0<x<1,\\ 1, & 1\leqslant x.\end{cases}$

以及 $f_1(x)=\begin{cases}1, & -1<x<0,\\ 0, & \text{其他}.\end{cases}$ 和 $f_2(x)=\begin{cases}1, & 0<x<1,\\ 0, & \text{其他}.\end{cases}$

这时，(A)得 $(1+a)F_2(x)-aF_1(x)$，令 $x=-\dfrac{1}{2}$.

$$(1+a)F_2\left(-\frac{1}{2}\right)-aF_1\left(-\frac{1}{2}\right)=-\frac{a}{2}<0.$$

这时，(D)得 $f_1(x)f_2(x)\equiv 0$，(A)不成立，(D)也不成立.

(B)不成立，因为 $aF_1(+\infty)F_2(+\infty)=a<1$.

286 【答案】 C

【分析】 由(A)知当 $F(+\infty)=1$ 时，$G(+\infty)=2$，而分布函数 $G(+\infty)=1$，故(A)不成立.

同理，对于(D)，$G(+\infty)\geqslant 2F(+\infty)=2$，不可能.(D)也不能选.

对选项(B)，考虑特例，当 $X_1=X_2$ 时，当然 X_1 与 X_2 有相同分布 $F(x)$，$G(2x)=P\{X\leqslant 2x\}=P\{X_1+X_2\leqslant 2x\}=P\{2X_1\leqslant 2x\}=P\{X_1\leqslant x\}=F(x)$，故(B)不成立.

正确选项应为(C).事实上，由于 $\{X>2x\}=\{X_1+X_2>2x\}\supset\{X_1>x\}\cap\{X_2>x\}$，故 $\{X\leqslant 2x\}\subset\{X_1\leqslant x\}\cup\{X_2\leqslant x\}$，即

$$G(2x)=P\{X\leqslant 2x\}\leqslant P\{X_1\leqslant x\}+P\{X_2\leqslant x\}=F(x)+F(x)=2F(x).$$

【评注】 上述这些选择题，我们都是应用分布函数的充要条件来确定正确选项的，必须记住：分布函数，密度函数，分布律的充要条件.

287 【答案】 B

【分析】 由于 $X\sim N(1,\sigma^2)$，所以 X 的密度函数 $f(x)$ 的图形是关于 $x=1$ 对称的，而 $F(x)=\int_{-\infty}^{x}f(t)\mathrm{d}t$ 是曲边梯形的面积，由此即知正确选项是(B).当然我们也可以应用特殊值(例如取 $x=0$)或者通过计算 $F(x)=\Phi\left(\dfrac{x-1}{\sigma}\right)$ 来确定正确选项，读者不妨自己计算一下，从中确定正确选项.

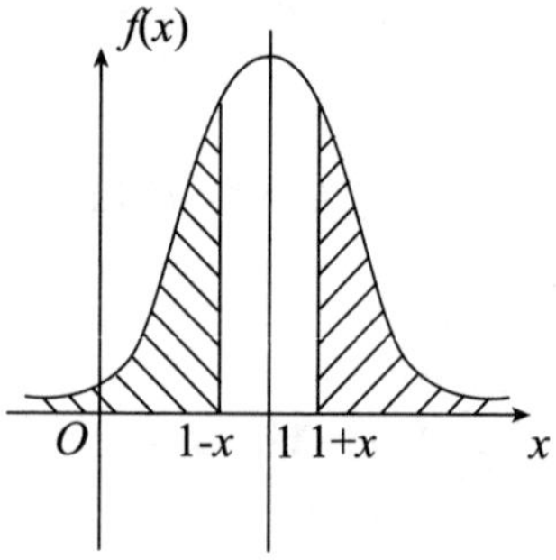

288 【答案】 C

【分析】 概率 $P\{\lambda<X<\lambda+a\}(a>0)$，显然与 a 有关，固定 λ 后概率随 a 的增大而增大，因而选择(C).

事实上，由于 $1=\int_{-\infty}^{+\infty} f(x)\mathrm{d}x = A\int_{\lambda}^{+\infty} \mathrm{e}^{-x}\mathrm{d}x = A\mathrm{e}^{-\lambda}$，解得 $A=\mathrm{e}^{\lambda}$. 概率

$$P\{\lambda < X < \lambda + a\} = A\int_{\lambda}^{\lambda+a} \mathrm{e}^{-x}\mathrm{d}x = \mathrm{e}^{\lambda}(\mathrm{e}^{-\lambda} - \mathrm{e}^{-\lambda-a}) = 1-\mathrm{e}^{-a},$$

与 λ 无关，随 a 的增大而增大.

289 【答案】 B

【分析】 $F(y) = P\{Y \leqslant y\} = P\{\min\{X,0\} \leqslant y\} = 1 - P\{\min\{X,0\} > y\}$
$= 1 - P\{X > y, 0 > y\}$.

当 $y<0$ 时，$P\{X>y,0>y\} = P\{X>y\}$，$F(y) = 1-P\{X>y\} = P\{X\leqslant y\} = \Phi(y)$.

当 $y \geqslant 0$ 时，$P\{X>y,0>y\}=0$，$F(y)=1$.

290 【答案】 B

【分析】 $F(x) = \begin{cases} A + B\mathrm{e}^{-\lambda x}, & x>0, \\ 0, & x \leqslant 0 \end{cases}$ $(\lambda > 0)$. 先根据 $F(x)$ 为分布函数的性质定出常数 A,B.

$1 = \lim\limits_{x\to+\infty} F(x) = A$，又根据右连续性，知 $\lim\limits_{x\to 0^+} F(x) = A+B = F(0) = 0$，得 $A=1$，$B=-1$.

$F(x) = \begin{cases} 1 - \mathrm{e}^{-\lambda x}, & x>0, \\ 0, & x \leqslant 0 \end{cases}$ 是一个连续函数.

所以 $P\{-1\leqslant X<1\} = P\{-1<X\leqslant 1\} = F(1)-F(-1) = 1-\mathrm{e}^{-\lambda}$. 选(B).

291 【答案】 D

【分析】 $X_i \sim B\left(1,\frac{1}{2}\right)$，即

X_i	0	1
P	$\frac{1}{2}$	$\frac{1}{2}$

$(i=1,2,3,4)$.

显然

X_i^j	0	1
P	$\frac{1}{2}$	$\frac{1}{2}$

$(i,j=1,2,3,4)$. 故 X_1, X_2^2, X_3^3, X_4^4 同服从 $B\left(1,\frac{1}{2}\right)$分布.

至于(A)(B)(C) 均不正确，可以举反例如下：

设

X_1 \ X_2	0	1	
0	$\frac{1}{2}$	0	$\frac{1}{2}$
1	0	$\frac{1}{2}$	$\frac{1}{2}$
	$\frac{1}{2}$	$\frac{1}{2}$	

，

X_3 \ X_4	0	1	
0	0	$\frac{1}{2}$	$\frac{1}{2}$
1	$\frac{1}{2}$	0	$\frac{1}{2}$
	$\frac{1}{2}$	$\frac{1}{2}$	

，

显然 X_1,X_2,X_3,X_4 均服从 $B\left(1,\frac{1}{2}\right)$，但$(X_1,X_2)$ 与(X_3,X_4) 不同分布.

X_1+X_2	0	2
P	$\frac{1}{2}$	$\frac{1}{2}$

，

X_3+X_4	1
P	1

，

即 X_1+X_2 与 X_3+X_4 不同分布.

X_1-X_2	0
P	1

，

X_3-X_4	-1	1
P	$\frac{1}{2}$	$\frac{1}{2}$

，

即 X_1-X_2 与 X_3-X_4 不同分布.

【评注】 事实上，由边缘分布 X_1,X_2,X_3,X_4 不能决定联合分布(X_1,X_2)，(X_3,X_4)，从而进一步可知(A)(B)也一定不会成立.

本题中给出的反例恰巧是 $X_1=X_2, X_3=1-X_4$.

292 **【答案】** A

【分析】 $P\{X=1 \mid X+Y=2\}=\dfrac{P\{X=1,X+Y=2\}}{P\{X+Y=2\}}$，其中

$$P\{X+Y=2\}=\sum_{k=0}^{2}P\{X=k,Y=2-k\}=\sum_{k=0}^{2}P\{X=k\}P\{Y=2-k\}$$

$$=\sum_{k=0}^{2}\frac{e^{-1}}{k!}\cdot\frac{e^{-1}}{(2-k)!}=e^{-2}\sum_{k=0}^{2}\frac{1}{k!(2-k)!}$$

$$=e^{-2}\left(\frac{1}{2}+1+\frac{1}{2}\right)=2\cdot e^{-2},$$

$$P\{X=1,X+Y=2\}=P\{X=1,Y=1\}=P\{X=1\}P\{Y=1\}$$

$$=e^{-1}\cdot e^{-1}=e^{-2},$$

所以 $P\{X=1 \mid X+Y=2\}=\dfrac{e^{-2}}{2\cdot e^{-2}}=\dfrac{1}{2}$.

【评注】 可以证明：若相互独立的随机变量 X 和 Y 均服从 $P(\lambda)$ 分布，则 $X+Y\sim P(2\lambda)$，这时 $P\{X+Y=2\}=\dfrac{(2\lambda)^2}{2!}e^{-2\lambda}$.

293 **【答案】** B

【分析】 **方法一** $P\{X>Y\}=\sum\limits_{i>j}P\{X=i,Y=j\}=\sum\limits_{i>j}P\{X=i\}P\{Y=j\}$

$$=\sum_{j=1}^{\infty}\sum_{i=j+1}^{\infty}P\{X=i\}P\{Y=j\}$$

$$=\sum_{j=1}^{\infty}\sum_{i=j+1}^{\infty}p(1-p)^{i-1}\cdot p(1-p)^{j-1}$$

$$=\sum_{j=1}^{\infty}\left[p\cdot\frac{(1-p)^j}{1-(1-p)}\right]p\cdot(1-p)^{j-1}$$

$$=p\sum_{j=1}^{\infty}(1-p)^{2j-1}=p\,\frac{1-p}{1-(1-p)^2}$$

$$=p\cdot\frac{1-p}{p(2-p)}=\frac{1-p}{2-p}.$$

方法二 由对称性知 $P\{X>Y\}=P\{X<Y\}=\frac{1}{2}(1-P\{X=Y\})$.

而 $P\{X=Y\}=\sum_{k=1}^{\infty}P\{X=Y=k\}=\sum_{k=1}^{\infty}P\{X=k\}P\{Y=k\}$

$$=\sum_{k=1}^{\infty}p^2(1-p)^{2(k-1)}=p^2\frac{1}{1-(1-p)^2}=\frac{p}{2-p}.$$

所以 $P\{X>Y\}=\frac{1}{2}(1-P\{X=Y\})=\frac{1}{2}\left(1-\frac{p}{2-p}\right)=\frac{1-p}{2-p}$.

294 【答案】 C

【分析】 记 X 和 Y 的分布函数分别为 $F_X(x)$ 和 $F_Y(y)$.

$$F_Y(y)=P\{Y\leqslant y\}=P\{-2X-1\leqslant y\}=P\left\{X\geqslant-\frac{y+1}{2}\right\}=1-P\left\{X<-\frac{y+1}{2}\right\}$$

$$=1-P\left\{X\leqslant-\frac{y+1}{2}\right\}=1-F_X\left(-\frac{y+1}{2}\right).$$

$$f_Y(y)=F_Y'(y)=\left[1-F_X\left(-\frac{y+1}{2}\right)\right]'=-F_X'\left(-\frac{y+1}{2}\right)\left(-\frac{1}{2}\right)=\frac{1}{2}f_X\left(-\frac{y+1}{2}\right),$$

应选(C).

295 【答案】 B

【分析】 **方法一** X 的分布律为

X	6	9	12
P	$\frac{C_8^3}{C_{10}^3}$	$\frac{C_8^2C_2^1}{C_{10}^3}$	$\frac{C_8^1C_2^2}{C_{10}^3}$

,即

X	6	9	12
P	$\frac{7}{15}$	$\frac{7}{15}$	$\frac{1}{15}$

,

$$E(X)=6\times\frac{7}{15}+9\times\frac{7}{15}+12\times\frac{1}{15}=\frac{117}{15}=7.8.$$

方法二 设 X_i——第 i 次取得的奖金数,$i=1,2,3$.

$X=X_1+X_2+X_3$,

X_i	2	5
P	$\frac{8}{10}$	$\frac{2}{10}$

,$EX_i=2\times0.8+5\times0.2=2.6$.

$E(X)=E(X_1)+E(X_2)+E(X_3)=3\times2.6=7.8$.

296 【答案】 A

【分析】 $\rho=\frac{\mathrm{Cov}(X,Y)}{\sqrt{DX}\ \sqrt{DY}}$,$EX=EY=\frac{1}{2}$,$DX=DY=\frac{1}{4}$,所以

$$1=\frac{\mathrm{Cov}(X,Y)}{\frac{1}{2}\times\frac{1}{2}},\text{即}\ \mathrm{Cov}(X,Y)=\frac{1}{4}.$$

但 $\mathrm{Cov}(X,Y)=E(XY)-EX\cdot EY$,即 $\frac{1}{4}=E(XY)-\frac{1}{2}\times\frac{1}{2}$,所以

$$E(XY)=\frac{1}{2}.$$

由于 XY 的取值只有 0 和 1.因此,$P\{XY=1\}=\frac{1}{2}$,即 $P\{X=1,Y=1\}=\frac{1}{2}$,

$$P\{X=0,Y=1\}=P\{Y=1\}-P\{X=1,Y=1\}=\frac{1}{2}-\frac{1}{2}=0.$$

297 【答案】 D

【分析】
$$\rho=\frac{\mathrm{Cov}(X,Y)}{\sqrt{DX}\ \sqrt{DY}},$$
由公式 $D(X+Y)=DX+DY+2\mathrm{Cov}(X,Y)$，因此
$$D(X+Y)=(\sqrt{DX}+\sqrt{DY})^2\Leftrightarrow DX+DY+2\mathrm{Cov}(X,Y)=DX+2\sqrt{DX}\ \sqrt{DY}+DY$$
$$\Leftrightarrow \mathrm{Cov}(X,Y)=\sqrt{DX}\ \sqrt{DY},$$
即 $\rho=\dfrac{\mathrm{Cov}(X,Y)}{\sqrt{DX}\ \sqrt{DY}}=1$.

显然，选项(A)(B) 是 $\rho=1$ 的充分条件但不是必要条件.

298 【答案】 C

【分析】 由于(X,Y) 服从二维正态分布，故 $X\sim N(\mu,\sigma^2)$，$Y\sim N(\mu,\sigma^2)$，即 X 与 Y 有相同的分布，但是 $\rho\neq 0$，所以 X 与 Y 不独立，选择(C).

【评注】 本题可以有下面的变式：

(1) 已知(X,Y) 服从二维正态分布，$EX=EY=\mu$，$DX=DY=\sigma^2$，X 与 Y 的相关系数 $\rho\neq 0$，则 $X+Y$ 与 $X-Y$

(A) 不相关且有相同的分布.　　(B) 不相关且有不同的分布.

(C) 相关且有相同的分布.　　(D) 相关且有不同的分布.

【答案】 B

【分析】 由于(X,Y) 服从二维正态分布，故 $X+Y$ 与 $X-Y$ 都服从正态分布，但是
$$E(X+Y)=2\mu,E(X-Y)=0,$$
$$D(X+Y)=DX+DY+2\mathrm{Cov}(X,Y)=2\sigma^2+2\sigma^2\rho=2(1+\rho)\sigma^2,$$
$$D(X-Y)=DX+DY-2\mathrm{Cov}(X,Y)=2(1-\rho)\sigma^2,$$
所以 $X+Y$ 与 $X-Y$ 有不同的分布. 又 $\mathrm{Cov}(X+Y,X-Y)=\mathrm{Cov}(X,X)-\mathrm{Cov}(X,Y)+\mathrm{Cov}(Y,X)-\mathrm{Cov}(Y,Y)=DX-DY=0$，所以 $X+Y$ 与 $X-Y$ 不相关，选择(B).

(2) 已知随机变量 X 与 Y 不相关，$DX=DY>0$，则随机变量 $2X+Y$ 与 $2Y+1$

(A) 相关且相互独立.　　(B) 相关且相互不独立.

(C) 不相关且相互独立.　　(D) 不相关且相互不独立.

【答案】 B

【分析】 由题设知
$$\mathrm{Cov}(X,Y)=0,DX=DY>0,$$
故
$$\mathrm{Cov}(2X+Y,2Y+1)=4\mathrm{Cov}(X,Y)+2\mathrm{Cov}(X,1)+2\mathrm{Cov}(Y,Y)+\mathrm{Cov}(Y,1)$$
$$=2DY>0,$$
所以 $2X+Y$ 与 $2Y+1$ 相关，从而断言 $2X+Y$ 与 $2Y+1$ 不独立，选择(B).

本题可以改为：$2X+Y$ 与 $2Y+1$ 的相关系数 $\rho=$ ________.

【答案】 $\frac{1}{\sqrt{5}}$

【分析】 由于 $\mathrm{Cov}(X,Y)=0, DX=DY>0$，故

$$\mathrm{Cov}(2X+Y,2Y+1)=2DY, \sqrt{D(2X+Y)}=\sqrt{4DX+DY}=\sqrt{5DY},$$
$$\sqrt{D(2Y+1)}=\sqrt{4DY},$$

所以 $\rho=\frac{2DY}{\sqrt{5DY}\sqrt{4DY}}=\frac{1}{\sqrt{5}}$.

若将已知条件改为：X 与 Y 独立且有相同的分布 $P\{X=i\}=P\{Y=i\}=\frac{1}{2}, i=1,2$，则 $X+Y$ 与 $X-Y$ 不相关且相互不独立. 这是因为 $\mathrm{Cov}(X+Y,X-Y)=0, P\{X+Y=2, X-Y=0\}\neq P\{X+Y=2\}P\{X-Y=0\}$.

299 【答案】 B

【分析】 根据公式 $Y=g(X), EY=\int_{-\infty}^{+\infty}g(x)f(x)\mathrm{d}x$. 故

$$EY=\int_{-\infty}^{+\infty}[F(x)]^2 f(x)\mathrm{d}x=\int_{-\infty}^{+\infty}[F(x)]^2\mathrm{d}F(x)=\frac{1}{3}[F(x)]^3\Big|_{-\infty}^{+\infty}=\frac{1}{3}.$$

【评注】 本题也可先求出 $F(x)$ 的分布，再求 $EY=E[F(X)]^2$. 计算量大得多. 如果记得：$X\sim f(x)$，分布函数为 $F(x)$，则 $F(X)\sim U(0,1)$，也可以计算 EY.

300 【答案】 C

【分析】 这是一道计算性选择题，由题设知 $X_n(n\geqslant 1)$ 独立同分布，且 $EX_n=0$. $DX_n=\frac{2^2}{12}=\frac{1}{3}$. 根据中心极限定理，对任意 $x\in\mathbf{R}$，有

$$\lim_{n\to\infty}P\left\{\frac{\sum_{i=1}^{n}X_i-E\left(\sum_{i=1}^{n}X_i\right)}{\sqrt{D\left(\sum_{i=1}^{n}X_i\right)}}\leqslant x\right\}=\lim_{n\to\infty}P\left\{\frac{\sum_{i=1}^{n}X_i}{\sqrt{\frac{n}{3}}}\leqslant x\right\}=\lim_{n\to\infty}P\left\{\sum_{i=1}^{n}X_i\leqslant\sqrt{\frac{n}{3}}x\right\}=\Phi(x),$$

取 $x=\sqrt{3}$，有 $\lim_{n\to\infty}P\left\{\sum_{i=1}^{n}X_i\leqslant\sqrt{n}\right\}=\Phi(\sqrt{3})$，故选择(C).

301 【答案】 D

【分析】 由于总体 $X\sim N(\mu,\sigma^2)$，故各选项的第二项 $\frac{(n-1)S^2}{\sigma^2}\sim\chi^2(n-1)$，又 $\overline{X}$ 与 S^2 独立，根据 χ^2 分布的可加性，我们仅需确定服从 $\chi^2(1)$ 分布的统计量.

因为 $\overline{X}\sim N\left(\mu,\frac{\sigma^2}{n}\right)$，故 $\frac{\sqrt{n}(\overline{X}-\mu)}{\sigma}\sim N(0,1), \frac{n(\overline{X}-\mu)^2}{\sigma^2}\sim\chi^2(1)$. 选择(D).

【评注】 我们也可以应用数字特征来确定选项，若 $Y \sim \chi^2(n)$，则 $EY = n$. 由于总体 $X \sim N(\mu,\sigma^2)$，故 $\overline{X} \sim N\left(\mu,\frac{\sigma^2}{n}\right)$，$\overline{X}-\mu \sim N\left(0,\frac{\sigma^2}{n}\right)$，故 $E\overline{X}^2 = \frac{\sigma^2}{n}+\mu^2$，$E(\overline{X}-\mu)^2 = \frac{\sigma^2}{n}$，$ES^2=\sigma^2$，所以 $E\left(\frac{\overline{X}^2}{\sigma^2}\right)=\frac{1}{n}+\frac{\mu^2}{\sigma^2}$，$\frac{E(\overline{X}-\mu)^2}{\sigma^2}=\frac{1}{n}$，$\frac{E(n-1)S^2}{\sigma^2}=n-1$，由此即知正确选项为(D).

302 【答案】 B

【分析】 由于 $\frac{\overline{X}}{\sigma/\sqrt{n}} \sim N(0,1)$，$\frac{nS_2^2}{\sigma^2} \sim \chi^2(n-1)$，且这两个随机变量相互独立，故

$$\frac{\overline{X}\Big/\frac{\sigma}{\sqrt{n}}}{\sqrt{\frac{nS_2^2}{\sigma^2}\Big/n-1}} = \frac{\overline{X}}{S_2/\sqrt{n-1}} \sim t(n-1),$$

因此选(B). 而 $\frac{\overline{X}}{S_1/\sqrt{n}} \sim t(n-1)$，故(A) 不正确.

(C) 和(D) 也不正确，因为 S_3 及 S_4 与 $\overline{X}$ 不独立.

303 【答案】 D

【分析】 这是一道概念性、理论性的选择题，应用已知结论即可确定正确选项.
事实上，由题设知 $\overline{X},\overline{Y},S_X^2,S_Y^2$ 相互独立，且

$$\overline{X} \sim N\left(0,\frac{\sigma^2}{n}\right),\overline{Y} \sim N\left(0,\frac{\sigma^2}{n}\right),\frac{(n-1)S_X^2}{\sigma^2} \sim \chi^2(n-1),\ \frac{(n-1)S_Y^2}{\sigma^2} \sim \chi^2(n-1),$$

由此知 $\overline{X}-\overline{Y} \sim N\left(0,\frac{2\sigma^2}{n}\right)$，选项(A) 不正确；

$\frac{(n-1)}{\sigma^2}(S_X^2+S_Y^2) \sim \chi^2(2n-2)$，选项(B) 不正确；

$$\frac{\sqrt{n}(\overline{X}-\overline{Y})/\sqrt{2}\sigma}{\sqrt{\frac{(n-1)}{\sigma^2}(S_X^2+S_Y^2)/2(n-1)}} = \frac{\sqrt{n}(\overline{X}-\overline{Y})}{\sqrt{S_X^2+S_Y^2}} \sim t(2n-2)，选项(C) 不正确；$$

$$\frac{\frac{(n-1)S_X^2}{\sigma^2}\Big/(n-1)}{\frac{(n-1)S_Y^2}{\sigma^2}\Big/(n-1)} = \frac{S_X^2}{S_Y^2} \sim F(n-1,n-1)，选择(D).$$

304 【答案】 C

【分析】 由于

$$EX = 0,DX = EX^2 = \sigma^2,$$

故

$$E\left(\frac{1}{n}\sum_{i=1}^n X_i^2\right) = \frac{1}{n}\sum_{i=1}^n EX_i^2 = \frac{n\sigma^2}{n} = \sigma^2,$$

所以选择(C)，其他选项的数学期望都不是 σ^2，这是因为：

$E\left(\frac{1}{n-1}\sum_{i=1}^{n}(X_i-\overline{X})^2\right)=\sigma^2$，即 $E\left(\frac{1}{n}\sum_{i=1}^{n}(X_i-\overline{X})^2\right)=\frac{n-1}{n}\cdot\sigma^2\neq\sigma^2$，(A) 不正确.

(B)$E\left(\frac{1}{n+1}\sum_{i=1}^{n}(X_i-\overline{X})^2\right)=\frac{n-1}{n+1}\sigma^2$.

(D)$E\left(\frac{1}{n+1}\sum_{i=1}^{n}X_i^2\right)=\frac{n}{n+1}\sigma^2$.

305 【答案】 A

【分析】 $X\sim N(3,4^2)$，则 $\overline{X}\sim N\left(3,\frac{4^2}{n}\right)$，现 $n=16$，所以

$$\frac{\overline{X}-3}{\sqrt{\frac{4^2}{16}}}=(\overline{X}-3)\sim N(0,1),$$

选(A).

306 【答案】 B

【分析】 按各选项分布的典型模式来判断.

(A)，不可能，$\frac{X_1-X_2}{\sqrt{2}\sigma}\sim N(0,1)$.

(C)，$\chi^2(1)$ 要求是一个标准正态的平方 X^2，不可能.

(D)，$F(1,1)$ 要求两个相互独立的标准正态平方之比，不可能，故只能选(B).

307 【答案】 A

【分析】 当 $T=\frac{1}{n}\sum_{i=1}^{n}X_i(X_i-1)$ 时，

$$E(T)=E\left(\frac{1}{n}\sum_{i=1}^{n}X_i^2-\frac{1}{n}\sum_{i=1}^{n}X_i\right)=\frac{1}{n}\sum_{i=1}^{n}E(X_i^2)-\frac{1}{n}\sum_{i=1}^{n}E(X_i)$$
$$=\frac{1}{n}\sum_{i=1}^{n}[DX_i+(EX_i)^2]-\frac{1}{n}\sum_{i=1}^{n}\lambda=\frac{1}{n}\sum_{i=1}^{n}(\lambda+\lambda^2)-\lambda=\lambda^2.$$

【评注】 很容易计算(B)(C)(D) 各项：

(B)，$E(T)=\frac{1}{n}\sum_{i=1}^{n}E(X_i^2)=\frac{1}{n}\sum_{i=1}^{n}[DX_i+(EX_i)^2]=\frac{1}{n}\sum_{i=1}^{n}(\lambda+\lambda^2)=\lambda+\lambda^2$.

(C)，$E(T)=E\left(\frac{1}{n}\sum_{i=1}^{n}X_i\right)^2=D\left(\frac{1}{n}\sum_{i=1}^{n}X_i\right)+\left[E\left(\frac{1}{n}\sum_{i=1}^{n}X_i\right)\right]^2$

$$=\frac{1}{n^2}\sum_{i=1}^{n}DX_i+\left(\frac{1}{n}\sum_{i=1}^{n}EX_i\right)^2=\frac{\lambda}{n}+\lambda^2.$$

(D)，$E(T)=E\left[\frac{1}{n-1}\sum_{i=1}^{n}\left(X_i-\frac{1}{n}\sum_{j=1}^{n}X_j\right)^2\right]=E(S^2)=D(X)=\lambda$.

308 【答案】 D

【分析】 $X \sim N(\mu,\sigma^2)$，μ 已知，求 σ^2 的最大似然估计量.

首先写出似然函数 $L=\left(\frac{1}{\sqrt{2\pi}\sigma}\right)^n e^{-\frac{1}{2\sigma^2}\sum\limits_{i=1}^{n}(X_i-\mu)^2}$.

$$\ln L=-\frac{n}{2}\ln\sigma^2-\frac{n}{2}\ln 2\pi-\frac{1}{2\sigma^2}\sum_{i=1}^{n}(X_i-\mu)^2.$$

令 $\frac{\mathrm{d}\ln L}{\mathrm{d}\sigma^2}=-\frac{n}{2}\cdot\frac{1}{\sigma^2}+\frac{1}{2(\sigma^2)^2}\sum\limits_{i=1}^{n}(X_i-\mu)^2=0$,

解得 $\hat{\sigma}^2=\frac{1}{n}\sum\limits_{i=1}^{n}(X_i-\mu)^2$. 选(D).

309 【答案】 C

【分析】 $F(2,4)$ 要求：$F(2,4)=\frac{X/2}{Y/4}$，其中 $X\sim\chi^2(2)$，$Y\sim\chi^2(4)$，X,Y 独立.

$$\frac{X_1^2+X_2^2}{\sigma^2}\sim\chi^2(2),\quad \frac{X_3^2+X_4^2+X_5^2+X_6^2}{\sigma^2}\sim\chi^2(4),$$

它们相互独立，所以

$$\frac{\frac{X_1^2+X_2^2}{\sigma^2}\Big/2}{\frac{X_3^2+X_4^2+X_5^2+X_6^2}{\sigma^2}\Big/4}=\frac{2(X_1^2+X_2^2)}{X_3^2+X_4^2+X_5^2+X_6^2}\sim F(2,4).$$

310 【答案】 D

【分析】 X 的密度函数为

$$f(x)=\begin{cases}\frac{1}{2}, & \theta-1\leqslant x\leqslant\theta+1,\\ 0, & \text{其他},\end{cases}$$

似然函数为

$$L=\begin{cases}\left(\frac{1}{2}\right)^n, & \theta-1\leqslant \begin{matrix}X_1\\ \vdots\\ X_n\end{matrix}\leqslant\theta+1,\\ 0, & \text{其他}.\end{cases}$$

对样本 $X_1,X_2,\cdots,X_n$ 来说，$L=\left(\frac{1}{2}\right)^n$ 是常数，只要 θ 满足 $\theta-1\leqslant X_i\leqslant\theta+1$，所以必有

$$\theta-1\leqslant\min_{1\leqslant i\leqslant n}X_i,$$

同时 $\theta+1\geqslant\max\limits_{1\leqslant i\leqslant n}X_i$，也就有

$$\theta\leqslant\min_{1\leqslant i\leqslant n}(X_i+1),$$

同时 $\theta\geqslant\max\limits_{1\leqslant i\leqslant n}(X_i-1)$. 总之

$$\max_{1\leqslant i\leqslant n}(X_i-1)\leqslant\hat{\theta}\leqslant\min_{1\leqslant i\leqslant n}(X_i+1).$$

解 答 题

311 【解】 $X \sim N(0,1)$，记 X 的分布函数为 $\Phi(x)$，概率密度为 $\varphi(x)$.

(X,Y) 的密度函数为 $f(x,y)=f_X(x)f_Y(y)=\begin{cases}\varphi(x), & -\infty<x<+\infty, 0\leqslant y\leqslant 1,\\ 0, & \text{其他}.\end{cases}$

方法一 用卷积公式：

$$f_Z(z)=\int_{-\infty}^{+\infty}f(x,z-x)\mathrm{d}x=\int_{-\infty}^{+\infty}f_X(x)f_Y(z-x)\mathrm{d}x=\int_{z-1}^{z}\varphi(x)\mathrm{d}x=\Phi(z)-\Phi(z-1).$$

方法二
$$\begin{aligned}f_Z(z)&=\int_{-\infty}^{+\infty}f(z-y,y)\mathrm{d}y=\int_{-\infty}^{+\infty}f_X(z-y)f_Y(y)\mathrm{d}y\\&=\int_0^1\varphi(z-y)\mathrm{d}y=\int_z^{z-1}\varphi(t)\mathrm{d}(-t)\\&=\int_{z-1}^{z}\varphi(t)\mathrm{d}t=\Phi(z)-\Phi(z-1).\end{aligned}$$

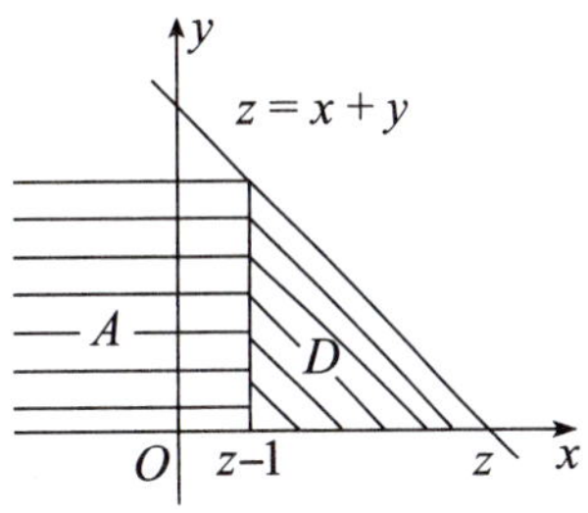

方法三 用定义法：

$$\begin{aligned}Z\sim F_Z(z)&=P\{Z\leqslant z\}=P\{X+Y\leqslant z\}\\&=\iint\limits_{x+y\leqslant z}f_X(x)f_Y(y)\mathrm{d}x\mathrm{d}y\\&=\iint\limits_{A}f_X(x)f_Y(y)\mathrm{d}x\mathrm{d}y+\iint\limits_{D}f_X(x)f_Y(y)\mathrm{d}x\mathrm{d}y\\&=\int_{-\infty}^{z-1}\varphi(x)\mathrm{d}x\int_0^1\mathrm{d}y+\int_{z-1}^{z}\mathrm{d}x\int_0^{z-x}\varphi(x)\mathrm{d}y\\&=\Phi(z-1)+\int_{z-1}^{z}(z-x)\varphi(x)\mathrm{d}x,\end{aligned}$$

$$f_Z(z)=F_Z'(z)=\varphi(z-1)-\varphi(z-1)+\int_{z-1}^{z}\varphi(x)\mathrm{d}x=\Phi(z)-\Phi(z-1).$$

【评注】 求 $Z=X+Y$ 时，可用卷积公式，也可用定义法. 一般 X,Y 独立且 $Y\sim U(a,b)$ 时用卷积公式比较方便.

312 【解】 (1) **方法一** 二维正态分布 $(X,Y)\sim N(\mu_1,\mu_2;\sigma_1^2,\sigma_2^2;\rho)$ 的概率密度为

$$f(x,y)=\frac{1}{2\pi\sigma_1\sigma_2\sqrt{1-\rho^2}}\mathrm{e}^{-\frac{1}{2(1-\rho^2)}\left[\frac{(x-\mu_1)^2}{\sigma_1^2}-\frac{2\rho(x-\mu_1)(y-\mu_2)}{\sigma_1\sigma_2}+\frac{(y-\mu_2)^2}{\sigma_2^2}\right]},-\infty<x,y<+\infty.$$

对比本题所给概率密度 $f(x,y)=A\mathrm{e}^{-2x^2-y^2}$，不难看出题给分布为二维正态分布：

$$(X,Y)\sim N\left(0,0;\frac{1}{4},\frac{1}{2};0\right),$$

$$A=\frac{1}{2\pi\sigma_1\sigma_2\sqrt{1-\rho^2}}=\frac{1}{2\pi\sqrt{\frac{1}{4}}\sqrt{\frac{1}{2}}}=\frac{\sqrt{2}}{\pi}.$$

方法二 利用性质 $\int_{-\infty}^{+\infty}\int_{-\infty}^{+\infty}f(x,y)\mathrm{d}x\mathrm{d}y=1$ 和公式 $\int_{-\infty}^{+\infty}\mathrm{e}^{-t^2}\mathrm{d}t=\sqrt{\pi}$. 有

$$1=\int_{-\infty}^{+\infty}\int_{-\infty}^{+\infty}f(x,y)\mathrm{d}x\mathrm{d}y=A\int_{-\infty}^{+\infty}\mathrm{e}^{-2x^2}\left(\int_{-\infty}^{+\infty}\mathrm{e}^{-y^2}\mathrm{d}y\right)\mathrm{d}x$$

$$=A\sqrt{\pi}\int_{-\infty}^{+\infty}\mathrm{e}^{-2x^2}\mathrm{d}x=A\sqrt{\pi}\cdot\frac{1}{\sqrt{2}}\int_{-\infty}^{+\infty}\mathrm{e}^{-t^2}\mathrm{d}t=A\sqrt{\pi}\cdot\frac{1}{\sqrt{2}}\cdot\sqrt{\pi},$$

即 $1=A\frac{\pi}{\sqrt{2}},A=\frac{\sqrt{2}}{\pi}$.

【评注】 记住公式$\int_{-\infty}^{+\infty}\mathrm{e}^{-t^2}\mathrm{d}t=\sqrt{\pi}$很有必要.

(2) 因为 $\rho=0$，所以 X,Y 是相互独立的，所以

$$X\sim N\left(0,\frac{1}{4}\right),Y\sim N\left(0,\frac{1}{2}\right),f(x,y)=f_X(x)f_Y(y),$$

$$f_X(x)=\sqrt{\frac{2}{\pi}}\mathrm{e}^{-2x^2},-\infty<x<+\infty,$$

$$f_Y(y)=\sqrt{\frac{1}{\pi}}\mathrm{e}^{-y^2},-\infty<y<+\infty,$$

$$f_{Y|X}(y\mid x)=\frac{f(x,y)}{f_X(x)}=\frac{f_X(x)f_Y(y)}{f_X(x)}=f_Y(y)=\frac{1}{\sqrt{\pi}}\mathrm{e}^{-y^2},-\infty<y<+\infty.$$

【评注】 由于 X 与 Y 相互独立，可以直接写出 $f_{Y|X}(y\mid x)=f_Y(y)=\frac{1}{\sqrt{\pi}}\mathrm{e}^{-y^2}$.

313 **【解】** 当 $0<x<1$ 时，也就是 $f_X(x)>0$ 时，$f_{Y|X}(y\mid x)=\frac{f(x,y)}{f_X(x)}$.

当 $0<x<1$ 时，$f_X(x)=1$，所以 $f(x,y)=f_X(x)f_{Y|X}(y\mid x)=f_{Y|X}(y\mid x)$.

我们得到，当 $0<x<1$ 时，$f(x,y)=\begin{cases}\frac{1}{x}, & 0<y<x,\\ 0, & 其他.\end{cases}$

但 $f(x,y)$ 应该是定义在全平面上，且$\int_{-\infty}^{+\infty}\int_{-\infty}^{+\infty}f(x,y)\mathrm{d}x\mathrm{d}y=1$.

显然在 $0<x<1$ 时，$\int_0^1\mathrm{d}x\int_{-\infty}^{+\infty}f(x,y)\mathrm{d}y=\int_0^1\mathrm{d}x\int_0^x\frac{1}{x}\mathrm{d}y=\int_0^1\mathrm{d}x=1$.

所以，可以理解为当 $x<0$ 或 $x>1$ 时，$f(x,y)\equiv 0$.

即可将 $f(x,y)=\begin{cases}\frac{1}{x}, & 0<y<x,\\ 0, & 其他,\end{cases}0<x<1,$

改写为

$$f(x,y)=\begin{cases}\frac{1}{x}, & 0<y<x<1,\\ 0, & 其他.\end{cases}$$

314 **【解】** $f(x,y)=\begin{cases}\frac{k}{2}x\mathrm{e}^{-(x+y)}, & x>0,y>0,\\ 0, & 其他.\end{cases}$

(1) $1=\int_{-\infty}^{+\infty}\int_{-\infty}^{+\infty}f(x,y)\mathrm{d}x\mathrm{d}y=\int_0^{+\infty}\mathrm{d}x\int_0^{+\infty}\frac{k}{2}x\mathrm{e}^{-(x+y)}\mathrm{d}y=\int_0^{+\infty}\frac{k}{2}x\mathrm{e}^{-x}\mathrm{d}x=\frac{k}{2},k=2$.

(2) $f_X(x)=\int_{-\infty}^{+\infty}f(x,y)\mathrm{d}y=\int_0^{+\infty}x\mathrm{e}^{-(x+y)}\mathrm{d}y=x\mathrm{e}^{-x}(x>0)$，故 $f_X(x)=\begin{cases}x\mathrm{e}^{-x}, & x>0,\\ 0, & 其他.\end{cases}$

$f_Y(y)=\int_{-\infty}^{+\infty} f(x,y)\mathrm{d}x=\int_0^{+\infty}\mathrm{e}^{-y}\cdot x\mathrm{e}^{-x}\mathrm{d}x=\mathrm{e}^{-y}(y>0)$，故 $f_Y(y)=\begin{cases}\mathrm{e}^{-y}, & y>0,\\ 0, & \text{其他}.\end{cases}$

(3) $f(x,y)=f_X(x)\cdot f_Y(y)$，所以 X,Y 相互独立.

315 【解】 (1)X,Y 的边缘密度分别为

$$f_X(x)=\int_{-\infty}^{+\infty} f(x,y)\mathrm{d}y=\int_{-1}^{1}\frac{1}{4}\mathrm{e}^{-|x|}\mathrm{d}y=\frac{1}{2}\mathrm{e}^{-|x|}, -\infty<x<+\infty,$$

$$f_Y(y)=\int_{-\infty}^{+\infty} f(x,y)\mathrm{d}x=\begin{cases}\frac{1}{2}, & -1<y<1,\\ 0, & \text{其他}.\end{cases}$$

由于 $f(x,y)=f_X(x)f_Y(y)$，故 X 与 Y 相互独立.

(2) 设 $U=|X|,V=|Y|$，则 U 的分布函数为

$$F_U(u)=P\{U\leqslant u\}=P\{|X|\leqslant u\},$$

当 $u<0$ 时，$F_U(u)=0$；

当 $u\geqslant 0$ 时，$F_U(u)=P\{-u\leqslant X\leqslant u\}=\int_{-u}^{u}\frac{1}{2}\mathrm{e}^{-|x|}\mathrm{d}x=\int_0^u \mathrm{e}^{-x}\mathrm{d}x=1-\mathrm{e}^{-u}$.

总之，$f_U(u)=F'_U(u)=\begin{cases}\mathrm{e}^{-u}, & u\geqslant 0,\\ 0, & u<0.\end{cases}$

$V=|Y|$，因为 $Y\sim U(-1,1)$，所以 $V\sim U(0,1)$.

由于 X,Y 相互独立，故 U 与 V 相互独立，又 $Z=U+V$. 那么

$$f_Z(z)=\int_{-\infty}^{+\infty} f_U(z-v)f_V(v)\mathrm{d}v=\int_0^1 f_U(z-v)\mathrm{d}v,$$

当 $z\leqslant 0$ 时，$f_Z(z)=0$；

当 $0<z<1$ 时，$f_Z(z)=\int_0^z \mathrm{e}^{-(z-v)}\mathrm{d}v=1-\mathrm{e}^{-z}$；

当 $z\geqslant 1$ 时，$f_Z(z)=\int_0^1 \mathrm{e}^{-(z-v)}\mathrm{d}v=(\mathrm{e}-1)\mathrm{e}^{-z}$.

总之，Z 的概率密度为 $f_Z(z)=\begin{cases}0, & z\leqslant 0,\\ 1-\mathrm{e}^{-z}, & 0<z<1,\\ (\mathrm{e}-1)\mathrm{e}^{-z}, & 1\leqslant z.\end{cases}$

(3) 由(2) 可知 $EU=1,EV=\frac{1}{2},DU=1,DV=\frac{1}{12}$.

$Z=|X|+|Y|=U+V$，又因为 U 与 V 相互独立，所以

$$EZ=EU+EV=1+\frac{1}{2}=\frac{3}{2},$$

$$DZ=DU+DV=1+\frac{1}{12}=\frac{13}{12}.$$

316 【解】

$$\begin{aligned}F_Z(z)&=P\{Z\leqslant z\}=P\{XY\leqslant z\}\\&=P\{X=-1\}P\{XY\leqslant z\mid X=-1\}+P\{X=1\}P\{XY\leqslant z\mid X=1\}\\&=\frac{1}{2}P\{-Y\leqslant z\mid X=-1\}+\frac{1}{2}P\{Y\leqslant z\mid X=1\}=\frac{1}{2}P\{Y\geqslant -z\}+\frac{1}{2}P\{Y\leqslant z\}\\&=\frac{1}{2}[1-P\{Y<-z\}]+\frac{1}{2}\Phi(z)=\frac{1}{2}[1-P\{Y\leqslant -z\}]+\frac{1}{2}\Phi(z)\end{aligned}$$

$$= \frac{1}{2}[1-\Phi(-z)]+\frac{1}{2}\Phi(z)$$

$$= \frac{1}{2}[1-1+\Phi(z)]+\frac{1}{2}\Phi(z) = \Phi(z)$$，$\Phi(z)$ 为标准正态分布的分布函数.

【评注】 若注意到 $Y \sim N(0,1)$，则 $-Y \sim N(0,1)$. 马上有

$$\frac{1}{2}P\{-Y \leqslant z \mid X=-1\}+\frac{1}{2}P\{Y \leqslant z \mid X=1\} = \frac{1}{2}P\{-Y \leqslant z\}+\frac{1}{2}P\{Y \leqslant z\}$$

$$= \frac{1}{2}\Phi(z)+\frac{1}{2}\Phi(z) = \Phi(z).$$

317 **【解】** (1)Y 的分布函数为

$$\begin{aligned} F_Y(y) &= P\{Y \leqslant y\} = P\{\min\{X_1,X_2\} \leqslant y\} = 1-P\{\min\{X_1,X_2\} > y\} \\ &= 1-P\{X_1>y,X_2>y\} \\ &= 1-P\{X_1>y\}\cdot P\{X_2>y\} \\ &= \begin{cases} 1-e^{-y}e^{-\lambda y}, & y>0, \\ 0, & y \leqslant 0 \end{cases} \\ &= \begin{cases} 1-e^{-(1+\lambda)y}, & y>0, \\ 0, & y \leqslant 0. \end{cases} \end{aligned}$$

故 $f_Y(y) = F'_Y(y) = \begin{cases} (1+\lambda)e^{-(1+\lambda)y}, & y>0, \\ 0, & y \leqslant 0. \end{cases}$

$$\begin{aligned} (2)P\{|X_1|>2 \mid X_1>1\} &= P\{(X_1<-2)\cup(X_1>2) \mid X_1>1\} \\ &= P\{X_1>2 \mid X_1>1\} = P\{X_1>1\} = e^{-1}. \end{aligned}$$

$$(3)E(Z) = E(\max\{X_1,1\}) = \int_{-\infty}^{+\infty}\max\{x,1\}f_{X_1}(x)dx = \int_0^{+\infty}\max\{x,1\}e^{-x}dx$$

$$= \int_0^1 e^{-x}dx+\int_1^{+\infty}xe^{-x}dx = 1+e^{-1}.$$

318 **【解】** $Z = \min(X,Y) = \dfrac{X+Y-|X-Y|}{2}$.

$X-Y \sim N(0,2\sigma^2)$，$EX = EY = \mu$.

$$E|X-Y| = \int_{-\infty}^{+\infty}|t|\frac{1}{\sqrt{2\pi}\sqrt{2}\sigma}e^{-\frac{t^2}{4\sigma^2}}dt = 2\int_0^{+\infty}t\frac{1}{2\sigma\sqrt{\pi}}e^{-\frac{t^2}{4\sigma^2}}dt$$

$$= \frac{2\sigma}{\sqrt{\pi}}\int_0^{+\infty}e^{-\frac{t^2}{4\sigma^2}}d\frac{t^2}{4\sigma^2} = \frac{2\sigma}{\sqrt{\pi}}.$$

$$E(Z) = E(\min(X,Y)) = \frac{EX+EY-E|X-Y|}{2} = \frac{1}{2}\left(\mu+\mu-\frac{2\sigma}{\sqrt{\pi}}\right) = \mu-\frac{\sigma}{\sqrt{\pi}},$$

所以，$E(Z) = \mu-\dfrac{\sigma}{\sqrt{\pi}}$.

【评注】 本题也可以计算：

$$E(Z) = E(\min(X,Y)) = \int_{-\infty}^{+\infty}\int_{-\infty}^{+\infty}\min(x,y)f_X(x)f_Y(y)dxdy.$$

319 【解】(1) 由分布函数定义可得

$$F_X(x)=\int_{-\infty}^{x}f(t)\mathrm{d}t=\int_{-\infty}^{x}\frac{\mathrm{e}^t}{(1+\mathrm{e}^t)^2}\mathrm{d}t=\frac{\mathrm{e}^x}{1+\mathrm{e}^x},-\infty<x<+\infty.$$

(2)Y 的分布函数为 $F_Y(y)=P\{Y\leqslant y\}=P\{\mathrm{e}^X\leqslant y\}$.

当 $y<0$ 时,$F_Y(y)=0$;

当 $y\geqslant 0$ 时,$F_Y(y)=P\{\mathrm{e}^X\leqslant y\}=P\{X\leqslant \ln y\}=F_X(\ln y)=\dfrac{y}{1+y}$,故

$$f_Y(y)=F'_Y(y)=\frac{1}{(1+y)^2}.$$

总之,$f_Y(y)=\begin{cases}\dfrac{1}{(1+y)^2}, & y\geqslant 0,\\ 0, & 其他.\end{cases}$

(3) 因为 $E(Y)=\displaystyle\int_{0}^{+\infty}\frac{y}{(1+y)^2}\mathrm{d}y$,该积分不收敛,故 Y 的期望不存在.

320 【解】$\mathrm{Cov}(X,Z)=\mathrm{Cov}(X,XY)=E(X^2Y)-E(X)E(XY)$,

其中 $E(X^2Y)=E(X^2)E(Y)=\left[(-1)^2\times\dfrac{1}{2}+1^2\times\dfrac{1}{2}\right]\lambda=\lambda$.

而 $$E(X)E(XY)=0\cdot E(XY)=0,$$

所以 $$\mathrm{Cov}(X,Z)=\lambda.$$

321 【解】$\rho_{XY}=\dfrac{\mathrm{Cov}(X,Y)}{\sqrt{DX}\sqrt{DY}}$,$\mathrm{Cov}(X,Y)=E(XY)-EX\cdot EY$.

$$EX=\int_{-\infty}^{+\infty}\int_{-\infty}^{+\infty}xf(x,y)\mathrm{d}x\mathrm{d}y=\iint\limits_{x^2+y^2\leqslant 1}x\cdot\frac{1}{\pi}\mathrm{d}x\mathrm{d}y;$$

$$EY=\int_{-\infty}^{+\infty}\int_{-\infty}^{+\infty}yf(x,y)\mathrm{d}x\mathrm{d}y=\iint\limits_{x^2+y^2\leqslant 1}y\cdot\frac{1}{\pi}\mathrm{d}x\mathrm{d}y;$$

$$E(XY)=\iint\limits_{x^2+y^2\leqslant 1}xy\cdot\frac{1}{\pi}\mathrm{d}x\mathrm{d}y.$$

以上三个积分均为对称区域上奇函数的积分——必为 0.

故 $\mathrm{Cov}(X,Y)=0$,从而 $\rho_{XY}=0$.

322 【证明】$X\sim N(0,1)$,当 k 为正奇数时,$E(X^k)=\displaystyle\int_{-\infty}^{+\infty}x^kf(x)\mathrm{d}x=0$,因为 $x^kf(x)$ 是奇函数.

当 k 为正偶数时,$x^kf(x)$ 是偶函数.故

$$\begin{aligned}E(X^k)&=\int_{-\infty}^{+\infty}x^kf(x)\mathrm{d}x=2\int_{0}^{+\infty}x^k\frac{1}{\sqrt{2\pi}}\mathrm{e}^{-\frac{x^2}{2}}\mathrm{d}x=-\frac{2}{\sqrt{2\pi}}\int_{0}^{+\infty}x^{k-1}\mathrm{d}\mathrm{e}^{-\frac{x^2}{2}}\\&=-\frac{2}{\sqrt{2\pi}}\left(x^{k-1}\mathrm{e}^{-\frac{x^2}{2}}\Big|_{0}^{+\infty}-\int_{0}^{+\infty}(k-1)x^{k-2}\mathrm{e}^{-\frac{x^2}{2}}\mathrm{d}x\right)\\&=\frac{2}{\sqrt{2\pi}}\int_{0}^{+\infty}(k-1)x^{k-2}\mathrm{e}^{-\frac{x^2}{2}}\mathrm{d}x=(k-1)E(X^{k-2}).\end{aligned}$$

故当 k 为正偶数时,得到递推公式 $E(X^k)=(k-1)E(X^{k-2})$,

由此得 $E(X^k)=(k-1)(k-3)\cdots 3\cdot E(X^2)=(k-1)(k-3)\cdots 3\cdot 1$，

总之，$E(X^k)=\begin{cases}(k-1)(k-3)\cdots 1, & k\text{ 为正偶数},\\ 0, & k\text{ 为正奇数}.\end{cases}$

323 【证明】

(1) $$\begin{aligned}\sum_{i=1}^{n}(X_i-\mu)^2&=\sum_{i=1}^{n}[(X_i-\overline{X})+(\overline{X}-\mu)]^2\\&=\sum_{i=1}^{n}[(X_i-\overline{X})^2+2(X_i-\overline{X})(\overline{X}-\mu)+(\overline{X}-\mu)^2]\\&=\sum_{i=1}^{n}(X_i-\overline{X})^2+2(\overline{X}-\mu)\sum_{i=1}^{n}(X_i-\overline{X})+n(\overline{X}-\mu)^2\\&=\sum_{i=1}^{n}(X_i-\overline{X})^2+2(\overline{X}-\mu)(n\overline{X}-n\overline{X})+n(\overline{X}-\mu)^2\\&=\sum_{i=1}^{n}(X_i-\overline{X})^2+n(\overline{X}-\mu)^2.\end{aligned}$$

(2) $$\begin{aligned}\sum_{i=1}^{n}(X_i-\overline{X})^2&=\sum_{i=1}^{n}(X_i^2-2X_i\overline{X}+\overline{X}^2)=\sum_{i=1}^{n}X_i^2-2\overline{X}\sum_{i=1}^{n}X_i+n\overline{X}^2\\&=\sum_{i=1}^{n}X_i^2-2\overline{X}\cdot n\overline{X}+n\overline{X}^2=\sum_{i=1}^{n}X_i^2-n\overline{X}^2.\end{aligned}$$

324 【解】 设 $X\sim N(\mu,\sigma^2)$，μ,σ^2 未知，则

$$E(Y_1)=E(Y_2)=\mu,D(Y_1)=\frac{\sigma^2}{6},D(Y_2)=\frac{\sigma^2}{3},$$

由于 Y_1 和 Y_2 相互独立，故 $D(Y_1-Y_2)=\dfrac{\sigma^2}{6}+\dfrac{\sigma^2}{3}=\dfrac{\sigma^2}{2}$，所以 $U=\dfrac{Y_1-Y_2}{\frac{\sigma}{\sqrt{2}}}\sim N(0,1)$.

而 $\dfrac{2S^2}{\sigma^2}\sim\chi^2(2)$. Y_1 与 S^2 相互独立，Y_2 与 S^2 也相互独立，所以 Y_1-Y_2 与 S^2 相互独立.

总之，$Z=\dfrac{U}{\sqrt{\frac{2S^2}{\sigma^2}/2}}=\dfrac{\sqrt{2}(Y_1-Y_2)/\sigma}{S/\sigma}=\dfrac{\sqrt{2}(Y_1-Y_2)}{S}\sim t(2)$，

其中 ①$U\sim N(0,1)$；② $\dfrac{2S^2}{\sigma^2}\sim\chi^2(2)$；③$U$ 与 $\dfrac{2S^2}{\sigma^2}$ 相互独立.

325 【证明】

(1) $$\begin{aligned}E(Y)&=E\left(\frac{1}{n}\sum_{i=1}^{n}|X_i-\mu|\right)=\frac{\sigma}{n}\sum_{i=1}^{n}E\left(\left|\frac{X_i-\mu}{\sigma}\right|\right)=\frac{\sigma}{n}\sum_{i=1}^{n}\int_{-\infty}^{+\infty}|t|\cdot\frac{1}{\sqrt{2\pi}}e^{-\frac{t^2}{2}}dt\\&=\frac{\sigma}{n}\sum_{i=1}^{n}2\int_{0}^{+\infty}t\cdot\frac{1}{\sqrt{2\pi}}e^{-\frac{t^2}{2}}dt=\frac{\sigma}{n}\sum_{i=1}^{n}\sqrt{\frac{2}{\pi}}=\sqrt{\frac{2}{\pi}}\sigma.\end{aligned}$$

(2) $$\begin{aligned}D(Y)&=D\left(\frac{1}{n}\sum_{i=1}^{n}|X_i-\mu|\right)=\frac{\sigma^2}{n^2}\sum_{i=1}^{n}D\left(\left|\frac{X_i-\mu}{\sigma}\right|\right)\\&=\frac{\sigma^2}{n^2}\sum_{i=1}^{n}\left[E\left|\frac{X_i-\mu}{\sigma}\right|^2-\left(E\left|\frac{X_i-\mu}{\sigma}\right|\right)^2\right]\end{aligned}$$

$$= \frac{\sigma^2}{n^2}\sum_{i=1}^{n}\left[E\left(\frac{X_i-\mu}{\sigma}\right)^2-\left(\sqrt{\frac{2}{\pi}}\right)^2\right]=\frac{\sigma^2}{n^2}\sum_{i=1}^{n}\left[D\left(\frac{X_i-\mu}{\sigma}\right)-\frac{2}{\pi}\right]$$

$$= \frac{\sigma^2}{n^2}\sum_{i=1}^{n}\left(1-\frac{2}{\pi}\right)=\left(1-\frac{2}{\pi}\right)\cdot\frac{\sigma^2}{n}.$$

326 【解】 $X \sim U(a,b)$. 求两个未知参数 a 和 b 的矩估计量.

令 $\begin{cases} E(X)=\overline{X}, \\ E(X^2)=\dfrac{1}{n}\displaystyle\sum_{i=1}^{n}X_i^2, \end{cases}$ 即 $\begin{cases} E(X)=\dfrac{a+b}{2}, \\ E(X^2)=D(X)+[E(X)]^2=\dfrac{(b-a)^2}{12}+\dfrac{(a+b)^2}{4}, \end{cases}$

$\begin{cases} \dfrac{a+b}{2}=\overline{X}, \\ \dfrac{(b-a)^2}{12}+\dfrac{(a+b)^2}{4}=\dfrac{1}{n}\displaystyle\sum_{i=1}^{n}X_i^2, \end{cases}$ 解得 $\begin{cases} \hat{a}=\overline{X}-\sqrt{\dfrac{3}{n}\displaystyle\sum_{i=1}^{n}(X_i-\overline{X})^2}, \\ \hat{b}=\overline{X}+\sqrt{\dfrac{3}{n}\displaystyle\sum_{i=1}^{n}(X_i-\overline{X})^2}. \end{cases}$

327 【解】 (1) 令 $E(X)=\overline{X}, \overline{X}=\dfrac{1}{n}\displaystyle\sum_{i=1}^{n}X_i$.

$$E(X)=\int_{-\infty}^{+\infty}xf(x)\mathrm{d}x=\int_0^\theta\frac{6x^2}{\theta^3}(\theta-x)\mathrm{d}x=\int_0^\theta\frac{6x^2}{\theta^2}\mathrm{d}x-\int_0^\theta\frac{6x^3}{\theta^3}\mathrm{d}x$$

$$=\frac{2x^3}{\theta^2}\bigg|_0^\theta-\frac{6x^4}{4\theta^3}\bigg|_0^\theta=2\theta-\frac{3}{2}\theta=\frac{1}{2}\theta,$$

$E(X)=\overline{X}$, 即 $\dfrac{\theta}{2}=\overline{X}, \hat{\theta}=2\overline{X}$.

(2) $D(\hat{\theta})=D(2\overline{X})=4D(\overline{X})=\dfrac{4}{n}D(X)$,

$$E(X^2)=\int_{-\infty}^{+\infty}x^2f(x)\mathrm{d}x=\int_0^\theta\frac{6x^3}{\theta^3}(\theta-x)\mathrm{d}x=\frac{3}{2}\theta^2-\frac{6}{5}\theta^2=\frac{3}{10}\theta^2,$$

$$D(X)=E(X^2)-[E(X)]^2=\frac{3}{10}\theta^2-\frac{1}{4}\theta^2=\frac{1}{20}\theta^2,$$

故 $D(\hat{\theta})=\dfrac{1}{5n}\theta^2$.

328 【解】 总体 X 的期望为

$$E(X)=0\cdot\theta^2+1\cdot2\theta(1-\theta)+2\cdot\theta^2+3\cdot(1-2\theta)=3-4\theta,$$

又样本均值为 $$\bar{x}=\frac{1}{8}(3+1+3+0+3+1+2+3)=2.$$

令 $E(X)=\bar{x}$, 即 $3-4\theta=2$, 解得 θ 的矩估计值为 $\hat{\theta}_1=\dfrac{1}{4}$.

下面求最大似然估计值.

对于给定的样本值, 似然函数为 $L(\theta)=4\theta^6(1-\theta)^2(1-2\theta)^4$, 取对数, 得

$$\ln L(\theta)=\ln 4+6\ln\theta+2\ln(1-\theta)+4\ln(1-2\theta),$$

求导, 有 $$\frac{\mathrm{d}\ln L(\theta)}{\mathrm{d}\theta}=\frac{6}{\theta}-\frac{2}{1-\theta}-\frac{8}{1-2\theta}=\frac{6-28\theta+24\theta^2}{\theta(1-\theta)(1-2\theta)}.$$

令$\frac{\mathrm{d}\ln L(\theta)}{\mathrm{d}\theta}=0$，解得$\theta_{1,2}=\frac{7\pm\sqrt{13}}{12}$，因$\frac{7+\sqrt{13}}{12}>\frac{1}{2}$不合题意，舍去.

所以θ的最大似然估计值为$\hat{\theta}_2=\frac{7-\sqrt{13}}{12}$.

329 【解】 $EX=\int_{-\infty}^{+\infty}xf(x;\theta)\mathrm{d}x=\int_{\theta}^{1}\frac{x}{1-\theta}\mathrm{d}x=\frac{1}{1-\theta}\cdot\frac{x^2}{2}\Big|_{\theta}^{1}=\frac{1+\theta}{2}$，

令$EX=\overline{X}$，即$\frac{1+\theta}{2}=\overline{X}$，$\theta=2\overline{X}-1$. 故$\theta$的矩估计量$\hat{\theta}_1=2\overline{X}-1$，其中$\overline{X}=\frac{1}{n}\sum_{i=1}^{n}X_i$.

似然函数

$$L(\theta)=\prod_{i=1}^{n}f(x_i;\theta)=\begin{cases}\left(\frac{1}{1-\theta}\right)^n, & \theta\leqslant x_1,\cdots,x_n\leqslant 1,\\ 0, & \text{其他},\end{cases}$$

要使$L(\theta)$最大，只有使$1-\theta$尽量小，或者θ尽量接近于1. 但$\theta\leqslant x_1,\cdots,x_n$，故取

$$\theta=\min(x_1,\cdots,x_n)\text{ 或 }\theta=\min_{1\leqslant i\leqslant n}x_i,$$

θ的最大似然估计量为

$$\hat{\theta}_2=\min_{1\leqslant i\leqslant n}X_i.$$

330 【解】 $P\{X=K\}=\frac{1}{N+1}$，$K=0,1,\cdots,N$.

$$L=\begin{cases}\left(\frac{1}{N+1}\right)^n, & X_i=0,1,\cdots,N,i=1,2,\cdots,n,\\ 0, & \text{其他}.\end{cases}$$

L关于N是单调减函数，L最大就要求N尽量小，但对所有的X_i均有$X_i\leqslant N$，$i=1,\cdots,n$. 要取N尽量小，只有取$\hat{N}=\max_{1\leqslant i\leqslant n}X_i$.

金榜时代图书·书目

考研数学系列

书名	作者	预计上市时间
数学公式的奥秘	刘喜波等	2021 年 3 月
考研数学复习全书·基础篇(数学一、二、三通用)	李永乐等	2022 年 8 月
数学基础过关 660 题(数学一/数学二/数学三)	李永乐等	2022 年 8 月
数学历年真题全精解析·基础篇(数学一/数学二/数学三)	李永乐等	2022 年 8 月
数学复习全书·提高篇(数学一/数学二/数学三)	李永乐等	2023 年 1 月
数学历年真题全精解析·提高篇(数学一/数学二/数学三)	李永乐等	2023 年 1 月
数学强化通关 330 题(数学一/数学二/数学三)	李永乐等	2023 年 5 月
高等数学辅导讲义	刘喜波	2023 年 2 月
高等数学辅导讲义	武忠祥	2023 年 2 月
线性代数辅导讲义	李永乐	2023 年 2 月
概率论与数理统计辅导讲义	王式安	2023 年 2 月
考研数学经典易错题	吴紫云	2023 年 6 月
高等数学基础篇	武忠祥	2022 年 9 月
数学真题真练 8 套卷	李永乐等	2022 年 10 月
真题同源压轴 150	姜晓千	2023 年 10 月
数学核心知识点乱序高效记忆手册	宋浩	2022 年 12 月
数学决胜冲刺 6 套卷(数学一/数学二/数学三)	李永乐等	2023 年 10 月
数学临阵磨枪(数学一/数学二/数学三)	李永乐等	2023 年 10 月
考研数学最后 3 套卷·名校冲刺版(数学一/数学二/数学三)	武忠祥 刘喜波 宋浩等	2023 年 11 月
考研数学最后 3 套卷·过线急救版(数学一/数学二/数学三)	武忠祥 刘喜波 宋浩等	2023 年 11 月
经济类联考数学复习全书	李永乐等	2023 年 4 月
经济类联考数学通关无忧 985 题	李永乐等	2023 年 5 月
农学门类联考数学复习全书	李永乐等	2023 年 4 月
考研数学真题真刷(数学一/数学二/数学三)	金榜时代考研数学命题研究组	2023 年 2 月
高等数学考研高分领跑计划(十七堂课)	武忠祥	2023 年 7 月
线性代数考研高分领跑计划(九堂课)	申亚男	2023 年 8 月
概率论与数理统计考研高分领跑计划(七堂课)	硕哥	2023 年 8 月
高等数学解题密码·选填题	武忠祥	2023 年 9 月
高等数学解题密码·解答题	武忠祥	2023 年 9 月

大学数学系列

书名	作者	预计上市时间
大学数学线性代数辅导	李永乐	2018 年 12 月
大学数学高等数学辅导	宋浩 刘喜波等	2023 年 8 月

大学数学概率论与数理统计辅导	刘喜波	20[illegible]
线性代数期末高效复习笔记	宋浩	2023 年 6 月
高等数学期末高效复习笔记	宋浩	2023 年 6 月
概率论期末高效复习笔记	宋浩	2023 年 6 月
统计学期末高效复习笔记	宋浩	2023 年 6 月

考研政治系列

书名	作者	预计上市时间
考研政治闪学：图谱＋笔记	金榜时代考研政治教研中心	2023 年 5 月
考研政治高分字帖	金榜时代考研政治教研中心	2023 年 5 月
考研政治高分模板	金榜时代考研政治教研中心	2023 年 10 月
考研政治秒背掌中宝	金榜时代考研政治教研中心	2023 年 10 月
考研政治密押十页纸	金榜时代考研政治教研中心	2023 年 11 月

考研英语系列

书名	作者	预计上市时间
考研英语核心词汇源来如此	金榜时代考研英语教研中心	已上市
考研英语语法和长难句快速突破 18 讲	金榜时代考研英语教研中心	已上市
英语语法二十五页	靳行凡	已上市
考研英语翻译四步法	别凡英语团队	已上市
考研英语阅读新思维	靳行凡	已上市
考研英语(一)真题真刷	金榜时代考研英语教研中心	2023 年 2 月
考研英语(二)真题真刷	金榜时代考研英语教研中心	2023 年 2 月
考研英语(一)真题真刷详解版(三)	金榜时代考研英语教研中心	2023 年 3 月
大雁带你记单词	金榜晓艳英语研究组	已上市
大雁教你语法长难句	金榜晓艳英语研究组	已上市
大雁精讲 58 篇基础阅读	金榜晓艳英语研究组	2023 年 3 月
大雁带你刷真题·英语一	金榜晓艳英语研究组	2023 年 6 月
大雁带你刷真题·英语二	金榜晓艳英语研究组	2023 年 6 月
大雁带你写高分作文	金榜晓艳英语研究组	2023 年 5 月

英语考试系列

书名	作者	预计上市时间
大雁趣讲专升本单词	金榜晓艳英语研究组	2023 年 1 月
大雁趣讲专升本语法	金榜晓艳英语研究组	2023 年 8 月
大雁带你刷四级真题	金榜晓艳英语研究组	2023 年 2 月
大雁带你刷六级真题	金榜晓艳英语研究组	2023 年 2 月
大雁带你记六级单词	金榜晓艳英语研究组	2023 年 2 月

以上图书书名及预计上市时间仅供参考，以实际出版物为准，均属金榜时代(北京)教育科技有限公司！